...me der Schule Neu Wulmstorf

...ventar-Nr. des Buches

Name der Schülerin oder des Schülers	Klasse	Datum Ausgabe	Datum Rückgabe
B. Wetzel			

Dieses Buch ist Eigentum des Landes Niedersachsen.
Das Buch ist pfleglich zu behandeln. Eintragungen, Randbemerkungen u. a. dürfen nicht vorgenommen werden.
Bei Verlust oder Beschädigung des Buches wird die Schule Schadenersatz verlangen.

D1750016

Maßstab 5

Mathematik

Hauptschule

Herausgegeben von

Max Schröder

Bernd Wurl

Alexander Wynands

Schroedel

Maßstab 5

Mathematik

Hauptschule

Herausgegeben und bearbeitet von

Kerstin Cohrs-Streloke, Klaus Frankenberg, Karl-Heinz Hasemann, Walter Kuchenbecker, Dr. Martina Lenze, Anette Lessmann, Hartmut Lunze, Ludwig Mayer, Jürgen Ruschitz, Dr. Max Schröder, Ilse Wiese, Prof. Bernd Wurl, Prof. Dr. Alexander Wynands

in Zusammenarbeit mit der Verlagsredaktion

Zum Schülerband erscheinen:	Lösungen:	Best.-Nr. 84536
	Materialien:	Best.-Nr. 84542
	CD Rund um ... :	Best.-Nr. 84548
	Arbeitsheft:	Best.-Nr. 84555

ISBN 978-3-507-**84530**-5

© 2005 Bildungshaus Schulbuchverlage
Westermann Schroedel Diesterweg Schöningh Winklers GmbH, Braunschweig
www.schroedel.de

Das Werk und seine Teile sind urheberrechtlich geschützt. Jede Nutzung in anderen als den gesetzlich zugelassenen Fällen bedarf der vorherigen schriftlichen Einwilligung des Verlages. Hinweis zu § 52 a UrhG: Weder das Werk noch seine Teile dürfen ohne eine solche Einwilligung gescannt und in ein Netzwerk eingestellt werden. Dies gilt auch für Intranets von Schulen und sonstigen Bildungseinrichtungen.

Druck A ^{3} / Jahr 2007

Alle Drucke der Serie A sind im Unterricht parallel verwendbar.

Illustration: Hans-Jürgen Feldhaus
Zeichnungen: Michael Woiczak
Satz-Repro: More*Media* GmbH, Dortmund
Druck: westermann druck GmbH, Braunschweig

Hinweise zum Umgang mit dem Buch

Merksätze
Merksätze stehen auf einem grauen Hintergrund und sind durch rote Balken gekennzeichnet.

Beispiele
Musterbeispiele als Lösungshilfen stehen auf einem grauen Hintergrund und sind durch einen gelben Balken gekennzeichnet.

Tipp
Nützliche Tipps und Hilfen sind besonders gekennzeichnet.

TIPP

Testen, Üben, Vergleichen (TÜV)
Jedes Kapitel endet mit einer TÜV-Seite, bestehend aus den wichtigsten Ergebnissen und typischen Aufgaben dazu. Die Lösungen dieser Aufgaben sind zur Selbstkontrolle für die Schülerinnen und Schüler am Ende des Buches angegeben.

TESTEN · ÜBEN · VERGLEICHEN

Diagnosetest, Diagnosearbeit
Zur Vorbereitung auf Klassenarbeiten gibt es nach der TÜV-Seite eine Seite mit Grund- und Erweiterungsaufgaben zu Inhalten des jeweiligen Kapitels. Am Ende des Schülerbandes findet sich eine umfangreiche Diagnosearbeit zu den Inhalten des gesamten Schuljahres.
Die Lösungen dieser Aufgaben sind zur Selbstkontrolle am Ende des Buches angegeben.

DIAGNOSETEST

Lesen, Verstehen, Lösen
Die mit diesem Logo versehenen Seiten oder Aufgaben schulen besonders die allgemeinen Kompetenzen Argumentieren, Problemlösen, Modellieren und Kommunizieren.

LVL

Bleib fit
Zum Wiederholen gibt es regelmäßig Aufgabenseiten zu Inhalten aus früheren Kapiteln.

Bleib FIT!

Differenzierung
Bei besonders schwierigen Aufgaben ist die Aufgabennummer mit einem gelben Quadrat unterlegt.

4.

INHALTSVERZEICHNIS

INHALTSVERZEICHNIS

1 Zahlen und Daten

Die neue Klasse 5a

LVL

Fragebogen: Wie heißt du? Wie alt bist du? Welcher Nationalität gehörst du an? Wie kommst du zur Schule? Welches ist dein Lieblingsfach?

Strichliste, Tabelle und Diagramm

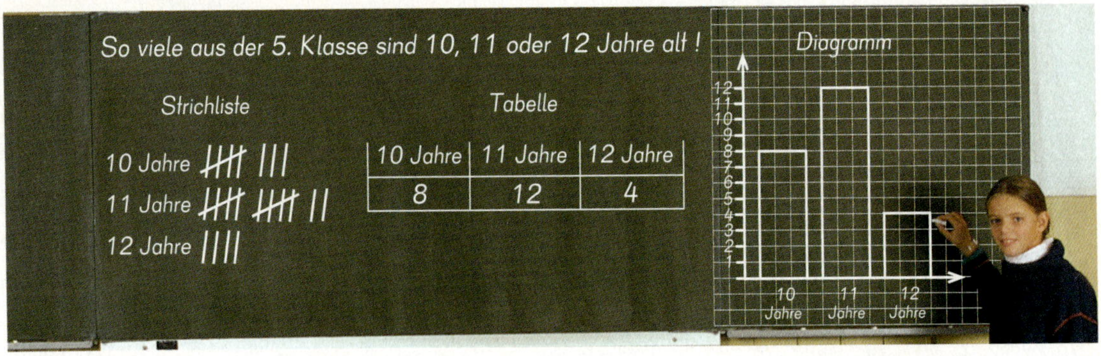

Aufgaben

1. Die Klasse 5a hat die Steckbriefe ihrer Schülerinnen und Schüler (Seite 7) ausgewertet.

a) Die meisten Kinder sind 11 Jahre alt. Wie viele sind das?

b) Wie viele sind 10 Jahre alt? Wie viele Kinder sind insgesamt in der Klasse 5a?

c) Übertrage die Tabelle und das Diagramm von der Tafel in dein Heft.

2. Die Steckbriefe auf Seite 7 zeigen, wie die Kinder der 5a zur Schule kommen.

a) Übertrage die Tabelle in dein Heft. Ergänze die fehlenden Werte.

b) Zeichne ein Diagramm.

mit Bus	mit Fahrrad	zu Fuß
𝍸 𝍸 |		
11		

3. Das Diagramm zeigt, welche Nationalitäten die Schülerinnen und Schüler der Klasse 5a haben. Trage die Werte in eine Tabelle ein.

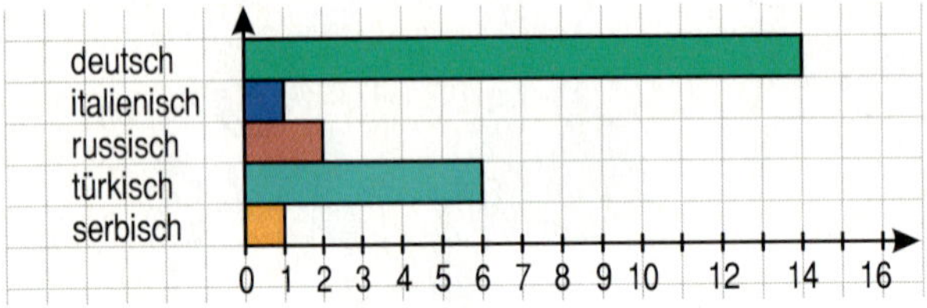

4. Zum Lieblingsfach in der Klasse 5a:
Erstelle (mit den Steckbriefen auf Seite 7) eine Tabelle und ein Diagramm

a) nur für die Mädchen; b) nur für die Jungen; c) für alle Kinder.

5. In der Parallelklasse 5b wurde nach dem Lieblingssport gefragt.

a) Wie viele Kinder haben geantwortet?

b) Ordne nach der Beliebtheit, dann zeichne ein Diagramm.

Fußball	𝍸 ||||	9
Badminton	𝍸	5
Schwimmen	𝍸 ||	7
Tischtennis	𝍸	5
Basketball	||	2

LVL **6.** In allen 5. Klassen wurde nach dem Lieblingssport gefragt. Für jedes Kind wurde 1 mm gezeichnet. Was kannst du aus diesem Diagramm ablesen? Stelle drei Fragen und beantworte sie.

Natürliche Zahlen

Adam Ries(e) schrieb 1550 sein drittes Rechenbuch. Er war damals 58 Jahre alt. Ries machte die arabischen Ziffern und das Rechnen damit bekannt. Unsere zehn Ziffern stammen aus Indien. Die Araber brachten sie im 12. Jahrhundert nach Europa.

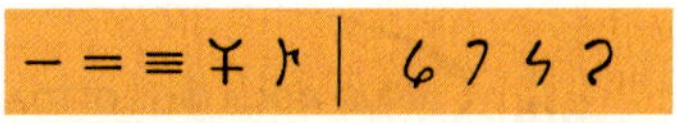

Indisch (Brahmi) 3. Jh. v. Chr.

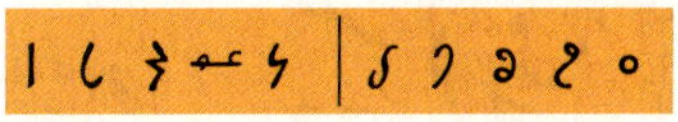

Westarabisch (Gobär) 11. Jh.

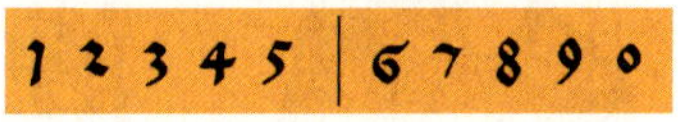

Europäisch (Dürer) 16. Jh.

0, 1, 2, 3, … heißen **natürliche Zahlen.** Jede natürliche Zahl lässt sich mit den Ziffern 0, 1, 2, 3, 4, 5, 6, 7, 8 und 9 schreiben; z. B. ist 43 eine 2-stellige natürliche Zahl mit den Ziffern 4 und 3. Die natürlichen Zahlen lassen sich am Zahlenstrahl darstellen.

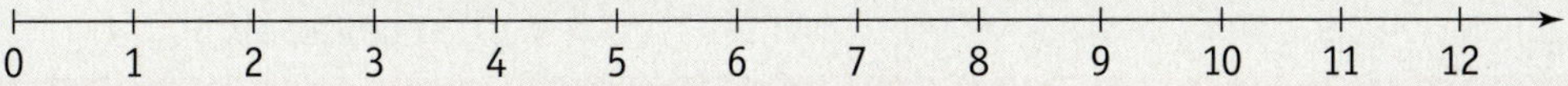

Aufgaben

1. a) Schreibe jeweils die nächste Kilometerzahl auf.
109 km 316 km 499 km 6 090 km 9 999 km
b) Wie heißt die jeweils vorhergehende Kilometerzahl?
208 km 460 km 500 km 3 070 km 9 900 km

2. Schreibe die vorangehende und die nachfolgende Zahl auf.
a) 70 b) 89 c) 100 d) 289 e) 1 099 f) 30 g) 450 h) 7 010 i) 1 000

3. Wie heißt die um 10, wie die um 100 größere Zahl?
a) 560 b) 400 c) 390 d) 980 e) 1 270 f) 3 990

2 570 + 10 = 2 580
2 570 + 100 = 2 670

4. Wie groß ist die um 10 (um 100) kleinere Zahl?
a) 600 b) 790 c) 990 d) 1 000 e) 2 710 f) 8 100

3 600 − 10 = 3 590
3 600 − 100 = 3 500

5. Zeichne den Zahlenstrahl in dein Heft. Trage die fehlenden Zahlen ein.

a)

b)

c)
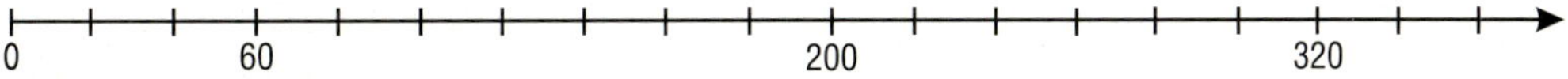

LVL **6.** Schreibe die nächsten drei Zahlen auf. Gib die Regel an.
a) 15, 30, 45, 60, 75, 90, 105, …
b) 153, 141, 129, 117, 105, 93, 81, …
c) 20, 19, 16, 15, 12, 11, 8, …
d) 3, 5, 6, 5, 12, 5, 24, …
e) 17, 12, 34, 18, 68, 24, 136, …
f) 6, 14, 18, 12, 54, 10, 162, …

LVL **7.** Erfinde selbst eine Zahlenfolge und gib sie anderen zur Fortsetzung und zum Erkennen der Regel.

Zahlen vergleichen und ordnen

Am Zahlenstrahl liegt von zwei Zahlen die kleinere Zahl links von der größeren.

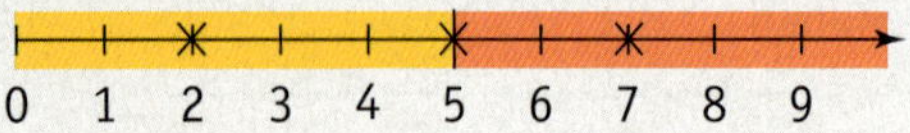

Beispiele: **2 < 5** „2 ist kleiner als 5"
7 > 5 „7 ist größer als 5"

Aufgaben

1. Zeichne einen Zahlenstrahl bis 15 und kennzeichne farbig alle Zahlen
a) größer als 12; b) kleiner als 5; c) größer als 5 und kleiner als 12.

2. a) Ordne die Lottozahlen: 43, 7, 17, 19, 5, 47 (1. Ziehung)
18, 46, 21, 4, 19, 31 (2. Ziehung)
b) Sortiere die Hausnummern: 120, 304, 32, 164, 409, 22, 12, 54, 210, 355

3. Ordne die Lebensalter (in Jahren): 12, 18, 42, 28, 35, 44, 37, 82, 48, 13

4. Sortiere die Zahlen. Beginne mit der kleinsten.

a) 

b) 

c) 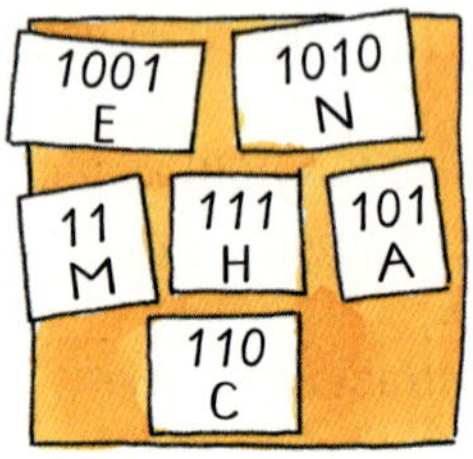

d) 

5. Kleiner, größer oder gleich? Setze ein: <, > oder =.

a) 99 ■ 100
289 ■ 298
550 ■ 505

b) 2 + 7 ■ 12
459 – 60 ■ 389
990 – 91 ■ 899

c) 1043 ■ 1034
1010 ■ 1001
1011 ■ 1101

d) 24 · 2 ■ 48
144 : 12 ■ 10
256 : 4 ■ 65

6. Bestimme die beiden benachbarten Zehnerzahlen.
Unterstreiche die nächstgelegene.
a) 273 b) 456 c) 708 d) 981 e) 97 f) 111

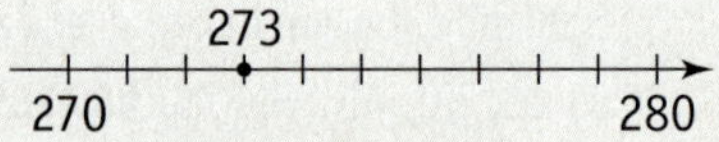

270 < 273 < 280

LVL **7.** Schreibe alle vierstelligen Zahlen auf, die du mit den vier Ziffernkärtchen legen kannst. Es sind 18 Zahlen möglich. Ordne die Zahlen der Größe nach.

Zehnersystem

Zahlen schreiben wir im Zehnersystem (Dezimalsystem).
Jede Ziffer hat einen Stellenwert: 1, 10, 100, 1 000, 10 000 ...

lies: 10 hoch 4
10^4 ist eine **Zehnerpotenz,**
$10^4 = 10 \cdot 10 \cdot 10 \cdot 10$

(= 10^4) 10 000 ← ·10 ← (= 10^3) 1 000 ← ·10 ← (= 10^2) 100 ← ·10 ← (= 10^1) 10 ← ·10 ← 1

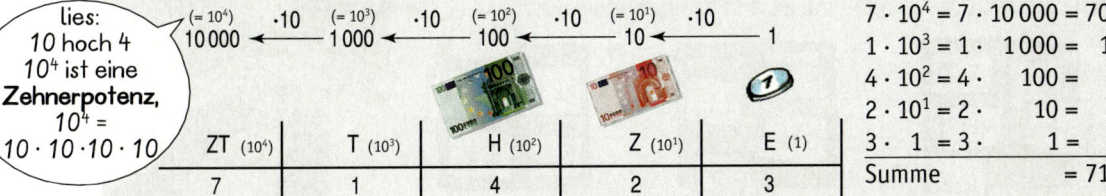

ZT (10^4)	T (10^3)	H (10^2)	Z (10^1)	E (1)
7	1	4	2	3

$7 \cdot 10^4 = 7 \cdot 10\,000 = 70\,000$
$1 \cdot 10^3 = 1 \cdot 1\,000 = 1\,000$
$4 \cdot 10^2 = 4 \cdot 100 = 400$
$2 \cdot 10^1 = 2 \cdot 10 = 20$
$3 \cdot 1 = 3 \cdot 1 = 3$
Summe $= 71\,423$

H	Z	E	Zerlegt in Stellenwerte		Kurzschreibweise
5	8	2	5 H + 8 Z + 2 E = $5 \cdot 100 + 8 \cdot 10 + 2 \cdot 1$	=	582
5	0	2	$5 \cdot 10^2 + 0 \cdot 10^1 + 2 \cdot 1 = 500 + 0 + 2$	=	502

Aufgaben

1. Schreibe die Zahlen aus der Stellenwerttafel zerlegt in Stellenwerte und in Kurzschreibweise.

ZT	T	H	Z	E
	4	7	0	3
	5	4	9	1
3	2	0	7	2
5	4	2	1	1
	3	9	0	4
7	0	3	4	3

2. Schreibe die Zahlen zerlegt in Stellenwerte.

a) 8 029; 9 572 b) 10 371; 23 059 c) 90 305; 73 001 d) 53 872; 40 002

3. Lege eine Stellenwerttafel an, trage ein und schreibe als natürliche Zahl in Kurzschreibweise.

a) 3 T + 3 H + 7 E b) 2 ZT + 4 T + 8 E c) 5 ZT + 6 T + 8 H + 9 E d) 9 ZT + 6 T + 8 H + 9 E
e) 4 T + 7 Z + 9 E f) 7 T + 5 H g) 8 ZT + 3 H + 7 E h) 8 T + 7 E

4. Lies die Zahlen und zerlege sie in Zehnerpotenzen.

a) 86; 75; 99 b) 101; 902; 484 c) 7 031; 2 643; 1 875 d) 4 908; 8 020; 26 980 e) 12 754; 31 000; 99 900

$2\,505 = 2 \cdot 10^3 + 5 \cdot 10^2 + 0 \cdot 10^1 + 5 \cdot 1$

5. Schreibe die Zahlen mit Ziffern.

a) fünftausendzweiunddreißig b) fünfzehntausendfünfzig c) dreißigtausendsiebenhundert
d) zweihundertneunundsechzig e) elftausendeinhunderteins f) neuntausendneunzehn

6. Kai wünscht sich ein Fahrrad, das 298 € kostet. Wie viele Geldscheine reichen, wenn er nur mit
a) 100-€-Scheinen; b) 10-€-Scheinen; c) 50-€-Scheinen; d) 20-€-Scheinen zahlt?

LVL **7.** Den Geldbetrag sollst du mit möglichst wenigen Banknoten und Münzen bezahlen.
a) 18,50 € b) 32,15 € c) 49,90 € d) 270,70 € e) 1 150,72 €

Vermischte Aufgaben

1. Ordne die Kärtchen des Kartenjongleurs rechts, dann siehst du, welche Zahl es ist.

2. Ordne ebenso und schreibe die Zahl in Kurzschreibweise.

a)
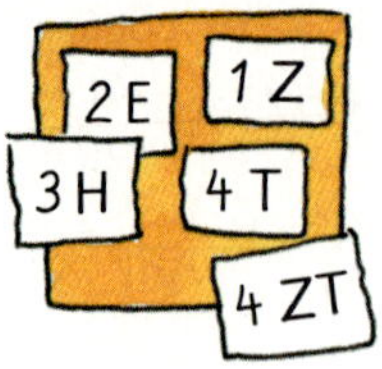

b)

c)

3. Schreibe die Zahlen mit Ziffern im Zehnersystem.

a) vierhundertfünfzig
eintausensiebenhundert

b) fünfundzwanzigtausendsiebzig
dreißigtausendeinhundert

c) achttausendsiebenhundertdreißig
sechzigtausendundfünf

d) fünfhundertvierzigtausend
elftausendeinhundertelf

LVL **4.**

5. Ordne die Zahlen. Beginne mit der kleinsten Zahl.

a) 3 443 4 433 3 344 3 434 4 343 3 333 4 444

b) 19 562 56 219 21 956 15 629 12 956 52 196 59 126

3 333 < 3 344 < ...

6. Bei der Schafzählung erhalten die Schafe Nummern auf dem Rücken.

a) Welche Nummer hat das vorherige Schaf?

b) Welche Zahl erhält das nachfolgende Schaf?

c) Der Schäfer zählt 12 Schafe weiter. Wie lautet die Nummer?

d) Sein Lieblingsschaf hat eine um 100 kleinere Nummer.

7. Welche Zahl ist um 10 größer, welche um 10 kleiner?

a) 99, 199 b) 1 909, 1 999 c) 23 897, 76 998 d) 12 073, 15 805 e) 3 100, 5 900

299 + 10 = 309
299 − 10 = 289

8. Welche Zahl ist um 100 größer, welche um 100 kleiner?

a) 799, 899 b) 1 099, 2 999 c) 12 990, 34 558 d) 15 683, 10 108 e) 8 990, 9 090

1 990 + 100 = 2 090
1 990 − 100 = 1 890

9. Vertausche die Ziffern für Hunderter und Zehner und vergleiche.

a) 1 254 b) 3 074 c) 3 005 d) 12 345 e) 603 408 f) 1 345 063

1457 < 1547

10. Wie hoch ist das Jahresgehalt (in Euro) mindestens, wie hoch höchstens?

a) Facharbeiter: 5-stelliges Gehalt b) Fußballstar: 6-stelliges Gehalt c) Rockstar: 7-stelliges Gehalt

11. Welche Zahlen gehören zu den Buchstaben auf dem Zahlenstrahl?

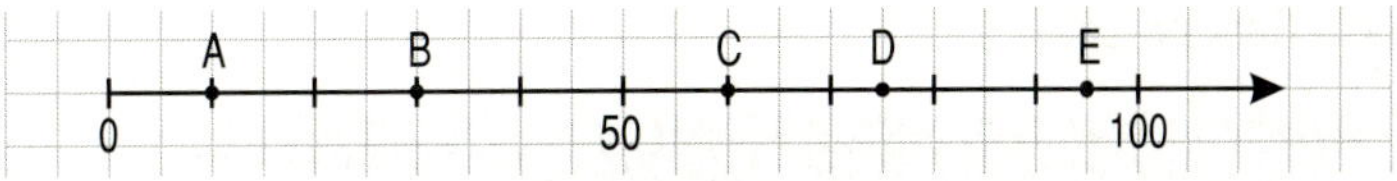

12. Zeichne einen Zahlenstrahl wie in Aufgabe 11. Trage ein: 15, 30, 45, ..., 90.

13. Zeichne einen Zahlenstrahl von 10 cm Länge, wähle eine Einheit und trage die Zahlen ein.
a) 150, 300, 450, 600, 750, 900 b) 500, 2 000, 4 500, 7 000, 9 500

14. Zeichne einen Zahlenstrahl. Trage die Zahlen so genau wie möglich ein.
a) 68, 104, 151, 199 b) 125, 330, 417, 905 c) 1 208, 3 570, 6 099, 9 059

15. Zähle in gleichen Schritten weiter. Ergänze die fehlenden Zahlen.
a) 50, 100, 150, ..., 500 b) 80, 120, ..., 480 c) 90, 180, ..., 900
d) 1 000, 950, ..., 500 e) 800, 650, ..., 50 f) 1 000, 910, ..., 10

16. Zahlenmix: Ordne, beginne mit der kleinsten Zahl.

123 < 132 < 213 < ...

a)
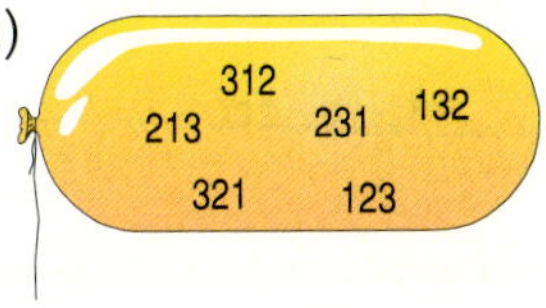

b)
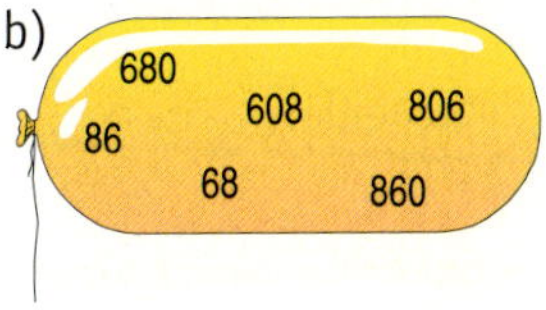

c)
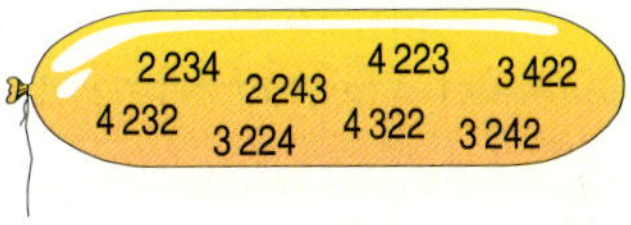

17. Gib die Nachbarzehner an. Unterstreiche den nächstgelegenen.
a) 186 b) 238 c) 681 d) 199 e) 103 f) 792 g) 998

480 < 486 < <u>490</u>

18. Gib die Nachbarhunderter an. Unterstreiche den nächstgelegenen Hunderter.
a) 2 345 b) 6 309 c) 1 099 d) 7 061 e) 9 901 f) 13 706 g) 19 095 h) 11 099

19. Maike und Dora würfeln mit vier Würfeln. Wer aus seinen Würfeln die größte Zahl legen kann, hat gewonnen.

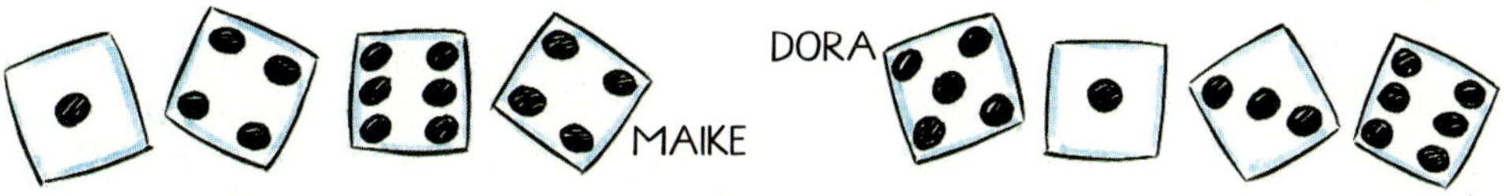

20. Hier werden Zahlen gesucht.
a) die größte zwei-, vier- und sechsstellige Zahl b) die kleinste vierstellige Zahl ohne 0
c) die kleinste vierstellige Zahl ohne 1 d) die größte sechsstellige Zahl ohne 9
e) die kleinste sechsstellige Zahl ohne 0 f) die größte fünfstellige Zahl ohne 8 und 9

LVL **21.** Schreibe die nächsten drei Zahlen auf. Gib auch die Regel an.
a) 15, 10, 20, 15, 25, 20, 30, 25, ... b) 1, 5, 2, 10, 4, 15, 8, 20, ...
c) 8, 7, 9, 6, 10, 5, 11, 4, ... d) 3, 9, 6, 18, 15, 45, 42, 126, ...

LVL **22.** Frau Feldhan möchte einen Zaun entlang der Straße errichten. Er soll 18 m lang werden. Sie möchte die Pfähle im Abstand von 3 m setzen und überlegt, wie viele Zaunpfähle sie braucht. Überlege, zeichne und begründe.

LVL **23.** Nina schreibt die Zahlen von 1 bis 100 auf. Wie viele Nullen benötigt sie?

Zahlen runden

Man rundet ab (lässt die Ziffer unverändert), wenn die nächste Ziffer 0, 1, 2, 3 oder 4 ist.
Man rundet auf (nimmt die nächstgrößere Ziffer), wenn die nächste Ziffer 5, 6, 7, 8 oder 9 ist.

Beispiele:

gerundet auf Zehner	gerundet auf Hunderter	gerundet auf Tausender
41 7[4]5 ≈ 41 750	41 [7]45 ≈ 41 700	4[1] 745 ≈ 42 000
↑ entscheidet	↑ entscheidet	↑ entscheidet

Aufpassen: gerundet auf Zehner 1 3[9]8 ≈ 1 400

Aufgaben

1.

a) Runde auf Zehner:	35	802	153	685	957	10 996
b) Runde auf Hunderter:	235	3 027	1 532	5 650	9 555	7 961
c) Runde auf Tausender:	1 267	8 900	17 627	29 475	49 500	99 787

2. Runde auf Zehner (Hunderter, Tausender).

a) 1 654 b) 575 c) 7 992 d) 5 095 e) 7 949 f) 1 994 g) 1 998

LVL **3.** Welche Angaben werden häufig gerundet, welche werden nicht gerundet? Überlege mit anderen.

Einwohnerzahlen	Telefonnummern	Hauspreise	Lebensalter
Meerestiefen	Autokennzeichen	Schuhgrößen	Länge des Schulwegs

4. Schreibe alle natürlichen Zahlen auf, die beim Runden auf Zehner auf 420 gerundet werden.

5. Beim Runden auf Hunderter ergab sich die Zahl 4 600. Welche der folgenden genauen Angaben könnten es gewesen sein? 4 549, 46 003, 4 617, 4 598, 462, 45 870, 4 648, 7 599, 4 062

LVL **6.** Wie viele Zuschauer waren mindestens, wie viele höchstens in den Stadien?
Überlege, begründe und vergleiche mit den Antworten anderer.

Bor. Dortmund – Schalke 04 2:0
Zuschauer: 48 800

Werd. Bremen – Bayern München 3:2
Zuschauer: 29 700

VFB Stuttgart – Hertha BSC 2:1
Zuschauer: 31 400

LVL **7.** Das Schaubild zeigt dir die Zuschauerzahlen von Fernsehsendungen. Ein steht für 100 000 Personen. Wie viele Zuschauer waren es mindestens, wie viele höchstens?

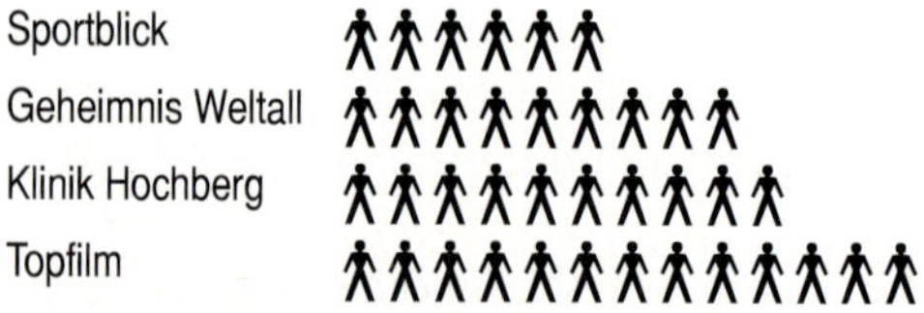

Runden und Darstellen am Zahlenstrahl

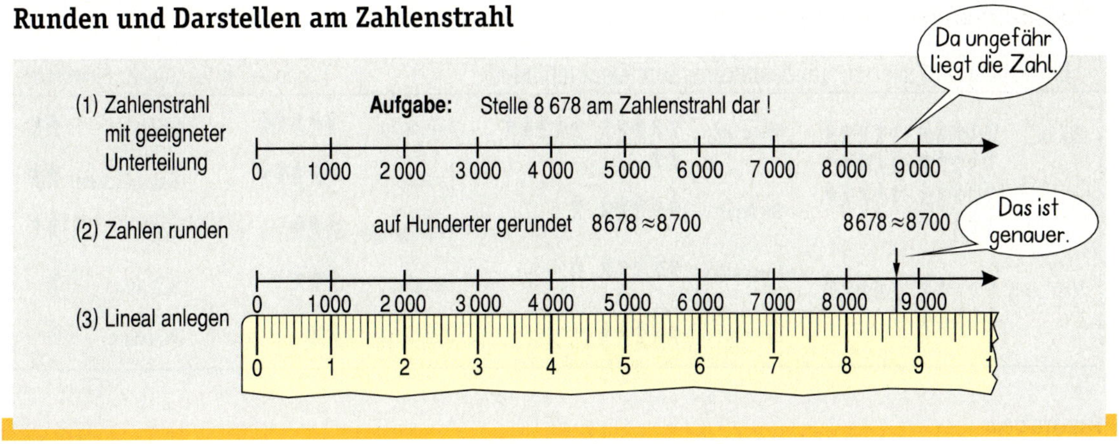

Aufgaben

1. Auf welchen Zahlen sitzen die Tiere?

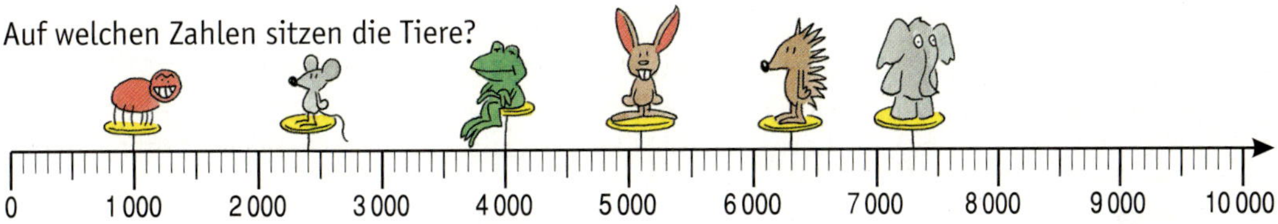

2. Notiere im Heft zu jedem Buchstaben die zugehörige Zahl.

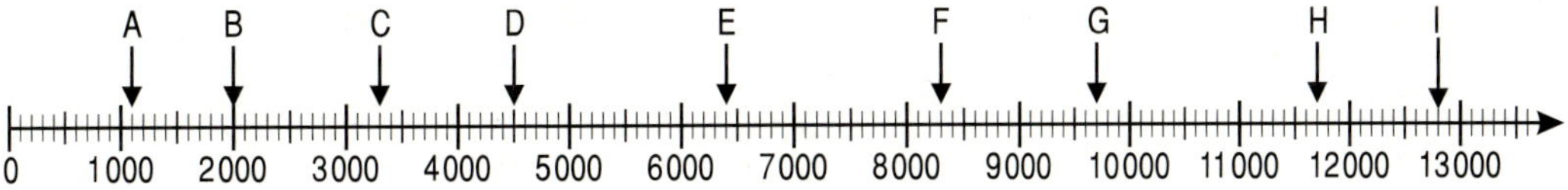

3. Der Unterschied zwischen zwei langen Teilstrichen des Zahlenstrahls ist 100 000.

a) Wie groß ist der Unterschied zwischen den kleinen Teilstrichen?

b) Wie groß ist der Unterschied zwischen A und B (C und D bzw. E und F)?

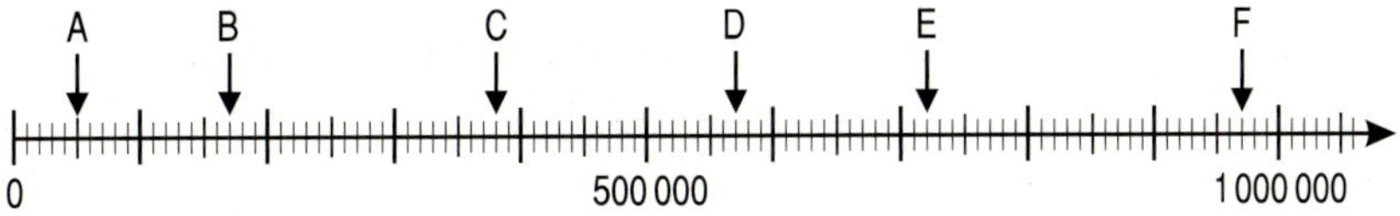

LVL **4.** Hier ist ein Ausschnitt aus einem Zahlenstrahl.

a) *Ohne Lupe:* Zwischen welchen Zahlen auf dem Zahlenstrahl liegt der Wert A?
Welchen gerundeten Wert hat A?

b) *Mit Lupe:* Zwischen welchen Zahlen liegt der Wert von A? Gib jetzt den gerundeten Wert an.

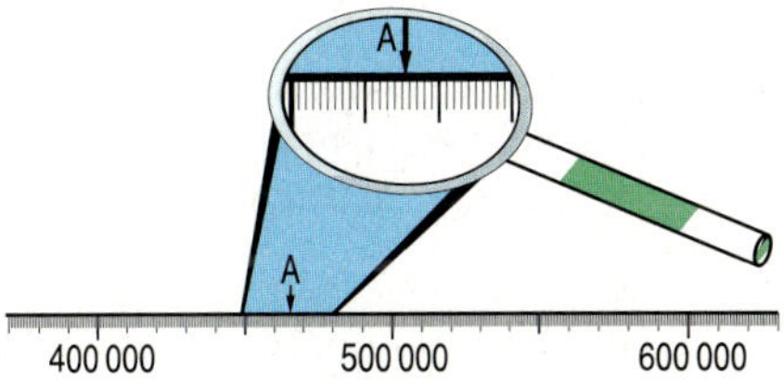

5. Zeichne einen Zahlenstrahl bis 100 000 (1 cm für 10 000) und trage auf Tausender gerundet ein:
D = 94 510 E = 99 630 N = 80 980 R = 67 800 U = 75 671

6. Zeichne einen Zahlenstrahl bis 100 000 (1 cm für 10 000).

a) Trage ein:	A = 15 000	B = 34 000	C = 47 000	D = 3 000
b) Runde auf Tausender und trage ein:	N = 51 260	G = 62 080	H = 90 076	F = 82 549
	U = 50 907	Ä = 88 880	E = 79 350	R = 94 082

Diagramme lesen und zeichnen

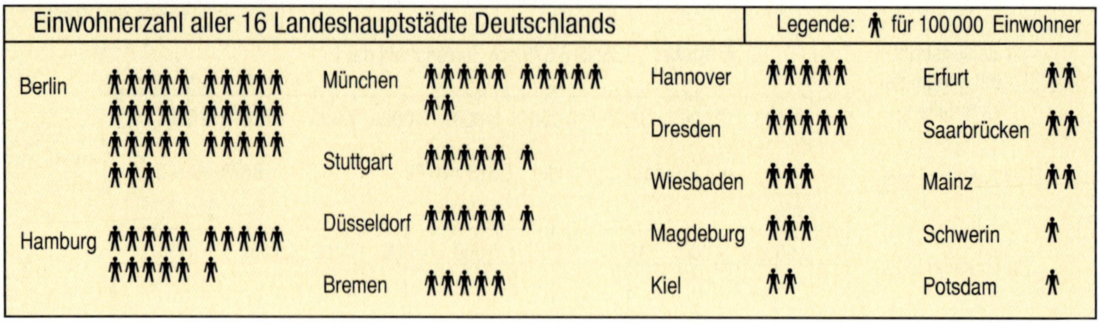

Aufgaben

Berlin: rund 3 300 000
3 250 000 bis 3 349 999

1. Wie viele Menschen leben ungefähr in den einzelnen Hauptstädten der Bundesländer, wie viele mindestens, wie viele höchstens?

2. Runde die Einwohnerzahlen auf Zehntausender. Zeichne ein Diagramm (für 10 000).

Lüneburg	59 450	Goslar	45 980	Braunschweig	252 350	Wolfsburg	124 890
Wilhelmshaven	90 980	Göttingen	114 690	Celle	71 220	Hildesheim	103 450

3.

In 100 Tüten Gummibärchen wurden die gelben, roten, weißen, grünen, rosa und orangen Bärchen gezählt.

a) Runde die Zahlen auf Hunderter.
b) Zeichne ein Schaubild (für 100).

4. Das Streifenbild zeigt die Länge einiger Flüsse.

a) Dies sind die gerundeten Längen. Ordne zu.
1 200 km 2 700 km 3 700 km 6 200 km

LVL b) Welche Flusslängen stehen im Lexikon? Wurde hier richtig gerundet?

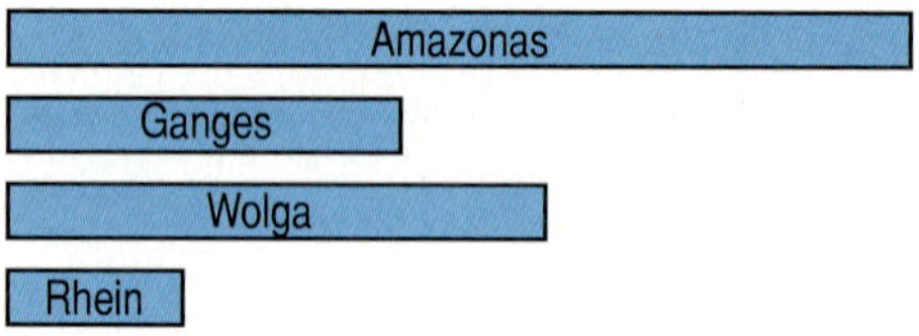

5. Zeichne für die Flusslängen ein Streifenbild (1 cm für 100 km). Runde auf 10 km.

a) Rems 81 km b) Elbe 1 165 km c) Weser 432 km d) Saale 427 km

6. Hier kannst du an der Säulenhöhe ablesen, wie alt einige Tiere werden können (1 mm für 2 Jahre).

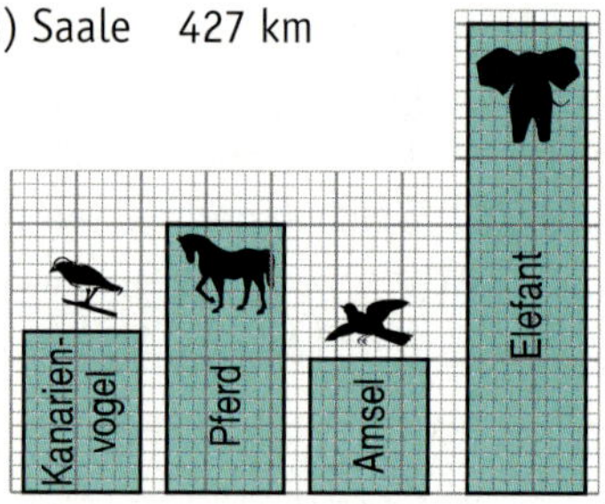

7. So alt können diese Tiere werden. Zeichne Säulen (1 mm für 1 Jahr).

Hund	ca. 20 Jahre	Goldhamster	ca. 3 Jahre
Schaf	ca. 15 Jahre	Schimpanse	ca. 30 Jahre

8. Zeichne Säulen für die Höhe der Bauwerke. Runde zuerst auf Zehner, dann wähle eine Kästchenhöhe für 10 m.

a) Freiburger Münster 116 m
Straßburger Münster 142 m
Kölner Dom 157 m

b) Fernsehturm in Berlin 365 m
Eiffelturm in Paris 300 m
Sears Tower Chicago 442 m

Schätzen durch Rastern

Schätzen:	1. In gleiche Felder unterteilen	Beispiel:	12 Felder
	2. Ein Feld auszählen		44 Baumstämme links oben
	3. Multiplizieren mit der Feldanzahl		$44 \cdot 12 = 528$
	4. Ergebnis runden		rund 530 Baumstämme

Aufgaben

1. Zu welcher Schätzung kommt man, wenn man oben im Beispiel ein anderes der 12 Felder abzählt?

a) links unten b) Mitte links c) Mitte rechts d) rechts unten e) rechts oben

2.

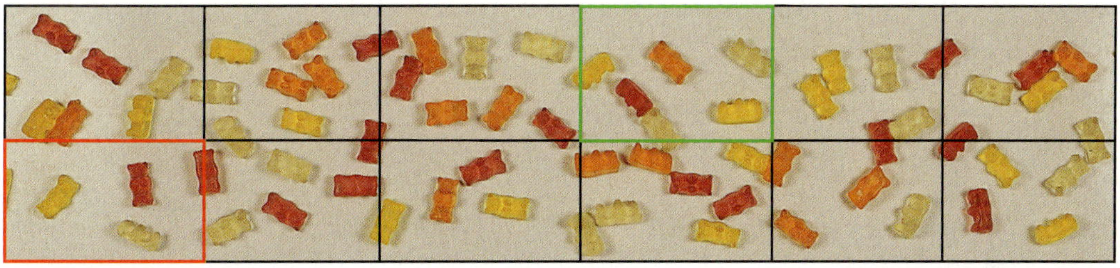

a) Maike zählt im roten Feld. Welches ist ihr Schätzwert?
b) Nina zählt im grünen Feld. Welches ist ihr Schätzwert?
c) Wähle ein anderes Feld und schätze selbst.

3. Schätze die Blutkörperchen zuerst mit dem Feld links oben, dann mit dem rechts unten.

a)
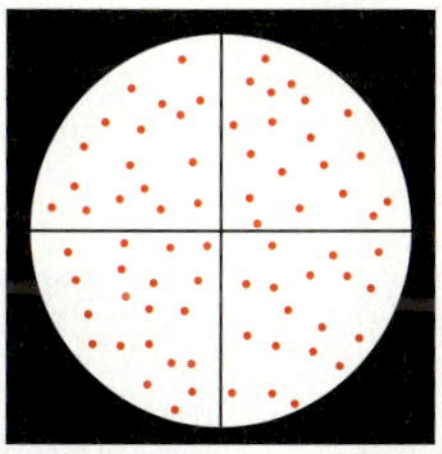

b)
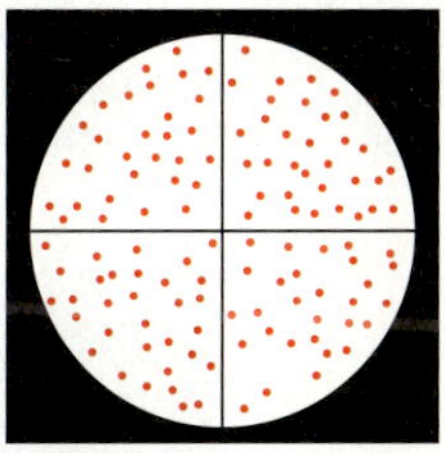

c)
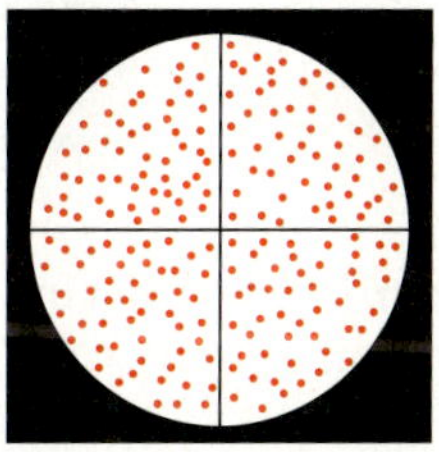

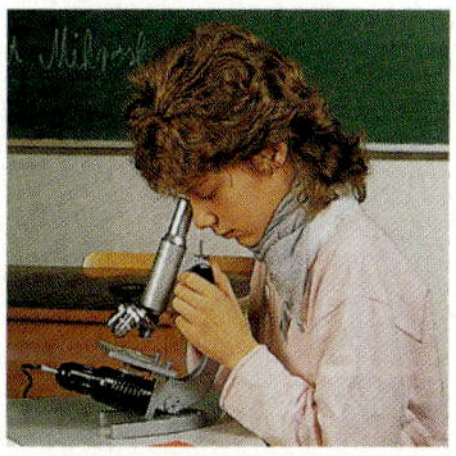

LVL **4.**

Große Zahlen im Zehnersystem

Und wie liest man das heute?

So schrieb Adam Ries(e) 1522 in seinem 2. Rechenbuch die Zahl 86 789 325 178: 86789325178 und in Worten:

sechs und achtzig tausent tausent mal tausent / siebenhundert tausent mal tausent / neun und achtzig tausent mal tausent / Drey hundert tausent / funft und zwenzig tausent / ein hundert und acht und siebentzig.

1 000 000 000 000 ← : 1000 ― 1 000 000 000 ← : 1000 ― 1 000 000 ← : 1000 ― 1000 ← : 1000 ― 1

Billion (B.)			Milliarde (Mrd.)			Million (Mio.)			Tausend (T)					
HB.	ZB.	B.	HMrd.	ZMrd.	Mrd.	HMio.	ZMio.	Mio.	HT	ZT	T	H	Z	E
		3	0	8	6	7	8	9	0	0	0	0	0	0

3 Billionen sechsundachtzig Milliarden siebenhundertneunundachtzig Millionen

Aufgaben

1. Lies die 13-ziffrige Zahl in der obigen Stellenwerttafel. Welchen Vorteil hat die Schreibweise mit Ziffern?

2. Schreibe die Zahlen aus der Stellenwerttafel mit Ziffern in 3er-Blöcken.

B.	HMrd.	ZMrd.	Mrd.	HMio.	ZMio.	Mio.	HT	ZT	T	H	Z	E
						5	6	8	0	4	0	0
			3	4	9	4	3	4	5	5	0	0
1	0	4	9	5	4	7	5	5	5	0	0	0

5 Mio. 680 T 400
= 5 680 400

3. Lies die Zahlen. Schreibe sie in 3er-Blöcken.

a) 6122000
34590000
79998021

b) 1234567
89012345
987654321

c) 10203040506
4206200300040
7910987654321

1034507
= 1 034 507
= 1 Mio. 34 T 507

4. Nach dem 1. Weltkrieg wurde in Deutschland alles sehr teuer. Im Jahr 1923 stieg das Briefporto auf 500 000 Reichsmark. Schreibe die Portopreise auf a) mit Ziffern b) in Worten.

5. Die Entfernungen der Planeten von unserer Sonne wurden gemessen (in km).

Erde	150 Mio.	Saturn	1 Mrd. 428 Mio.
Jupiter	778 Mio.	Neptun	4 Mrd. 502 Mio.
Mars	228 Mio.	Pluto	5 Mrd. 917 Mio.
Merkur	58 Mio.	Uranus	2 Mrd. 873 Mio.
Venus	108 Mio.		

a) Ordne die Planeten nach ihrer Entfernung von der Sonne.

b) Schreibe die Kilometerzahlen für die Entfernungen mit Ziffern.

LVL c) Prüfe: Die Bahn der Venus ist fast doppelt so weit von der Sonne entfernt wie die Bahn des Merkur. Schreibe mindestens drei weitere solche Vergleiche auf.

6. Vor so vielen Jahren lebten die Dinosaurier. Schreibe zu den Namen die Zahlen in Worten.

7. Schreibe ab und notiere dabei die Altersangaben mit Ziffern in 3er-Blöcken.
Alter der Welt: fünfzehn Milliarden
Erdalter: vier Milliarden fünfhundert Millionen
erste Fischarten: fünfhundert Millionen
erste Säugetiere: zweihundert Millionen
älteste Werkzeuge: zwei Millionen
Mensch (Homo sapiens): dreißigtausend

8. Schreibe die Zahlen in 3er-Blöcken und in Worten.

a)	b)	c)	d)
91000000	100010000	2468000000	2357010000
215690000	10200030000	98765400000	1654192300000
1022010000	2069909900000	109006000000	12543741430000

9. Schreibe in 3er-Blöcken, dann runde auf Millionen und schreibe kürzer.

a)	b)	c)
1357924680	2357111317	1087650000
708009010	19232931037	9269998500000
20456700000	241434751530	5419999876543
3790050000	9080073125	9999999999999

1234567890
= 1 234 567 890
≈ 1 235 000 000
= 1 Mrd. 235 Mio.

10. Die Panzerknacker haben Dagobert Duck eine Million Taler aus dem Tresor gestohlen. Wie viele Säckchen mit je tausend Talern mussten sie dafür schleppen?

11. Die Panzerknacker sind geldgierig und wollen insgesamt eine Milliarde Taler von Dagobert Duck haben. Wie oft müssen sie den Panzerknackerwagen mit einer Million Taler beladen?

12.

a)	b)	c)
10 · 10 Tausend	10 · 3 Mio.	10 · 100 Mrd.
100 · 10 Tausend	200 · 4 Mio.	200 · 10 Mrd.
200 · 10 Tausend	500 · 2 Mio.	200 · 100 Mrd.

300 · 10 Mio.
= 3 000 Mio. = 3 Mrd.

13. Kleiner, größer oder gleich. Setze ein: <, > oder =.

a)	b)	c)
34 563 654 ■ 345 636 654	300 000 ■ 3 Mio.	30 B. ■ 300 · 10 000
1 100 100 ■ 10 100 100	15 000 000 ■ 15 Mrd.	1 B. ■ 1 000 Mrd.
99 990 990 ■ 99 999 999	25 000 000 ■ 25 Mio.	10 Mio. ■ 1 000 · 1 000

LVL **14.** Überlege, diskutiere mit anderen, begründe dein Ergebnis:
In einem Land gibt es 10 Bundesstaaten.
In jedem Bundesstaat gibt es 10 Ranchen.
Auf jeder Ranch stehen 10 Bäume.
Unter jedem Baum liegen 10 Cowboys.
Jeder Cowboy hat 10 Hunde.
Jeder Hund bewacht 10 Kühe.
Jede Kuh hat 10 Kälbchen.
Jedes Kälbchen hat 10 Bremsenstiche.

Wie viele a) Bäume; b) Cowboys; c) Hunde; d) Kühe; e) Kälbchen; f) Bremsenstiche gibt es?

Römische Zahlzeichen

Die Römer benutzten 7 Zahlzeichen.
Diese verwendete man in Europa bis ins 16. Jahrhundert.
Danach erst setzten sich die indisch-arabischen Ziffern des Zehnersystems durch.

© 1991 LES ÉDITIONS ALBERT RENÉ/GOSCINNY – UDERZO

I = 1 V = 5 X = 10 L = 50 C = 100 D = 500 M = 1 000

Regel:
Die Werte der Zahlzeichen werden addiert.
Ausnahmen: Steht I, X oder C links von einem Zeichen mit größerem Wert, wird subtrahiert.

Beispiele:
CCLXVIII = 200 + 50 + 10 + 5 + 3
MMIV = 2 000 + (5 − 1)
MCMXC = 1 000 + (1 000 − 100) + (100 − 10)

Aufgaben

1. Übersetze in unser Zehnersystem.

a) XXVIII, LXXVI
b) CCLXXV, MDCCLX
c) XIV, CXC
d) LXIX, CMXCIV
e) MDCCCXL, MMXXVII

2.

Eiffelturm
MDCCCLXXXIX

Tempel in Athen
CDXLVII

Tower Bridge
MDCCCXCIV

Arc de Triomphe
MDCCCXXXVI

3. Schreibe mit römischen Zahlzeichen. Kein Zeichen darf mehr als dreimal nebeneinander stehen.

a) 17, 31
b) 53, 112
c) 713, 832
d) 1 832, 2 053
e) dein Geburtsjahr, die heutige Jahreszahl

4. a) Am Schloss in Darmstadt findet man nebenstehende Inschrift[1]. Addiere die Werte der großen Buchstaben, dann erhältst du die Jahreszahl der Wiedererbauung.

b) Schreibe die Jahreszahl der Wiedererbauung mit römischen Zahlzeichen auf.

AB ERNESTO LVDoVICo
LanDgraVio hassIae
praesens arX
LoCo aLterIVs
VVLCanI fVrore abreptae
eXstrVCta est

LVL **5.** Scherzhaftes mit römischen Zahlzeichen.

a) Die Hälfte von „zwölf" ist „sieben". Wie ist das möglich?
b) Kannst du mit vier Streichhölzern „tausend" legen?
c) Zeige mit Streichhölzern: „zwei und eins ist sechs".
d) Nimm von „neun" eins weg, dann hast du „zehn".

[1] Bedeutung des Chronogramms: Von Ernst Ludwig/Landgraf Hessens/wurde diese Burg/am Ort der anderen/durch Feuer zerstörten/errichtet.

TESTEN · ÜBEN · VERGLEICHEN

1. Schreibe die Stufenzahlen des Zehnersystems bis 1 Billion in Worten.

2. Bis eine Million schreibt man die Zahlworte aneinander. Schreibe in Worten.

a) 12
315

b) 12 300
324 000

c) 907 000
1 200 000

3. Schreibe die Zahlen aus der Stellenwerttafel mit den Abkürzungen und in 3er-Blöcken.

4. Schreibe in 3er-Blöcken und lies die Zahlen.

a) 12034670
305780129

b) 1357000890
1037419300000

5. Zeichne den Zahlenstrahl in dein Heft und ergänze die fehlenden Zahlen.

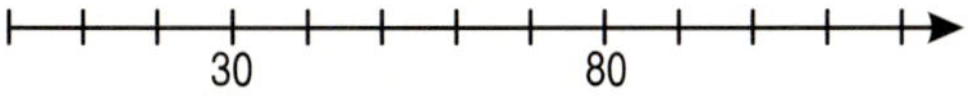

6. Welche natürlichen Zahlen liegen zwischen

a) 19 996 und 20 005;

b) 3 989 und 4 000;

c) 335 793 und 335 801;

d) 4 444 998 und 4 445 005?

7. a) Lies die Werte ab für A, B, C und D.

b) Zwischen welchen Zahlen liegt E?

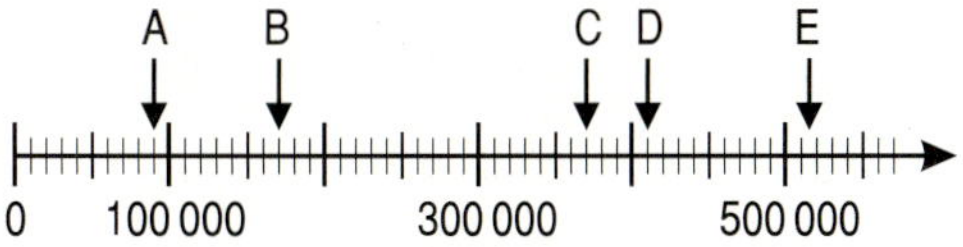

8. Kleiner, größer oder gleich? Setze ein: <, >, =.

a) 608 ▢ 615

b) 852 ▢ 851

c) 1 000 ▢ 10 · 100

d) 100 · 100 ▢ 1 Mio

9. Runde die Zahlen

a) auf Tausender: 2 307 12 905 139 501

b) auf Hunderter: 491 1 249 49 970

c) auf Zehner: 17 349 7 896

10. Runde die Flusslängen auf 10 km. Zeichne ein Diagramm (1 cm für 100 km).

Rhein	1 325 km	Weser	477 km
Mosel	545 km	Oker	105 km
Leine	241 km	Elbe	1 185 km

11. Wie weit ist es ungefähr? (1 cm für 100 km)

a)  Düsseldorf – Bremen

b)  Hannover – Flensburg

Stufenzahlen im Zehnersystem

1 10 100 1 000

1 Mio. = 1 000 · 1 000 = 1 000 000

1 Mrd. = 1 000 · 1 Mio. = 1 000 000 000

1 Billion = 1 000 · 1 Mrd.
= 1 000 000 000 000

Stellenwerttafel

Billionen B.			Milliarden Mrd.			Millionen Mio.			Tausend T			H	Z	E
				1	2	0	7	8	9	0	5	3	4	6
			1	0	0	2	6	9	0	0	1	4	0	7
		3	2	6	7	3	1	0	0	3	8	7	6	0

12 Mrd. 78 Mio. 905 T 346 = 12 078 905 346

Jede **natürliche** Zahl lässt sich mit den **Ziffern** 0, 1, 2, 3, 4, 5, 6, 7, 8 und 9 schreiben.

Natürliche Zahlen lassen sich vergleichen und ordnen. Am **Zahlenstrahl** liegt von zwei Zahlen die kleinere Zahl links von der größeren.

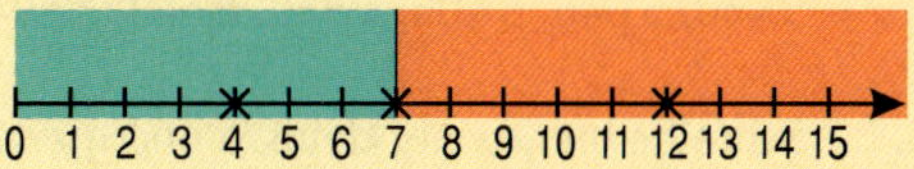

4 < 7 „4 ist kleiner als 7"

12 > 7 „12 ist größer als 7"

Man **rundet ab,** wenn die nächstfolgende Ziffer 0, 1, 2, 3 oder 4 ist.
Man **rundet auf,** wenn die nächstfolgende Ziffer 5, 6, 7, 8 oder 9 ist.

genaue Zahl	gerundet auf Tausender	gerundet auf Hunderter	gerundet auf Zehner
8 457	8 000	8 500	8 460

Zahlen kann man in **Diagrammen** (Schaubildern) darstellen.

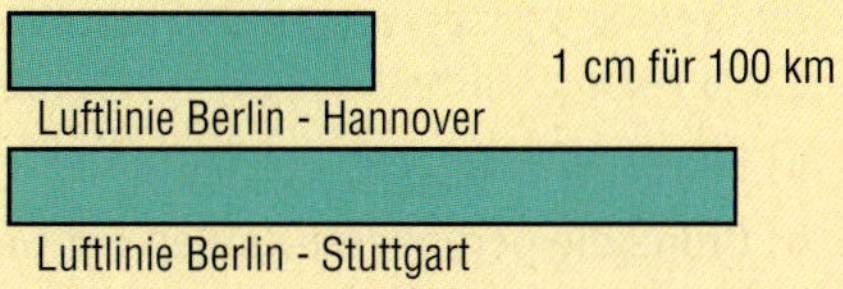

DIAGNOSETEST

1. Welchen Stellenwert hat die unterstrichene Ziffer? a) 23 456 000 b) 10 987 643 210

2. Schreibe mit Ziffern in 3er-Blöcken.
a) zweihundertzwanzigtausendfünfhundert b) sieben Millionen fünfzehntausendeins

3. Lies die markierten Zahlen vom Zahlenstrahl ab.

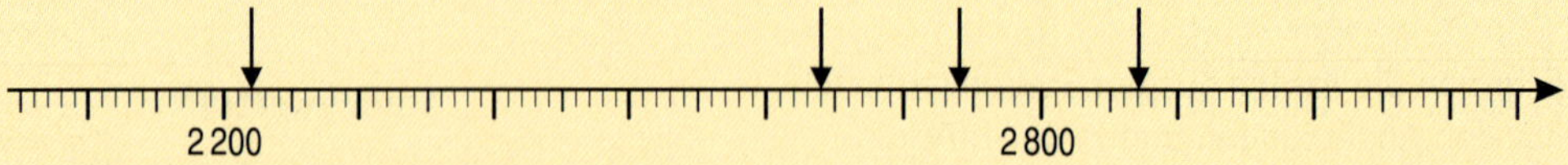

4. Runde 76 563 210 a) auf Hunderter, b) auf Zehntausender.

5. Schreibe die nächsten zwei Zahlen auf. a) 11, 16, 15, 20, 19, ... b) 45, 30, 60, 45, 75, ...

Wähle weitere 5 Aufgaben aus

1. Schreibe die Zahl mit Ziffern auf. a) 1 HT 5 T 1 Z b) 52 Mio. 42 T 6 E

2. Schreibe als Zahlwort: a) 15 324 b) 2 501 071

3. Schreibe mit Ziffern in 3er-Blöcken:
achthundertdreiundvierzig Millionen siebenhundertneuntausendzweihundertsechzig

4. Ordne die Zahlen der Größe nach. Beginne mit der kleinsten Zahl.
5 460, 5 046, 5 406, 4 560, 6 540, 5 604

5. Schreibe die jeweils kleinste und größte Zahl auf, die auf Hunderter gerundet folgende Zahl ergibt:
a) 31 000 b) 270 500

6. Bei der Klassensprecherwahl der Klasse 5a erhielt Ulrike 3 Stimmen. Notiere die Zahl der Stimmen, die Dieter, Uta und Kerstin jeweils erhalten haben.

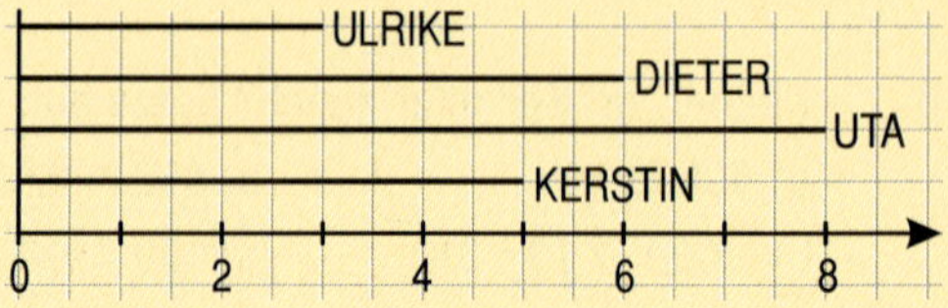

7. In der Klasse 5b gewinnt Tobias mit 7 Stimmen die Klassensprecherwahl. Emily erhält 5, Tim und Marita erhalten je 4 Stimmen. Zeichne ein Diagramm (1 cm für eine Stimme).

8. a) Schreibe mit Ziffern im Zehnersystem: XIV MDCCCLXV
b) Schreibe mit römischen Zahlzeichen: 1959 2009

9. Schreibe mit Ziffern auf:
a) die kleinste 4-stellige Zahl ohne 0; b) die größte 6-stellige Zahl ohne 9.

10. Im Kreis Salzgitter wurden 34 200 t Wertstoffe gesammelt, darunter:
1 836 t Kunststoffe 1 278 t Metalle 21 298 t Papier und Pappe 7 326 t Glas
a) Runde alle Angaben auf Tausender.
b) Ordne die gerundeten Zahlen der Größe nach. Beginne mit der größten Zahl.

2

Addition und Subtraktion

Kopfrechnen

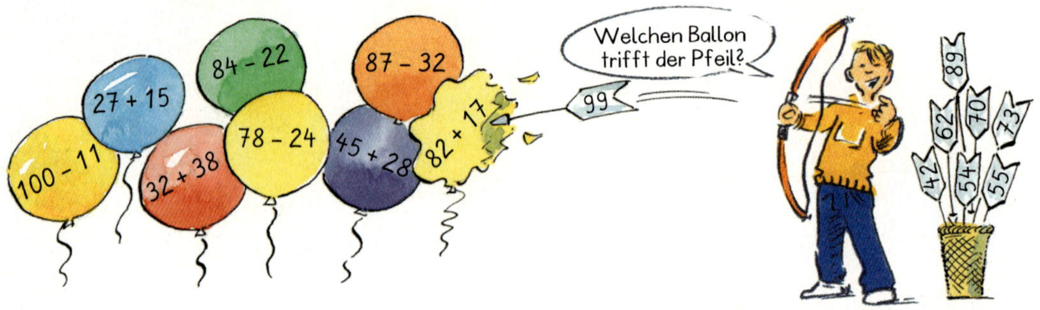

Addition
Addiere 45 und 30.
45 + 30 = 75
75 ist die **Summe,** 45 und 30 heißen *Summanden.*

Subtraktion
Subtrahiere von 75 die Zahl 45.
75 – 45 = 30
30 ist die **Differenz** von 75 und 45.

Aufgaben

1. Berechne die Summe. Schreibe die Aufgabe und das Ergebnis ins Heft.

a) 30 + 80; 70 + 20; 40 + 90
b) 50 + 28; 70 + 18; 42 + 30
c) 64 + 15; 22 + 37; 53 + 24
d) 28 + 17; 36 + 24; 44 + 37
e) 420 + 340; 230 + 160; 410 + 280

2. Berechne die Differenz. Schreibe die Aufgabe und das Ergebnis ins Heft.

a) 90 – 30; 60 – 40; 70 – 50
b) 86 – 32; 67 – 56; 48 – 25
c) 80 – 26; 70 – 38; 50 – 17
d) 45 – 26; 83 – 15; 54 – 38
e) 460 – 120; 350 – 210; 480 – 160

3. Welche Zahl fehlt hier?

a) 40 + □ = 66; 70 – □ = 57; 80 – □ = 43
b) 13 + □ = 28; 29 + □ = 50; 37 – □ = 29
c) □ + 17 = 34; □ – 22 = 33; □ – 34 = 15
d) □ – 105 = 25; 135 + □ = 200; 147 – □ = 99

4. Kleiner, größer oder gleich? Setze <, > oder = ein.

a) 15 + 20 □ 45; 27 – 13 □ 4; 42 + 17 □ 59
b) 15 □ 37 – 22; 63 □ 21 + 52; 99 □ 54 + 44
c) 100 – 32 □ 132 – 62; 15 + 16 □ 20 + 11; 24 + 17 □ 14 + 27

5. Schreibe als Rechenaufgabe mit Lösung in dein Heft.

a) Berechne die Differenz von 75 und 15.
b) Addiere die Zahlen 64 und 33.
c) Addiere 64 und 51.
d) Subtrahiere von 87 die Zahl 42.
e) Welchen Wert hat die Summe aus der Zahl 16 und der Zahl 65?
f) Wie heißt die Differenz aus den Zahlen 89 und 53?

Berechne die Summe von 24 und 38.
24 + 38 = 62

6. Zeichne ins Heft und fülle alle Schrankfächer mit passenden Aufgaben.

7. Ordne jeder Aufgabe ihren Lösungsbuchstaben zu. Wie heißt das Lösungswort?

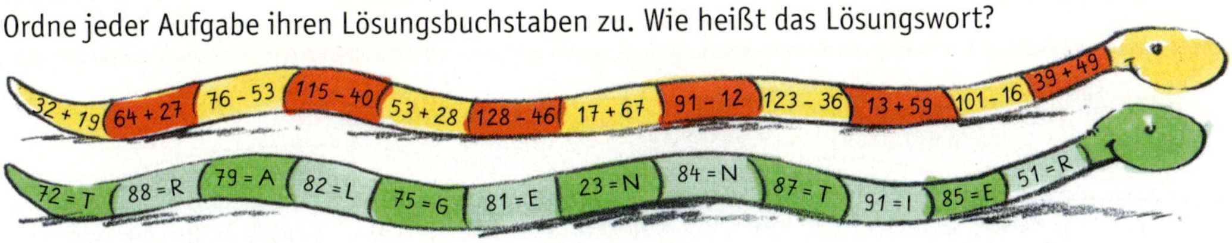

8. Von Waggon zu Waggon wird es schwieriger.

9. Berechne:

a) 500 + 400 b) 560 + 400 c) 569 + 400 d) 569 + 440 e) 569 + 441

f) 700 – 300 g) 780 – 300 h) 781 – 300 i) 781 – 350 j) 781 – 356

10. Was verbirgt sich unter dem Klecks? Notiere die vollständige Aufgabe im Heft.

a)	b)	c)
23 + [redacted] = 57	124 + 35 = [redacted]	76 + [redacted] = 99
[redacted] + 86 = 100	250 – [redacted] = 30	91 + [redacted]0 = 151
[redacted] – 12 = 62	241 [redacted] 28 = 213	87 – 53 = [redacted]
93 – [redacted] = 78	[redacted] + 119 = 307	[redacted] – 280 = 133

11. a) Schreibe die Wörter für „Addieren" und „Subtrahieren" aus dem Mathematik-Wörterbuch in dein Heft.

LVL b) Findest du noch mehr Wörter? Füge sie hinzu.

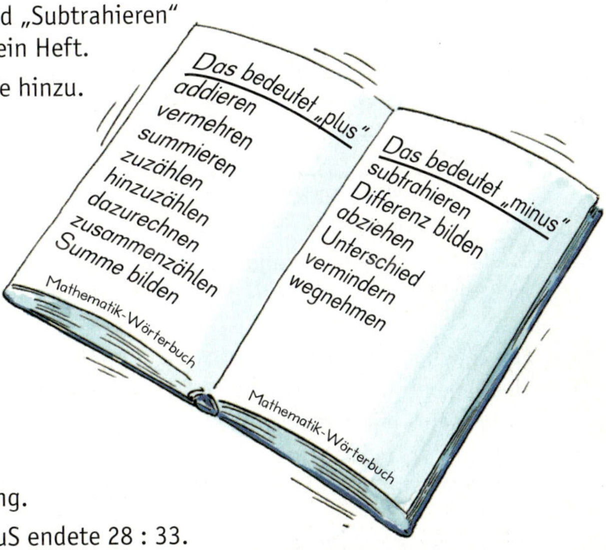

12. a) Zähle zu 28 die Zahl 33 hinzu.

b) Vermindere die Zahl 71 um 22.

c) Ziehe von 78 die Zahl 48 ab.

d) Addiere zu 150 die Zahl 103.

e) Rechne zu 36 die Zahl 55 dazu.

f) Füge zu 200 die Zahl 135 hinzu.

g) Vermehre die Zahl 16 um 68.

h) Bilde die Differenz aus 98 und 54.

LVL **13.** Stelle eine Frage und berechne die Lösung.

a) Das Handballspiel zwischen VfL und TuS endete 28 : 33.

b) Beim Basketball: Das Spiel zwischen den Scatern und den Rollern endete 78 : 123.

Addition und Subtraktion am Zahlenstrahl

Addition 7 + **9** = 16

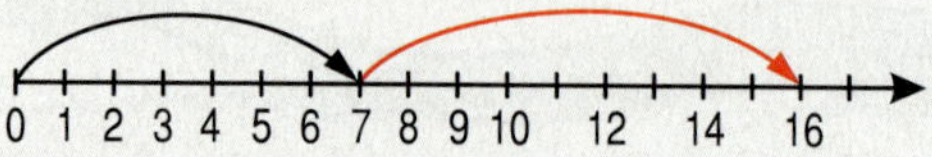

Der Addition entspricht eine Vorwärtsbewegung am Zahlenstrahl.

Subtraktion 16 – **9** = 7

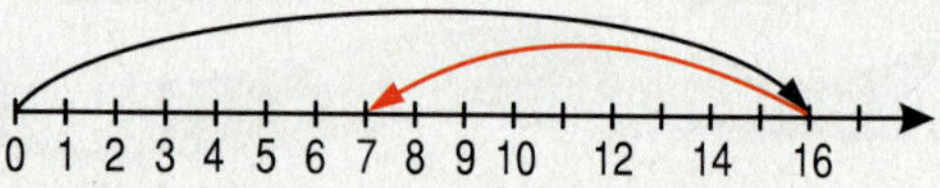

Der Subtraktion entspricht eine Rückwärtsbewegung am Zahlenstrahl.

Aufgaben

1. Welche Aufgaben sind hier gezeichnet? Schreibe die Rechenaufgabe in dein Heft.

a)

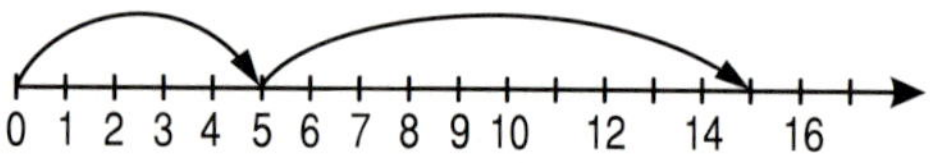

b)

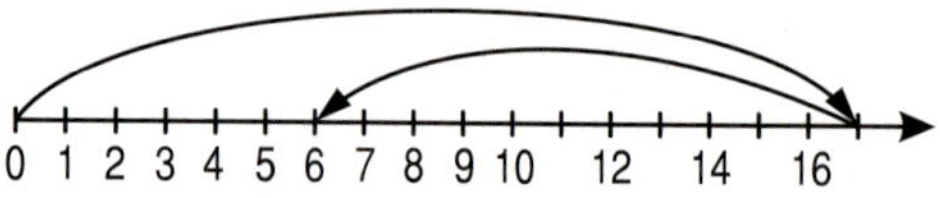

c)

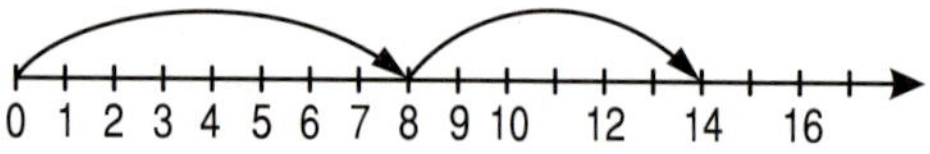

d)

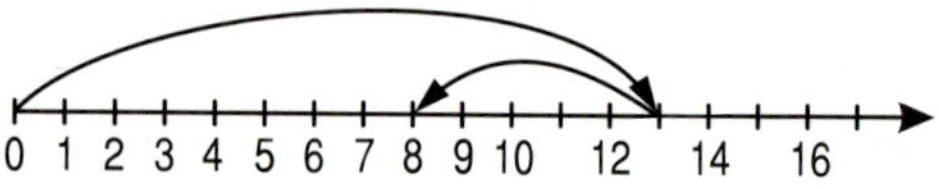

2. Stelle die Aufgabe am Zahlenstrahl dar. Wähle für eine Einheit eine Kästchenbreite.

a) 6 + 5 b) 17 – 4 c) 4 + 11 d) 14 – 9 e) 2 + 13 f) 12 – 6

3. Welche Aufgaben sind hier gezeichnet?

a)

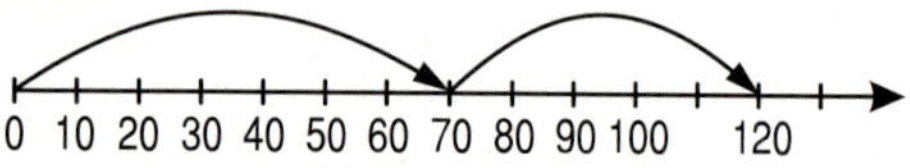

b)

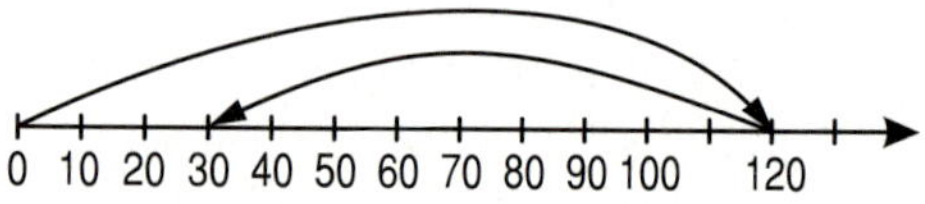

c)

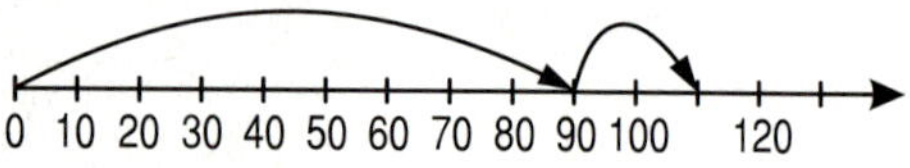

d)

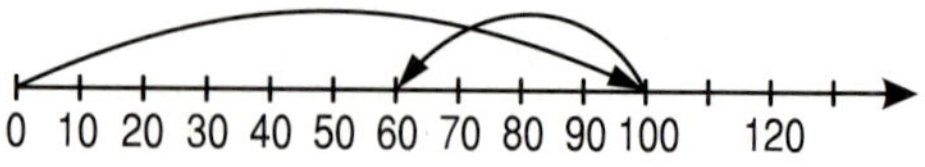

4. Stelle die Aufgabe am Zahlenstrahl dar. Wähle eine Kästchenbreite für 10.

a) 30 + 90 b) 70 – 50 c) 30 + 80 d) 150 – 70 e) 40 + 60

LVL **5.** Ute, Kai und Eva sind begeisterte Radfahrer.
Überlege dir jeweils zwei verschiedene Fragen und berechne die Lösungen.

a) Ute fährt mit dem Rad am ersten Tag 65 km, am zweiten 53 km und am dritten Tag 47 km.
b) Kai ist in drei Tagen 168 km gefahren. Am ersten Tag fuhr er 69 km, am zweiten 56 km.
c) Eva möchte in fünf Tagen 298 km fahren. Am ersten Tag fuhr sie 54 km.

LVL **6.** Jan möchte in drei Tagen 175 km fahren. Gib drei mögliche Tagesstrecken an, von denen sich die kürzeste und die längste um weniger als 20 km unterscheiden.

Operatoren

Jede Addition oder Subtraktion kann mit **Plus-** oder **Minusoperatoren** geschrieben werden, dazu verwendet man Pfeile.

Beispiele: $20 \xrightarrow{+7} 27$ $\quad 13 \xrightarrow{-6} 7$ $\quad 26 \xrightarrow{+5} 31 \xrightarrow{-8} 23$

$20 + 7 = 27$ $\quad 13 - 6 = 7$ $\quad (26 + 5) - 8 = 31 - 8 = 23$

Aufgaben

1. a) $36 \xrightarrow{+9} \square$ b) $54 \xrightarrow{-12} \square$ c) $75 \xrightarrow{+25} \square$ d) $97 \xrightarrow{-36} \square$

e) $48 \xrightarrow{-6} \square$ f) $75 \xrightarrow{+20} \square$ g) $62 \xrightarrow{-23} \square$ h) $23 \xrightarrow{+45} \square$

2. Welcher Plus- oder Minusoperator fehlt hier?

a) $17 \longrightarrow 30$ b) $30 \longrightarrow 5$ c) $13 \longrightarrow 45$ d) $46 \longrightarrow 33$

e) $52 \longrightarrow 100$ f) $100 \longrightarrow 66$ g) $24 \longrightarrow 42$ h) $65 \longrightarrow 19$

3. a) $127 \xrightarrow{+3} \square \xrightarrow{+40} \square$ b) $84 \xrightarrow{+16} \square \xrightarrow{-80} \square$ c) $58 \xrightarrow{+12} \square \xrightarrow{+23} \square$

d) $158 \xrightarrow{-58} \square \xrightarrow{-23} \square$ e) $65 \xrightarrow{-25} \square \xrightarrow{+22} \square$ f) $49 \xrightarrow{+31} \square \xrightarrow{+28} \square$

4. Katrin wohnt in der 13. Etage. Sie fährt sehr gern Fahrstuhl.

a) Von ihrer Etage fährt sie erst 8 Etagen aufwärts, dann 5 Etagen abwärts und noch 3 Etagen aufwärts. Wen besucht Katrin?
Stelle die Fahrstuhlfahrt als Operatorkette dar.
$13 \longrightarrow \square \longrightarrow \square \ldots$

LVL b) Erfinde selbst zwei Fahrstuhlfahrten von Katrin und lasse dann deine Mitschülerinnen und Mitschüler herausfinden, wen Katrin besucht.

5. Wenn du den Operator zerlegst, rechnest du oft vorteilhafter.

a) $58 \xrightarrow{+26} \square$ b) $67 \xrightarrow{+48} \square$ c) $24 \xrightarrow{+67} \square$

d) $116 \xrightarrow{+78} \square$ e) $184 \xrightarrow{+32} \square$ f) $146 \xrightarrow{+28} \square$

$58 \xrightarrow{+26} \square$; $58 \xrightarrow{+20} \square \xrightarrow{+6} \square$

6. a) $77 \xrightarrow{-53} \square$ b) $64 \xrightarrow{-23} \square$ c) $95 \xrightarrow{-46} \square$

d) $110 \xrightarrow{-65} \square$ e) $158 \xrightarrow{-49} \square$ f) $130 \xrightarrow{-65} \square$

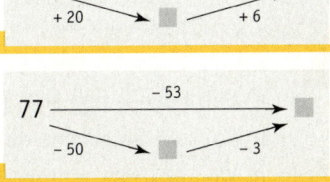

$77 \xrightarrow{-53} \square$; $77 \xrightarrow{-50} \square \xrightarrow{-3} \square$

Umkehroperator

Die Subtraktion ist die Umkehrung der Addition und die Addition die Umkehrung der Subtraktion. Zu jedem **Plus-** oder **Minusoperator** gibt es einen **Umkehroperator.**

Beispiele: $46 \underset{-20}{\overset{+20}{\rightleftarrows}} 66$ $46 + 20 = 66$, $66 - 20 = 46$ $73 \underset{+15}{\overset{-15}{\rightleftarrows}} 58$ $73 - 15 = 58$, $58 + 15 = 73$

Aufgaben

1. Bestimme die fehlende Zahl und den Umkehroperator.

a) $24 \underset{\square}{\overset{+12}{\rightleftarrows}} \square$ b) $43 \underset{\square}{\overset{+17}{\rightleftarrows}} \square$ c) $65 \underset{\square}{\overset{-16}{\rightleftarrows}} \square$

$25 \underset{-13}{\overset{+13}{\rightleftarrows}} 38$
$25 + 13 = 38$ $38 - 13 = 25$

2. Bestimme den Umkehroperator, dann die fehlende Zahl.

a) $\square \underset{\square}{\overset{+6}{\rightleftarrows}} 34$ b) $\square \underset{\square}{\overset{-8}{\rightleftarrows}} 12$ c) $\square \underset{\square}{\overset{+11}{\rightleftarrows}} 24$

$62 \underset{+20}{\overset{-20}{\rightleftarrows}} 42$
$42 + 20 = 62$ $62 - 20 = 42$

3. Wie viel war es vorher? Bestimme die unbekannte Zahl mithilfe des Umkehroperators.

a)

b)

c)

4. Bestimme Operator und Umkehroperator.

a) $48 \underset{\square}{\overset{\square}{\rightleftarrows}} 60$ b) $35 \underset{\square}{\overset{\square}{\rightleftarrows}} 55$ c) $12 \underset{\square}{\overset{\square}{\rightleftarrows}} 20$ d) $43 \underset{\square}{\overset{\square}{\rightleftarrows}} 56$

e) $75 \underset{\square}{\overset{\square}{\rightleftarrows}} 100$ f) $46 \underset{\square}{\overset{\square}{\rightleftarrows}} 22$ g) $15 \underset{\square}{\overset{\square}{\rightleftarrows}} 28$ h) $84 \underset{\square}{\overset{\square}{\rightleftarrows}} 54$

5. Bestimme die Umkehroperatoren, dann rechne schrittweise.

a) $\square \underset{\square}{\overset{+30}{\rightleftarrows}} \square \underset{\square}{\overset{+8}{\rightleftarrows}} 78$ b) $\square \underset{\square}{\overset{-20}{\rightleftarrows}} \square \underset{\square}{\overset{-9}{\rightleftarrows}} 51$

6. Zahlenrätsel. Schreibe mit Operatoren, dann löse.

a) Petra denkt sich eine Zahl, addiert zuerst 13, dann subtrahiert sie 25 und erhält 100.

b) Kai subtrahiert von einer Zahl zuerst 18, dann addiert er 21 und nennt 50 als Ergebnis.

c) Wenn Kati 85 zu ihrer Zahl addiert und anschließend 91 subtrahiert, erhält sie 9.

7. Wie heißt die gedachte Zahl im Kreis?

8. Wie heißt die gedachte Zahl? Löse das Rätsel mithilfe von Operatoren.

a) Ich denke mir eine Zahl und addiere 16. Mein Ergebnis lautet 46.

b) Von meiner gedachten Zahl subtrahiere ich 14. Ich erhalte 45.

c) Wenn ich von meiner gedachten Zahl 13 abziehe, erhalte ich 51.

d) Ich denke mir eine Zahl und zähle 21 hinzu. Mein Ergebnis heißt 70.

9. Bestimme die unbekannte Zahl mithilfe des Umkehroperators.

a)	b)	c)
▒ + 20 = 70	▒ − 11 = 23	▒ + 12 = 85
▒ − 6 = 35	▒ + 24 = 58	▒ − 14 = 31
▒ + 15 = 40	▒ − 30 = 62	▒ + 40 = 78

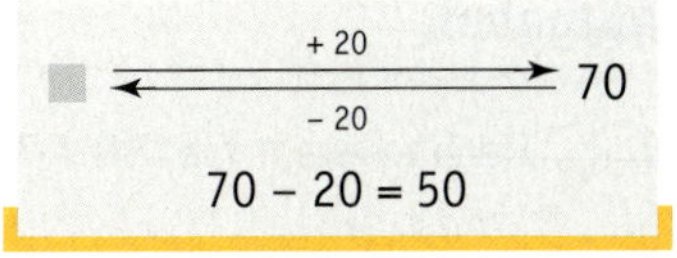

10. Wie hoch war das alte Guthaben auf dem Sparbuch?

a)

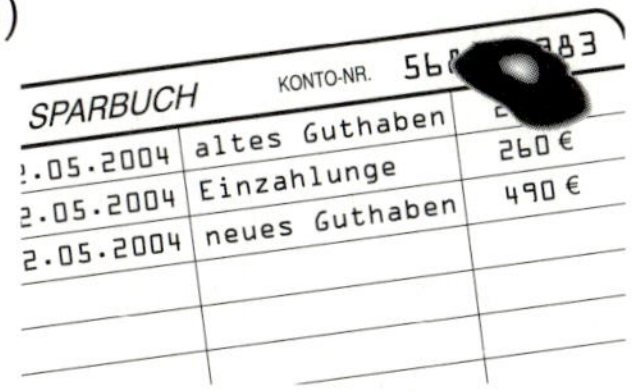

b)

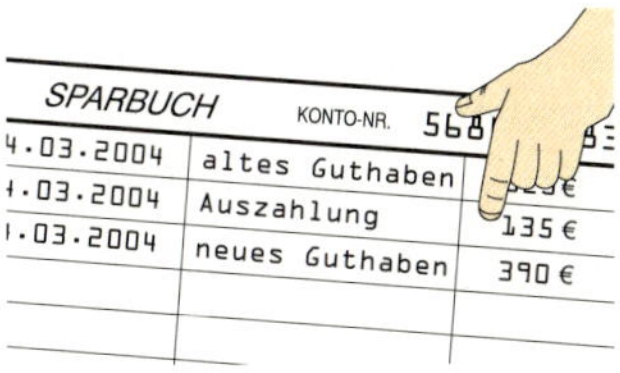

c)

11. a) Emily kauft eine Hose für 49 €. Von ihrer Tante Gabriele bekommt sie 15 € für den Kauf.

b) Während seiner Kur im Schwarzwald hat Herr Käfer 12 kg abgenommen. Jetzt wiegt er 79 kg.

c) Onkel Theo ist 43 Jahre alt. Er ist 29 Jahre älter als sein Neffe Tim.

d) Nach dem Verlust ihres Portemonnaies mit 12 € besitzt Irene nur noch 6 €.

LVL **12.** Überlege, sprich mit anderen, begründe:
Ein Paket wiegt 11 kg, die Verpackung allein 3 kg. Befindet sich im Paket ein Wecker, ein Staubsauger, ein Bügeleisen oder eine Waschmaschine?

13. Zeichne das Zahlendreieck in dein Heft und ergänze die fehlenden Zahlen.

a)

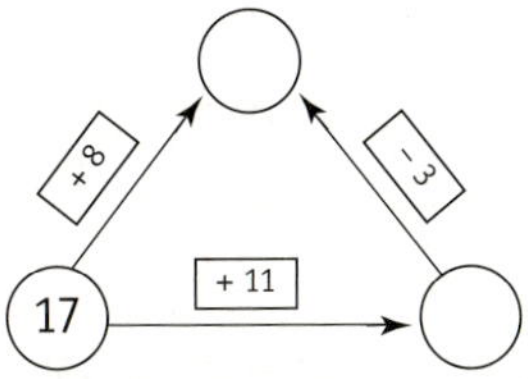

b)

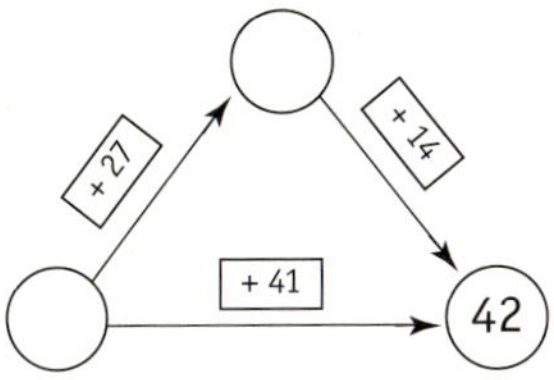

c)

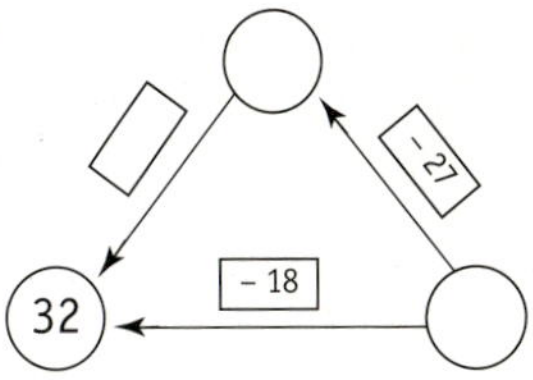

14. Hier fehlen Zahlen und Operatoren (Rechenbefehle).

a)

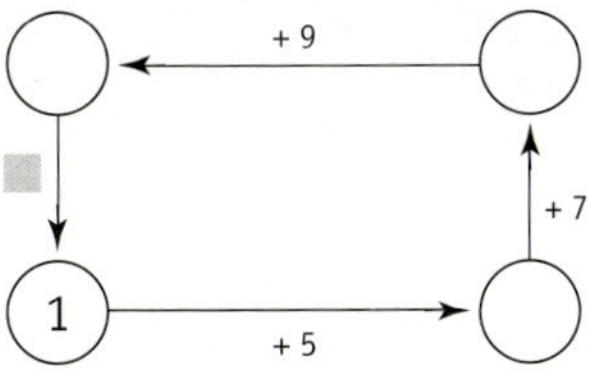

b)

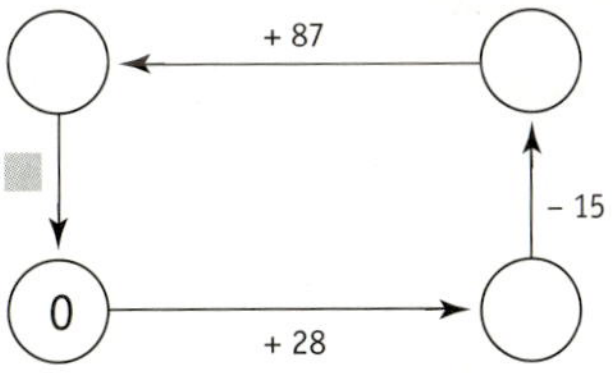

c)

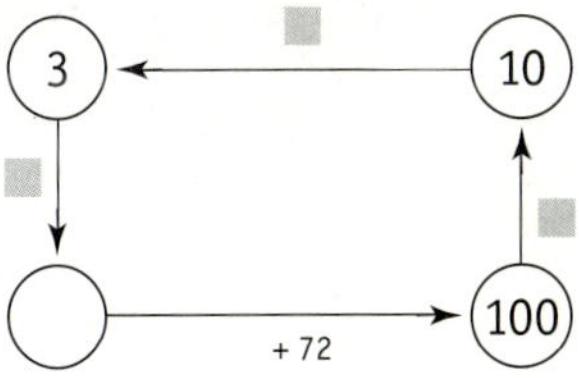

LVL **15.** Hier gibt es viele Möglichkeiten. Schreibe drei auf.

Rechengesetze – Rechenvorteile

Was in der Klammer steht, wird zuerst ausgerechnet.

Sonst wird schrittweise von links nach rechts gerechnet.

12 – 3 + 2	12 – (3 + 2)
= 9 + 2	= 12 – 5
= 11	= 7

Aufgaben

1. Rechne aus. a) 38 + 7 – 9 b) 52 – 11 – 9 + 13 c) 24 + 36 + 16 – 44 d) 98 – 29 + 11

2. Berechne zuerst, was in der Klammer steht.

a) 36 + (17 – 7) b) (25 + 32) – 17 c) (149 + 51) – 60 d) 14 + (62 – 42) + 20

e) 65 – (24 + 16) f) 46 + (32 + 18) g) 52 + (33 + 17) h) 78 – (23 + 17) – 8

3. Rechne und vergleiche die Ergebnisse. Was stellst du fest?

a) 28 – (12 + 3); (28 – 12) + 3
b) (56 – 16) + 14; 56 – (16 + 14)
c) 48 – (18 – 8); (48 – 18) – 8
d) (73 – 23) + 17; 73 – (23 + 17)

4. Überprüfe beide Rechenwege der Schäfer. Was stellst du fest?

LVL **5.** Berechne zuerst die Summen und diskutiere dann das Ergebnis in deiner Klasse.

a) 12 + 193; 193 + 12
b) 7 + 155; 155 + 7
c) 284 + 11; 11 + 284

LVL **6.** Darf man in einer Summe mit mehreren Zahlen beliebig vertauschen? Finde eigene Rechenbeispiele und stelle sie deinen Mitschülerinnen und Mitschülern vor.

7. Vertausche erst geschickt, dann rechne von links nach rechts.

a) 73 + 26 + 7 b) 83 + 25 + 75 c) 6 + 39 + 44

d) 88 + 39 + 12 e) 16 + 67 + 34 f) 45 + 22 + 55

73 + 29 + 7
= 73 + 7 + 29 = 80 + 29 = 109

8. Wie viel ist es zusammen?

a)

b)

9. Vertausche, dann rechne.

a) 39 + 72 – 19 b) 66 + 39 – 36 c) 189 + 58 – 79

d) 87 + 45 – 37 e) 107 + 78 – 27 f) 205 + 85 – 105

39 + 28 – 19
= 39 – 19 + 28 = 20 + 28 = 48

10. Fasse zuerst zusammen, was subtrahiert wird.

a) 138 – 92 – 8; 79 – 13 – 7
b) 200 – 16 – 44; 320 – 65 – 55
c) 151 – 60 – 50 – 40; 199 – 58 – 50 – 42

138 – 91 – 9
= 138 – 100 = 38

Bleib FIT!

Die Ergebnisse der Aufgaben 1 bis 9 ergeben sechs Flüsse in Niedersachsen.

1. Berechne im Kopf.
a) 18 + 23 = ■
b) 55 + 37 = ■
c) ■ + 13 = 85

2. Berechne im Kopf.
a) 18 · 5 b) 12 · 11 c) 26 · 6

3. Berechne im Kopf.
a) 95 : 5 b) 126 : 3 c) 135 : 9

4. Lies die Zahlen am Zahlenstrahl ab.

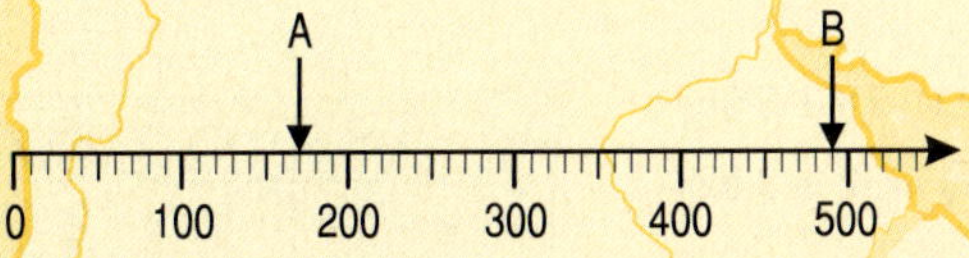

5. Wie heißt der fehlende Vorgänger/Nachfolger?
a) 3 998 3 999 ■
b) ■ 8 100 8 101

6. Schreibe in Ziffern.
a) zweitausendfünfhundert
b) eintausendsiebenhundertelf
c) zwei Millionen vierhunderttausend

7. Ordne die Zahlen, die kleinste zuerst.
10 101 11 001 10 110

8. Runde.
a) 124 auf Zehner
b) 1259 auf Hunderter
c) 23509 auf Tausender

9. Setze die fehlende Zahl ein.
a) 35 + ■ = 87 b) 54 − ■ = 19
c) ■ − 13 = 68 d) ■ + 73 = 117

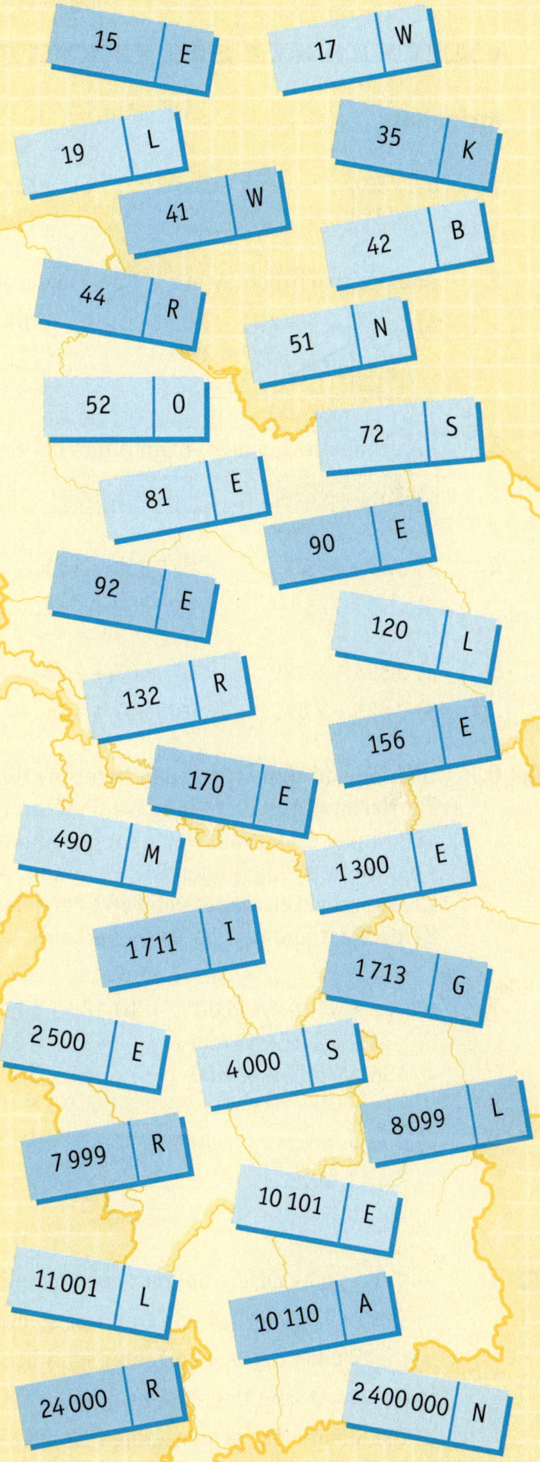

Schriftliches Addieren

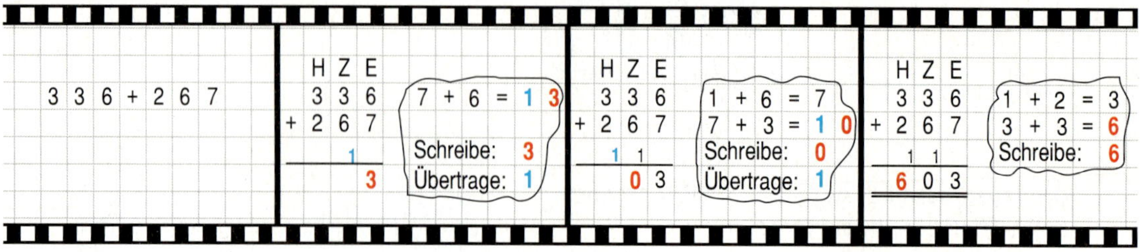

Aufgaben

1. a) 534 + 243 b) 326 + 463 c) 234 + 432 d) 3 062 + 5 826 e) 6 347 + 2 052 f) 49 382 + 30 016

2. Addiere schriftlich. Achte auf den Übertrag.

a) 357 + 436 + 108 b) 242 + 397 + 432 c) 768 + 156 + 684 d) 2 307 + 885 + 964 e) 5 926 + 2 264 + 581 f) 53 287 + 37 813 + 13 488

3. Berechne die Summen, dann ordne der Größe nach. Du erhältst ein Lösungswort.

U 425 + 234 M 529 + 298 S 132 + 255 E 357 + 471 M 149 + 678

4. a) 326 + 258 b) 5 264 + 348 c) 78 + 5 067
d) 453 + 775 e) 369 + 2 670 f) 432 + 3 624

H	Z	E
3	2	6
+ 2	5	8

5. a) 3 594 + 5 489 b) 608 + 2 953 c) 6 389 + 546
d) 625 + 7 699 e) 3 507 + 438 f) 78 + 4 835

LVL **6.** Überlege dir drei Fragen und berechne die Lösungen: Zur Nachmittagsvorstellung am Sonntag besuchten 428 Kinder und 354 Erwachsene den Zirkus. In die Abendvorstellung gingen 812 Personen. Am Samstag zuvor besuchten insgesamt 1 680 Personen den Zirkus. Beide Vorstellungen waren ausverkauft.

7. a) 12 + 4 120 + 41 200
34 + 4 340 + 43 400
456 + 4 560 + 45 600

b) 123 + 1 230 + 12 300
423 + 4 230 + 42 300
567 + 5 670 + 56 700

8.
a) 3 5 ■ + ■ 4 3 = 1 0 ■ 5
b) 5 8 ■ ■ + 2 6 3 5 = ■ ■ 7 6
c) 1 3 4 5 + 5 2 6 4 = ■ ■ ■ ■
d) 4 ■ 8 7 + 3 ■ 9 = 4 6 4 6
e) 5 2 + 6 8 3 = ■ ■ ■

LVL **9.** Aus den sechs Ziffern sollen zwei dreistellige Zahlen zusammengesetzt werden.

a) Die Summe der beiden Zahlen ist so groß wie möglich.
b) Die Summe der beiden Zahlen ist möglichst klein.
c) Es kommt kein Übertrag beim Addieren vor.
d) Die Summe der beiden Zahlen ist möglichst nah an 1 000.

Überschlagsrechnen

Um das Ergebnis abschätzen zu können, führt man eine Überschlagsrechnung durch. Dazu rundet man die Zahlen so, dass man im Kopf rechnen kann.

① 381 + 549
Überschlag: 400 + 500 = 900
genau:

$$\begin{array}{r} 381 \\ +\,549 \\ \hline 930 \end{array}$$

② 2 834 + 276 + 4 586
Überschlag: 3 000 + 300 + 5 000 = 8 300
genau:

$$\begin{array}{r} 2834 \\ +\;\;276 \\ +\,4586 \\ \hline 7696 \end{array}$$

Aufgaben

1. Führe erst eine Überschlagsrechnung durch. Rechne auch genau.

a) 358 + 116 b) 564 + 217 c) 236 + 345 d) 4 268 + 1 267 e) 5 982 + 2 326 f) 628 + 216

2. Überschlage erst den Rechnungsbetrag. Rechne dann genau.

a) Photo-Blitz: 369,– € + 18,– € + 146,– €

b) Schuh-Land: 126,– € + 63,– € + 78,– €

c) Flotte-Lotte: 148,– € + 24,– € + 168,– €

d) Comput-Freak: 639,– € + 109,– € + 218,– €

3. Reicht das Geld? Wo genügt der Überschlag, wo musst du genau rechnen?

a)

b)

c)

Schriftliches Subtrahieren

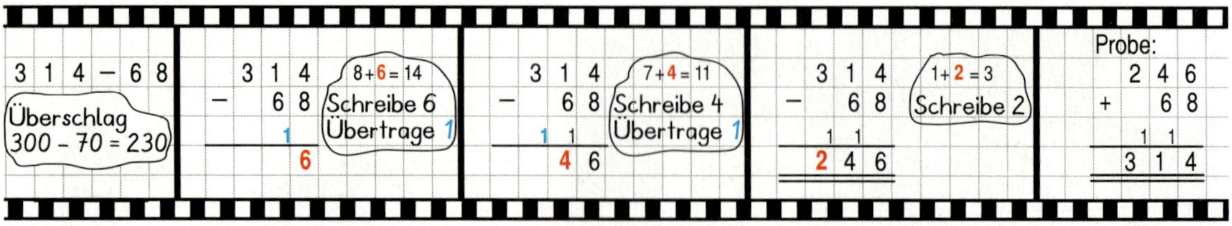

Aufgaben

1. Subtrahiere. Kontrolliere durch Überschlag oder Probe.

a) 458 − 23 b) 564 − 261 c) 968 − 427 d) 4 628 − 512 e) 2 357 − 1 024 f) 49 388 − 30 016

2. a) 554 − 36 b) 847 − 392 c) 756 − 278 d) 8 307 − 885 e) 5 901 − 2 294 f) 43 283 − 37 813

3. Schreibe richtig untereinander. Kontrolliere durch Überschlag oder Probe.

a) 354 − 49 b) 634 − 351 c) 5 364 − 538 d) 537 − 58
e) 308 − 137 f) 1 087 − 498 g) 628 − 69 h) 718 − 253

4. a) 4 325 − 627 b) 5 371 − 788 c) 4 584 − 2 873 d) 2 408 − 863
e) 4 247 − 1 360 f) 7 638 − 357 g) 3 523 − 948 h) 2 306 − 1 223

5. a) b) c) d) e)

6. Tim hat ein spannendes Buch mit 826 Seiten zu seinem Geburtstag bekommen. Nach einer Woche hat er bereits 356 Seiten gelesen. Wie viele Seiten hat er noch vor sich?

7. Frau Herzog kauft ein neues Auto für 21 360 €. Für ihr altes Auto bekommt sie noch 3 550 €, und sie hat 19 278 € gespart.

8. Familie Pfaff aus Konstanz möchte sich in den Sommerferien die deutsche Hauptstadt Berlin anschauen. In Nürnberg machen sie Zwischenstation. Wie viele Kilometer müssen sie von Nürnberg noch nach Berlin fahren?

9. Familie Rau aus Düsseldorf fährt in den Sommerferien nach Kiel an der Ostsee. In Hannover machen sie Zwischenstation. Wie viele Kilometer liegen noch vor ihnen?

LVL **10.** Die Zugspitze ist der höchste Berg Deutschlands mit 2 963 m, der Montblanc der höchste Berg der Alpen mit 4 807 m und der Mount Everest der höchste Berg der Erde mit 8 848 m. Stelle zwei Fragen und berechne die Lösungen.

LVL **11.** Anna, Udo und Mike haben dieselbe Aufgabe gerechnet, jeder anders. Welcher Weg gefällt dir am besten? Besprich die Vor- und Nachteile der drei Wege mit anderen.

12. Überschlage das Ergebnis. Rechne dann genau.

a) 789 – 38 – 87 b) 848 – 246 – 163 c) 648 – 217 – 328 d) 1000 – 305 – 167
e) 629 – 349 – 78 f) 946 – 485 – 94 g) 809 – 65 – 587 h) 2 000 – 56 – 1062

13. a) 853 – 75 – 678 b) 629 – 396 – 182 c) 648 – 317 – 89 d) 2 030 – 406 – 789
e) 609 – 84 – 232 f) 367 – 52 – 216 g) 809 – 205 – 169 h) 3 330 – 2 221 – 1 101

14. Reicht eine Überschlagsrechnung? Setze ein: < oder >.

a) 1 000 – 290 – 587 □ 100
1 000 – 315 – 405 □ 200

b) 2 000 – 845 – 517 □ 700
2 000 – 1 349 – 278 □ 300

c) 1 560 – 621 – 860 □ 200
3 600 – 999 – 870 □ 1 900

LVL **15.** Frau Söhrens hat auf ihrem Konto 12 628 €. Davon soll sie die drei Rechnungen bezahlen. Überlege dir zwei Fragen und berechne die Lösungen.

16. Emily möchte sich ein neues Fahrrad für 487 € kaufen. Auf ihrem Sparbuch hat sie bereits 176 € angespart. Zu ihrem Geburtstag bekommt sie von allen Verwandten zusammen noch 140 € geschenkt. Emily überlegt, wie viel Geld ihr noch fehlt.

17. Die Firma Faller muss für einen Auftrag 9 320 Faltkartons herstellen. Der Auftrag kann in vier Tagen erledigt werden. Wie viele Faltkartons müssen am vierten Tag noch produziert werden? Überschlage erst und rechne dann genau.

Datum	Artikel	Menge
24.4.	Kartons	2 686
25.4.	Kartons	2 328
26.4.	Kartons	2 287
27.4.	Kartons	

18. Frau Schwarz hat leider den Kontoauszug beim Öffnen ihrer Post beschädigt, sodass sie den neuen Kontostand nicht ablesen kann.

a) Welcher Betrag wurde insgesamt von ihrem Konto abgebucht?

b) Überschlage erst den neuen Kontostand und rechne dann genau.

alter Kontostand:	4 898 €	
Miete	656 €	–
Überweisung	1 747 €	–
Gehalt	2 150 €	+
Fitness-Studio	65 €	–
Telefon	73 €	–
neuer Kontostand:		

LVL

Autorallye

1. Bei der Autorallye durch Afrika muss der gesamte Rundkurs an 6 Tagen, also in 6 Etappen bewältigt werden.

a) Wie viel Kilometer sind es vom Start bis zum Ziel?

b) Welche Länge haben die beiden Bergetappen zusammen?

c) Um wie viel Kilometer unterscheidet sich die kürzeste von der längsten Etappe?

2. a) Von welchem Ereignis handelt der Zeitungsbericht?

b) Was erfährst du über die beiden Tribünen?

c) Berechne die Zahl aller Zuschauer beim Zieleinlauf.

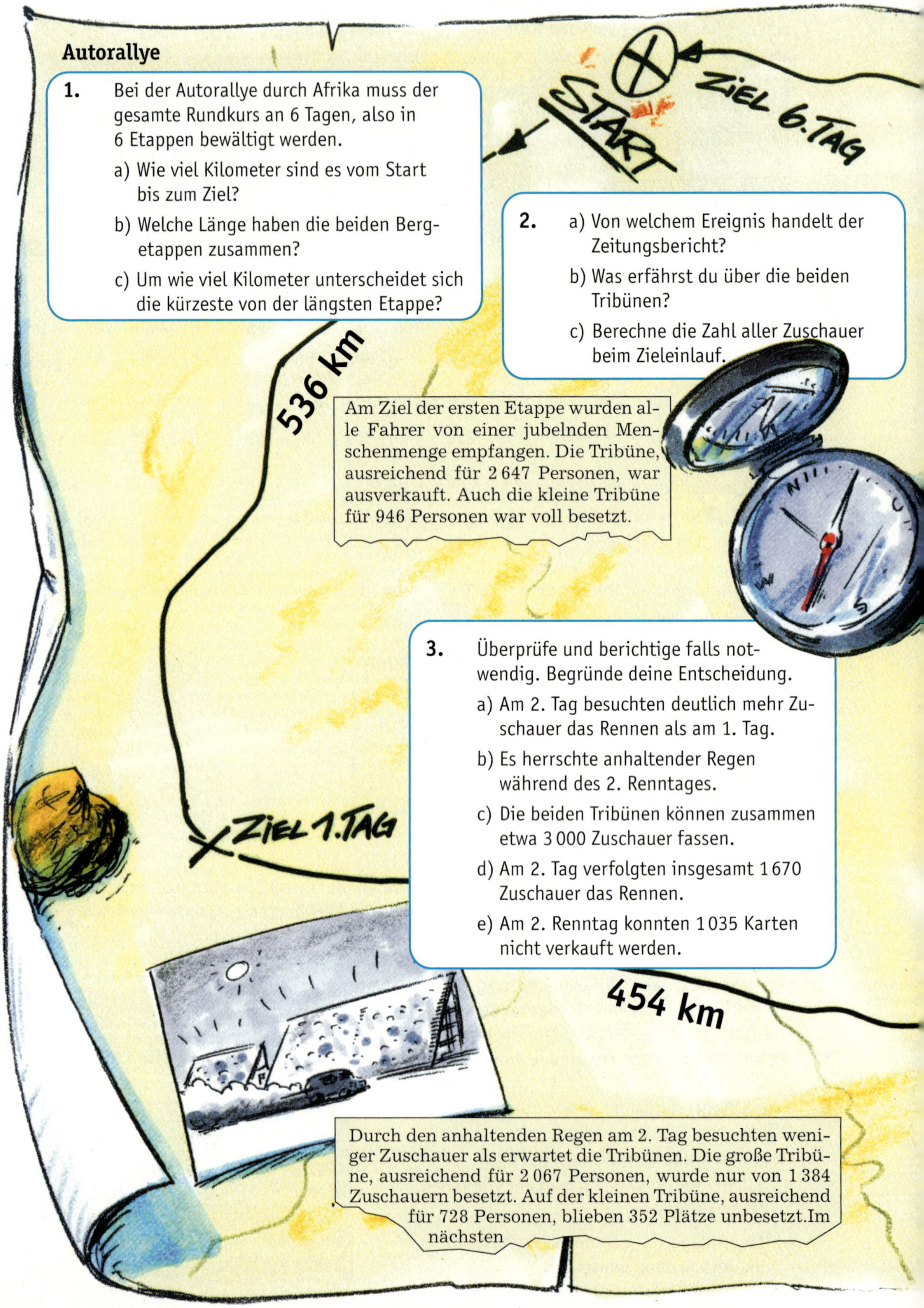

Am Ziel der ersten Etappe wurden alle Fahrer von einer jubelnden Menschenmenge empfangen. Die Tribüne, ausreichend für 2 647 Personen, war ausverkauft. Auch die kleine Tribüne für 946 Personen war voll besetzt.

3. Überprüfe und berichtige falls notwendig. Begründe deine Entscheidung.

a) Am 2. Tag besuchten deutlich mehr Zuschauer das Rennen als am 1. Tag.

b) Es herrschte anhaltender Regen während des 2. Renntages.

c) Die beiden Tribünen können zusammen etwa 3 000 Zuschauer fassen.

d) Am 2. Tag verfolgten insgesamt 1 670 Zuschauer das Rennen.

e) Am 2. Renntag konnten 1 035 Karten nicht verkauft werden.

Durch den anhaltenden Regen am 2. Tag besuchten weniger Zuschauer als erwartet die Tribünen. Die große Tribüne, ausreichend für 2 067 Personen, wurde nur von 1 384 Zuschauern besetzt. Auf der kleinen Tribüne, ausreichend für 728 Personen, blieben 352 Plätze unbesetzt.Im nächsten

LVL

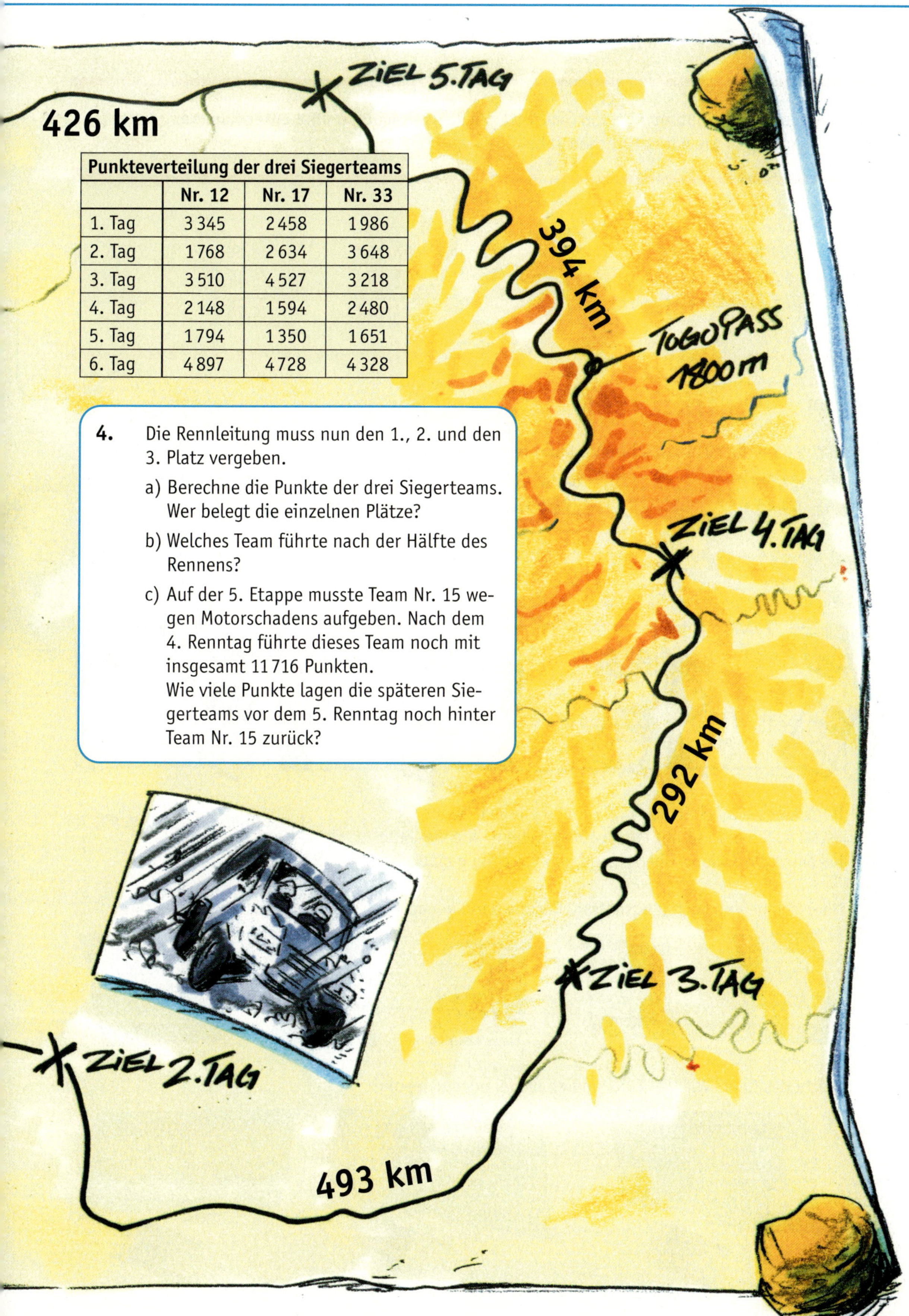

Punkteverteilung der drei Siegerteams			
	Nr. 12	Nr. 17	Nr. 33
1. Tag	3 345	2 458	1 986
2. Tag	1 768	2 634	3 648
3. Tag	3 510	4 527	3 218
4. Tag	2 148	1 594	2 480
5. Tag	1 794	1 350	1 651
6. Tag	4 897	4 728	4 328

4. Die Rennleitung muss nun den 1., 2. und den 3. Platz vergeben.

a) Berechne die Punkte der drei Siegerteams. Wer belegt die einzelnen Plätze?

b) Welches Team führte nach der Hälfte des Rennens?

c) Auf der 5. Etappe musste Team Nr. 15 wegen Motorschadens aufgeben. Nach dem 4. Renntag führte dieses Team noch mit insgesamt 11 716 Punkten.
Wie viele Punkte lagen die späteren Siegerteams vor dem 5. Renntag noch hinter Team Nr. 15 zurück?

Sachrechnen mit Geldbeträgen

Beim Addieren und Subtrahieren von Geldbeträgen schreibt man **Komma unter Komma.**
Dann rechnet man wie mit natürlichen Zahlen.

98,50 € – 14,25 € – 9,89 €
Überschlag (auf Zehner gerundet):
100 € – 10 € – 10 € = 80 €

genau:

```
   14,25 €        98,50 €
 +  9,89 €      – 24,14 €
   1 1 1          111 1
 ---------      ---------
   24,14 €        74,36 €
                =========
```

Aufgaben

1. Mache eine Überschlagsrechnung. Dann rechne genau.

a) 137,38 € + 24,15 €

b) 64,50 € – 9,86 €

c) 7,79 € + 8,46 €

d) 263,50 € – 79,90 €

2. a) 116,60 € – 49,89 € b) 22,93 € – 9,75 € c) 1 248,47 € – 883,92 €

3. Wie viel Euro besitzen die Schülerinnen und Schüler?

4. Ilona kauft ein T-Shirt für 14,95 € und ein Paar Jeans für 49,50 €. Sie bezahlt mit einem 100-€-Schein. Wie viel Euro bekommt sie zurück? Überschlage, dann rechne genau.

Beim Überschlag auf ganze Euro-Beträge runden.
14,95 € ≈ 15 €
49,50 € ≈ 50 €

5. Überschlage den Rechnungsbetrag. Rechne dann genau.

6. Reicht das Geld? Wie viel Euro sind es zu viel oder zu wenig?

1. Bilde die Summe von
a) 30 und 70 b) 26 und 32 c) 48 und 26

2. Bilde die Differenz von
a) 90 und 50 b) 75 und 24 c) 52 und 37

3. Addiere zu 37 die Zahl 25.

4. Subtrahiere von 27 die Zahl 18.

5. Rechne aus.
a) $23 \xrightarrow{+8} \blacksquare$ b) $46 \xrightarrow{+18} \blacksquare$
c) $57 \xrightarrow{-5} \blacksquare$ d) $63 \xrightarrow{-15} \blacksquare$

6. a) $76 \xrightarrow{+24} \blacksquare \xrightarrow{+13} \blacksquare$
b) $58 \xrightarrow{-18} \blacksquare \xrightarrow{-12} \blacksquare$

7. Bestimme die Zahl mit dem Umkehroperator.
a) $\blacksquare \xrightarrow{+35} 80$ b) $\blacksquare \xrightarrow{-9} 32$
c) $\blacksquare \xrightarrow{-22} 50$ d) $\blacksquare \xrightarrow{+24} 78$

8. a) 8 – (2 + 5) b) 20 – (16 – 8) + 10
14 – (13 – 9) 67 + 33 – (12 + 18)

9. Fasse geschickt zusammen, dann rechne.
a) 8 + 3 + 7 b) 23 + 16 + 4
59 + 41 + 27 99 + 11 + 29

10. Wie kannst du vertauschen? Rechne geschickt im Kopf.
a) 79 + 17 – 9 b) 127 – 73 – 27
138 + 53 – 38 509 – 91 – 9

11. Rechne aus. Mache zuerst einen Überschlag.
a) 372 + 451 b) 41 187 + 95 + 1 228
c) 457 – 183 d) 28 584 – 238 – 1 347
e) 12 041 + 99 887 f) 34 806 – 1 487 – 17 054

12. a) Ich denke mir eine Zahl und addiere 24. Mein Ergebnis lautet 47.
b) Von meiner gedachten Zahl subtrahiere ich 33 und erhalte 56.

13. Tobias hat für 26,54 € Lebensmittel, für 15,30 € Getränke und für 5,52 € Schulsachen eingekauft. Er hat 50 € dabei.

14. a) 8 156 – 712 – 1 448 – 2 033 – 961
b) 29 238 – 5 144 – 7 581 – 3 876

Addition: 25 + 40 = 65
65 ist die **Summe** von 25 und 40.

Subtraktion: 65 – 25 = 40
40 ist die **Differenz** von 65 und 25.

Jede Addition oder Subtraktion kann mit **Operatoren** geschrieben werden.

$20 \xrightarrow{+7} 27$ $13 \xrightarrow{-6} 7$
20 + 7 = 27 13 – 6 = 7

$26 \xrightarrow{+5} 31 \xrightarrow{-8} 23$
26 + 5 – 8 = 31 – 8 = 23

Zu jedem **Plus-** oder **Minusoperator** gibt es einen **Umkehroperator.**

$46 \underset{-20}{\overset{+20}{\rightleftarrows}} 66$ $37 \underset{+11}{\overset{-11}{\rightleftarrows}} 26$

Was in der Klammer steht, wird zuerst ausgerechnet. Sonst wird von links nach rechts gerechnet.
43 – (13 + 10) = 43 – 23 = 20
43 – 13 + 10 = 30 + 10 = 40

Rechenvorteile durch Vertauschen und Zusammenfassen:

13 + 28 + 7	39 + 18 – 9	126 – 92 – 8
13 + 7 + 28	39 – 9 + 18	= 126 – 100
= 20 + 28	= 30 + 18	
= 48	= 48	= 26

Schriftliche Addition
mit **Überschlagsrechnung**

264	264 ≈ 300	300
+ 98	98 ≈ 100	+ 100
+ 109	109 ≈ 100	+ 100
1 2		
471		500

Mehrfaches Subtrahieren
543 – 227 – 168
Überschlag: 1. Methode 2. Methode

500	543	316	227	543
– 200	– 227	– 168	+ 168	– 395
– 200	1	1 1	1	1 1
100	316	148	395	148

DIAGNOSETEST

1. a) Ich denke mir eine Zahl, nehme 75 weg und erhalte 225.
b) Ich vermehre meine gedachte Zahl um 173. Mein Ergebnis lautet 2 000.

2. a) 68 – (18 + 23) b) 53 – 16 + 14

3. Berechne schriftlich. a) 38 504 + 1 774 b) 8 437 –562

4. a) 68,35 € + 107,16 € b) 126,17 € – 43,44 €

5. Berechne
a) die Summe der Zahlen 6 508, 15 007 und 804,
b) die Differenz der Zahlen 94 007 und 36 878.

Wähle weitere 5 Aufgaben aus

1. Ein Tankwagen ist mit 9 780 *l* Rapsdiesel beladen und muss zwei Kunden beliefern. Bei der ersten Tankstelle werden 3 720 *l* geliefert, bei der zweiten 5 812 *l*. Mit wie viel Litern fährt der Tankwagen zurück?

2. Am Eis-Stadion gibt es zwei Parkplätze. Auf Platz 1 stehen 124 Autos, auf Platz 2 stehen 15 Autos weniger. Wie viele Autos sind insgesamt geparkt?

3. Frau Berg kauft ein Auto für 18 200 €. Für ein Radio mit CD-Spieler muss sie noch 300 € extra bezahlen. Ihr Händler nimmt ihr altes Auto mit 5 800 € in Zahlung. Rechne aus, welchen Betrag Frau Berg noch zahlen muss.

4. Kontrolliere, ob das Ergebnis stimmt.
a) 9 632 – 754 – 6 109 = 2 769 b) 6 018 – 63 – 705 = 5 360

5. Reicht das Geld? Wie viel Euro sind es zu viel oder zu wenig?

a)

Käse	17,98 €
Wurst	7,99 €

b)

Fahrrad	449,00 €
Helm	79,00 €

6. Emily macht eine Fahrradtour. Jeden Abend schreibt sie den Stand ihres Kilometerzählers auf.
a) Wie viele Kilometer ist sie am 3. Tag geradelt?
b) Wie lang ist ihre Radtour insgesamt gewesen?

Start:	1 357
1. Tag	1 422
2. Tag	1 479
3. Tag	1 565
4. Tag	1 641

7. Frau Rissler erhält monatlich 1 690 € ausgezahlt. Davon sind 420 € Miete zu zahlen. 640 € braucht sie für ihren Haushalt, 170 € für Strom, Wasser, Heizung und Telefon und außerdem noch 140 € für Benzin. In diesem Monat möchte sich Frau Rissler ein neues Fernsehgerät für 425 € kaufen. Reicht ihr Monatsverdienst dafür? Begründe.

3

Körper, Flächen und Linien

LVL

Bastelanleitung für Würfel und Quader

Würfel

① Zeichne das Netz (Maße beachten) mit Klebelaschen auf Karopapier.

② Falte und klebe zu einem Würfel.

Schneiden
Falten
Kleben

③ Bevor du den Deckel schließt, kannst du eine Überraschung in den Würfel packen.

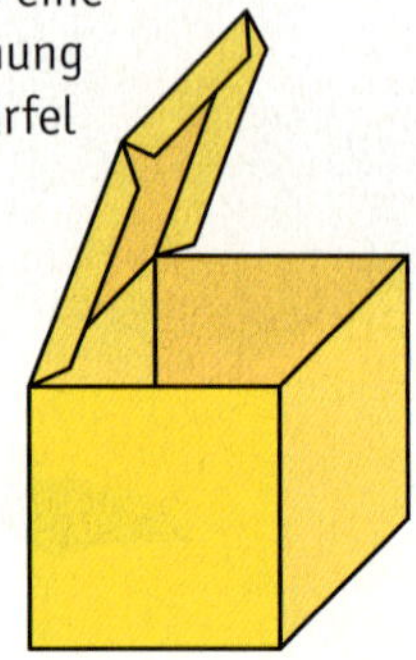

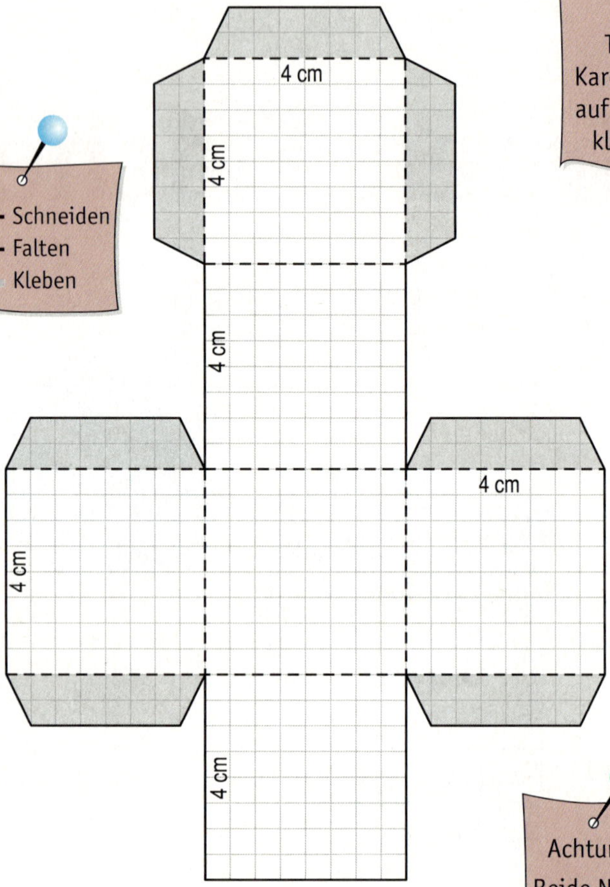

Tipp: Karopapier auf Karton kleben!

Achtung: Beide Netze sind hier verkleinert!

Quader

① Zeichne das Netz (Maße beachten) mit Klebelaschen auf Karopapier

② Falte und klebe zum Quader.

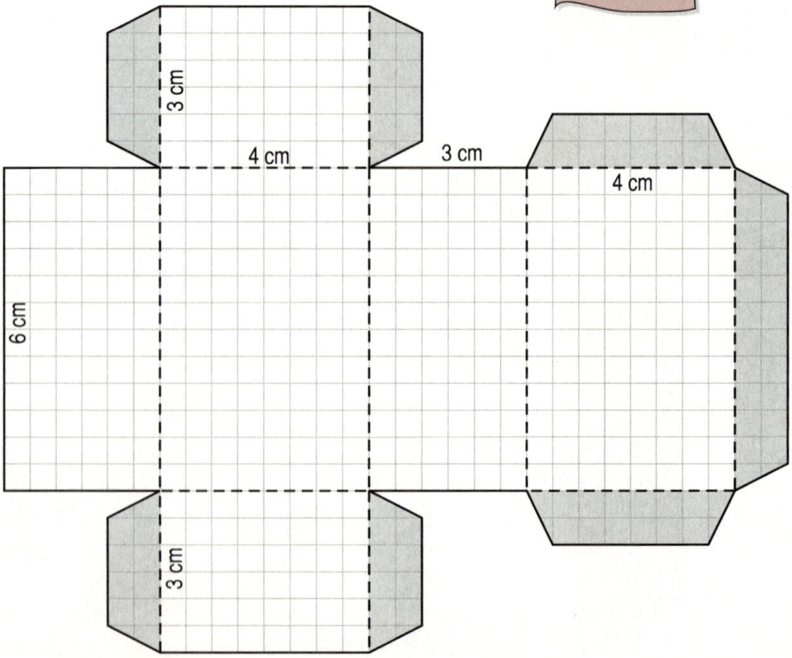

Vermischte Aufgaben

1. Zeichne das Netz, schneide es aus und falte es zu einem Würfel. Klebe mit Klebeband.

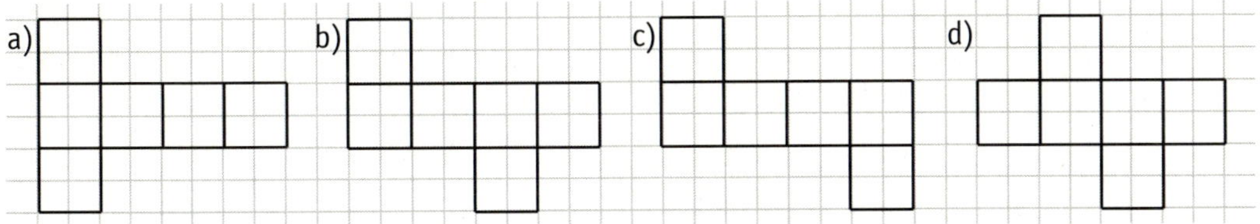

2. Prüfe, ob sich aus dem Netz wirklich ein Würfel falten lässt. Falte nur in Gedanken. Nur wenn du unsicher bist, kontrolliere durch Zeichnen, Ausschneiden und wirkliches Falten.

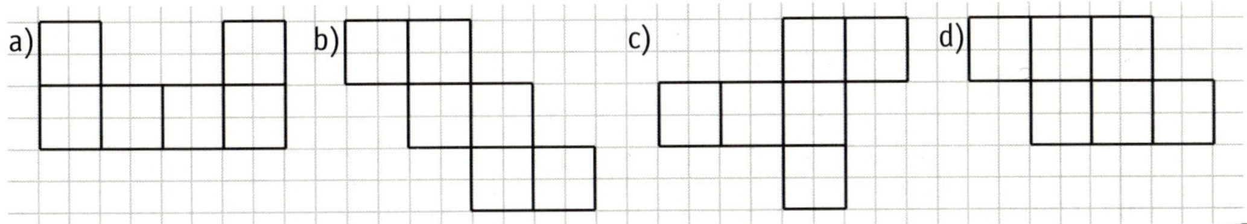

3. Stell dir vor, das Würfelnetz ist mit der Fläche G festgeklebt. Die anderen Flächen werden zu einem Würfel hochgefaltet. Welche Fläche ist dann am Würfel vorne, hinten, links, rechts oder oben? Schreibe wie im Beispiel.

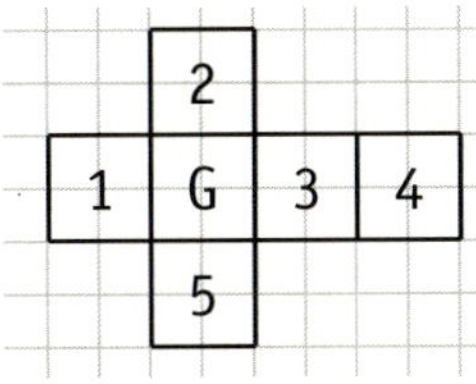

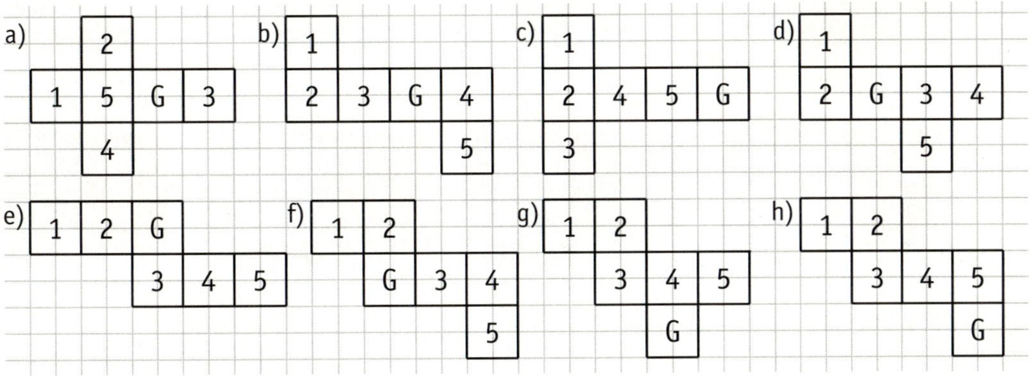

4. Zeichne das Würfelnetz ins Heft und färbe es (markierte Fläche D oben).

a)

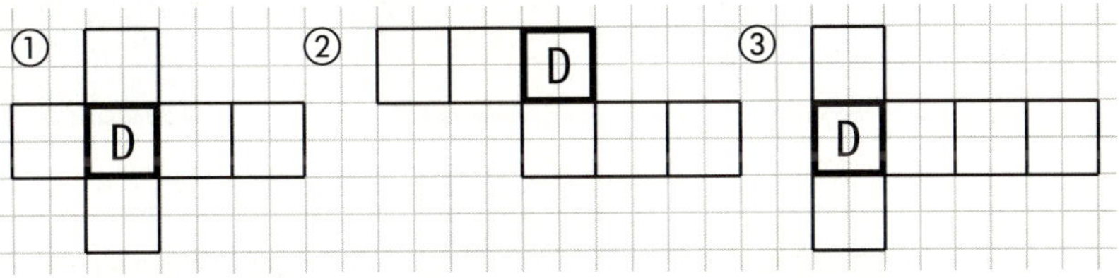

Die obere Hälfte ist blau, die untere Hälfte ist rot.

b)

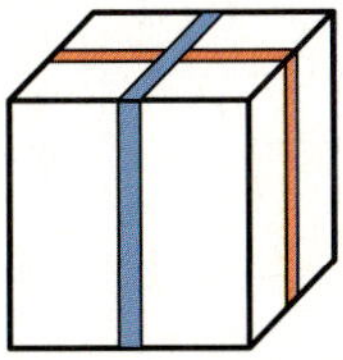

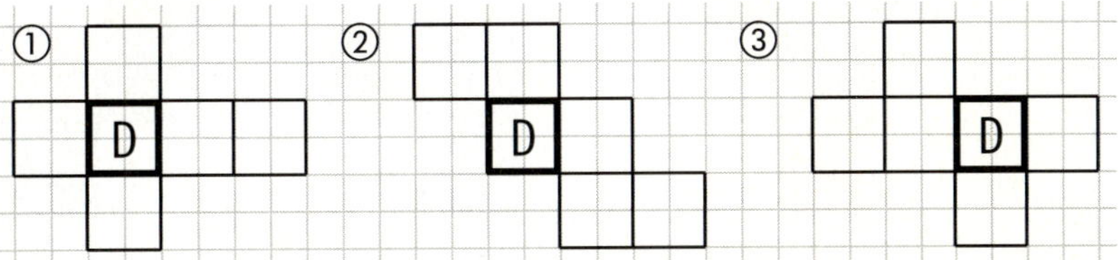

Gegenüberliegende Seiten sind gleich gefärbt.

5. Zeichne das Netz, schneide es aus, falte es zu einem Quader. Klebe mit Klebeband.

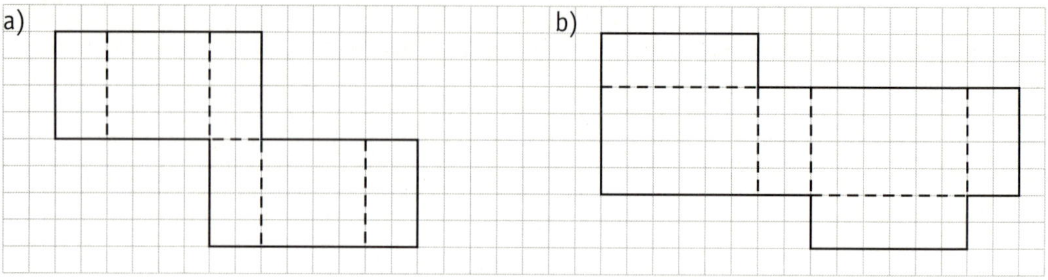

6. Prüfe, ob sich aus dem Netz wirklich ein Quader falten lässt. Falte nur in Gedanken. Nur wenn du unsicher bist, kontrolliere durch Zeichnen, Ausschneiden und wirkliches Falten.

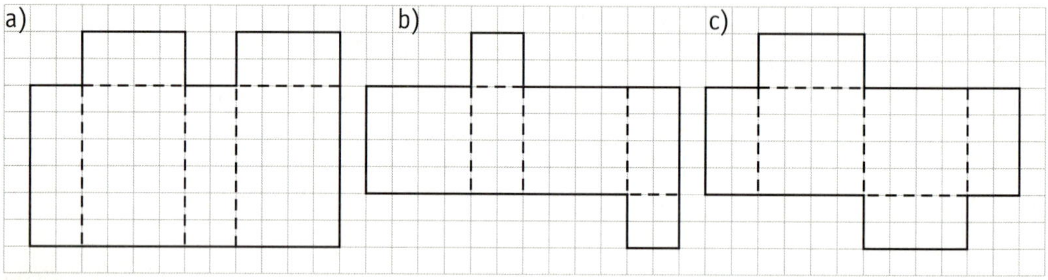

7. Welcher Quader passt zu welchem Netz? Ordne zu.

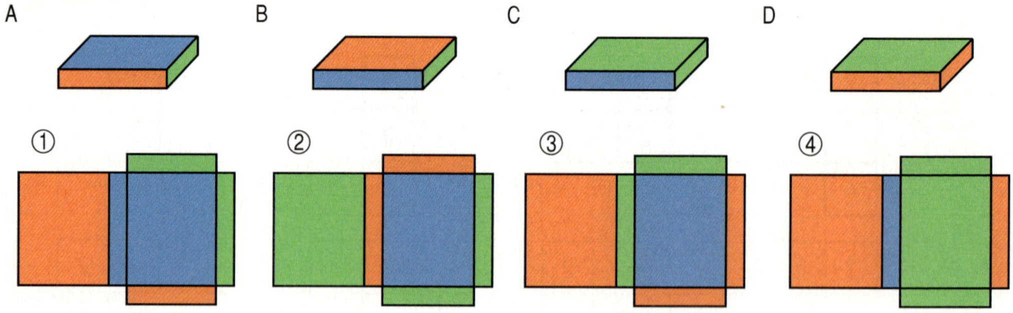

8. Welche Netze passen zu den Würfeln? Ordne jedem Würfel mögliche Netze zu.

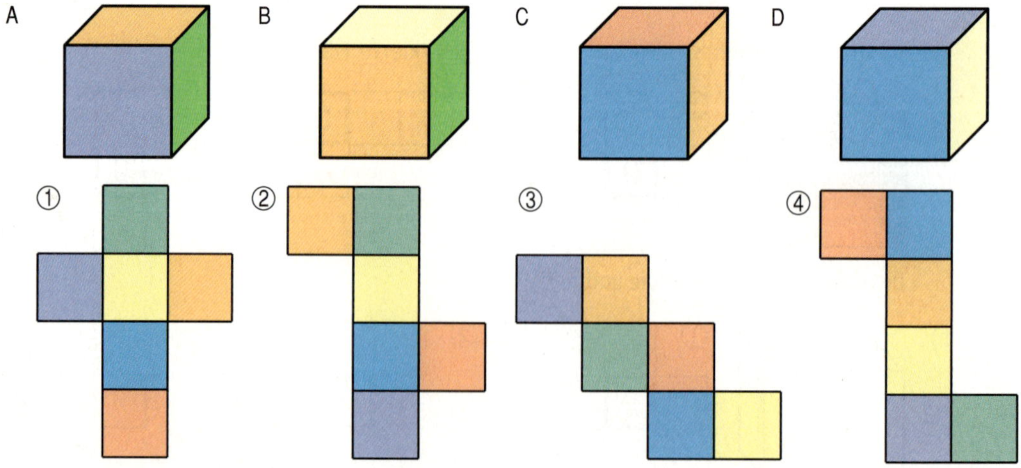

LVL **9.** Wie viele *gleiche* Flächen kann ein Quader haben? Überlege, probiere, begründe.

Bleib FIT!

Die Ergebnisse der Aufgaben 1 bis 8 ergeben drei Städte in Niedersachsen.

1. Runde.
a) 235 (auf Zehner)
b) 551 (auf Hunderter)
c) 4 948 (auf Hunderter)
d) 450 (auf Hunderter)

2. Berechne.
a) 135 + 97
b) 269 + 26
c) 47 + 135

3. Berechne.
a) 339 − 95
b) 567 − 332
c) 894 − 99

4. a) Vermindere die Zahl 77 um 58.
b) Addiere zu 158 die Zahl 79.
c) Bilde die Differenz aus 87 und 55.
d) Vermehre die Zahl 29 um 64.

5. Lies die Höhe des Berliner Fernsehturms und des Kölner Doms ab, runde auf 50 Meter.

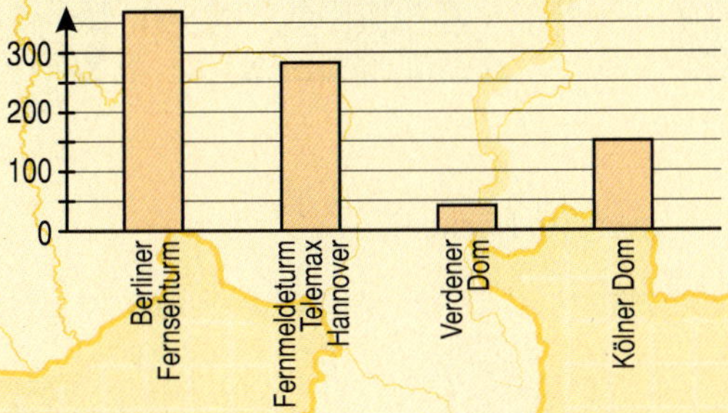

6. Berechne die fehlende Zahl.
a) 345 + ❤ = 429
b) ❤ − 87 = 235
c) 23 + 129 = ❤

7. Julia kauft zwei Hefte für je 0,49 € und einen Stift für 3,98 €. Sie bezahlt mit einem 10 €-Schein.
Wie viel Euro bekommt sie zurück?

8. Lies die Zahlen am Zahlenstrahl ab.

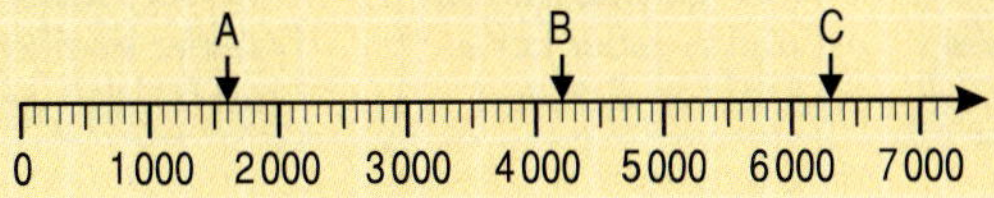

4,04	K
5,04	B
19	A
32	E
93	N
84	L
133	P
95	K
152	S
150	O
182	C
230	U
232	L
235	X
237	V
240	H
244	U
295	N
322	F
350	W
500	E
600	A
795	H
1 600	U
4 200	R
4 800	D
4 900	M
6 300	G

Flächen, Kanten und Ecken

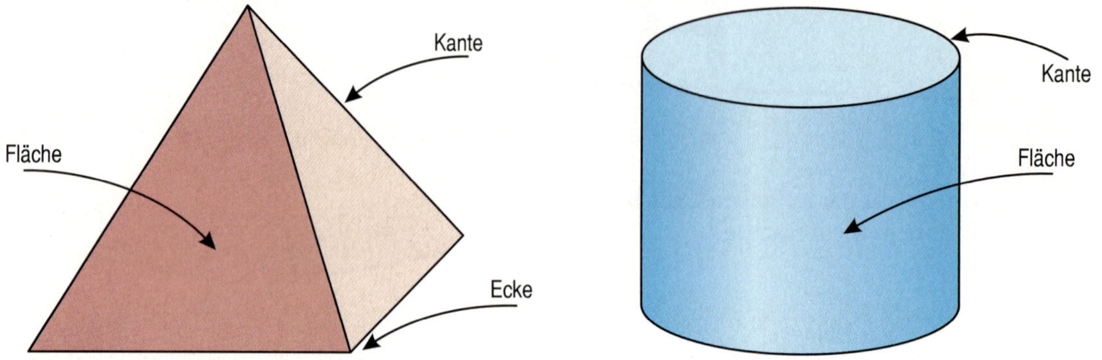

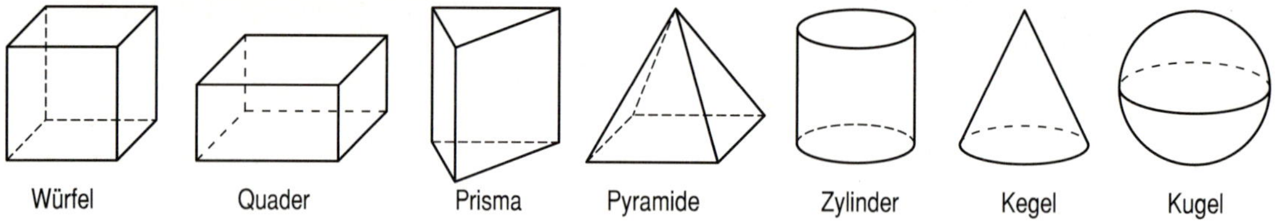

Aufgaben

1. a) Welche Körper haben nur gerade Kanten?
b) Welche Körper haben sowohl gerade als auch gebogene Kanten?
c) Welche Körper haben keine einzige gerade Kante?

2. Zu welchen Körpern kann die abgebildete Fläche gehören?

a) 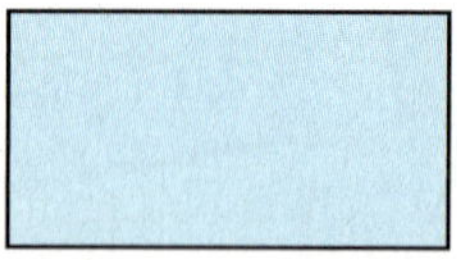 b)  c) 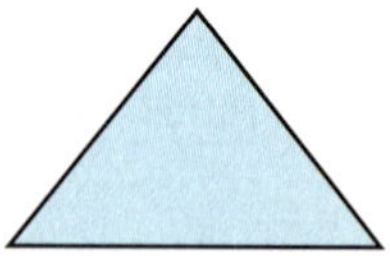 d) 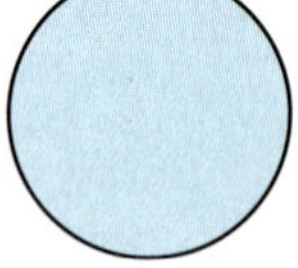

3. a) Welche Körper haben nur ebene Flächen?
b) Welche Körper haben sowohl ebene als auch gewölbte Flächen?
c) Welche Körper haben keine einzige ebene Fläche?

4. Auf welche Körper trifft die Kennkarte zu?

a) Alle zwölf Kanten sind gleich lang.
b) Es gibt zwei kreisförmige Flächen.
c) Es gibt genau 5 Ecken.
d) Es gibt nur eine Ecke.

LVL **5.** Verpackte Ware wird im Supermarkt in ein Regal einsortiert und gestapelt. Welche Verpackungsform ist besonders günstig, welche weniger günstig? Überlege und nenne Vor- und Nachteile.
① Quader ② Zylinder ③ Pyramide ④ Würfel ⑤ Kegel ⑥ Kugel

6. Auf welche Körper trifft die Kennkarte zu?

a) Nur ebene Flächen und jede hat genau 4 Eckpunkte.
b) Nur ebene Flächen und jede hat 3 oder 4 Eckpunkte.
c) Nur gerade Kanten und in jeder Ecke treffen sich drei.
d) Nur gerade Kanten, in einer einzigen Ecke treffen sich vier.

Senkrecht und parallel

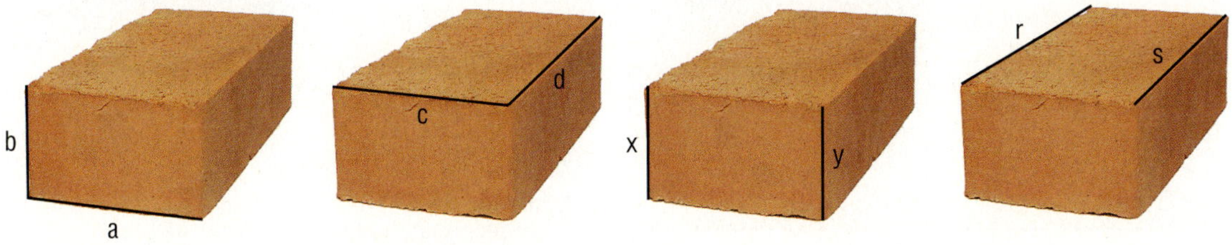

Zwei aneinander stoßende Kanten eines Quaders sind **senkrecht** zueinander.
Man schreibt: a ⊥ b c ⊥ d

Zwei gegenüberliegende Kanten eines Quaders sind **parallel** zueinander.
Man schreibt: x ∥ y r ∥ s

Aufgaben

1. Welche der beschrifteten Kanten sind senkrecht zur Kante a, welche sind parallel zu a?

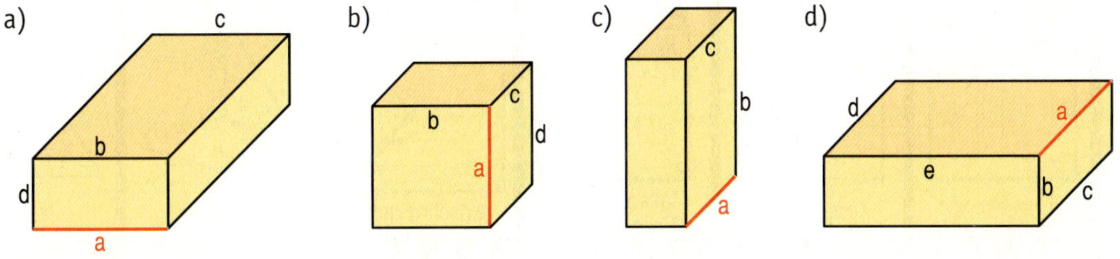

2. Schreibe ins Heft: senkrecht zueinander (⊥) oder nicht (⊥̸).

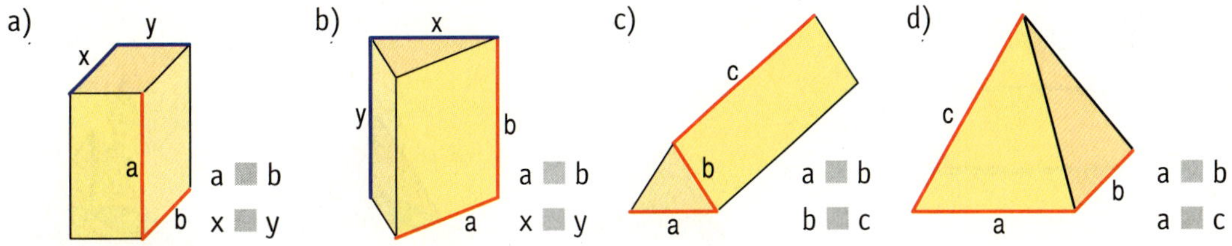

3. Schreibe ins Heft: parallel zueinander (∥) oder nicht (∦).

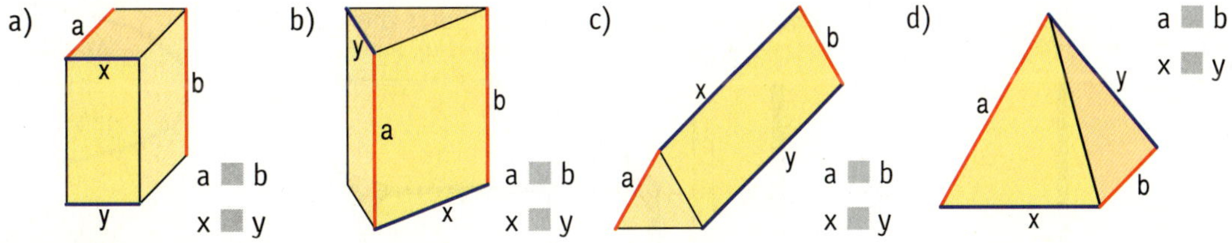

4. Parallele Kanten sollen gleich gefärbt werden, andere nicht. Wie viele Farben braucht man?
a) Würfel b) Quader c) Prisma d) Pyramide

5. Gibt es Kanten, die weder parallel noch senkrecht zueinander sind bei
a) Würfel, b) Quader, c) Prisma, d) Pyramide?

LVL

Basteln von Kantenmodellen

Du brauchst
- Trinkhalme auf gleiche Länge geschnitten (8 cm)
- Papier für die Ecken
- Lineal, Bleistift
- Schere, Klebstoff

Du brauchst
- Trinkhalme auf die verschiedenen Längen geschnitten (8 cm, 6 cm, 4 cm)
- Papier für die Ecken
- Lineal, Bleistift
- Schere, Klebstoff

① Schneide die Trinkhalme für Würfel und Quader zu.

Wie viele Trinkhalme?
Wie viele Papierecken?

② Fertige die benötigten Papierecken für Würfel und Quader (siehe Film).

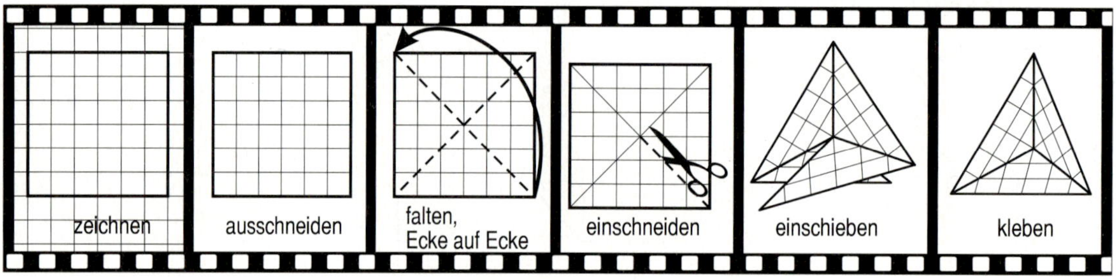

③ Baue Boden und Decke.

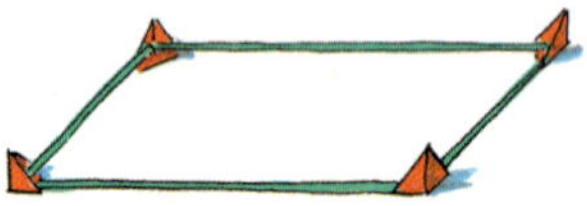

Klebstoff in die beiden unteren Kanten

Trinkhalme **gleich** weit hinein „auf Stoß"

Freie hintere Ecke mit Klebstoff füllen

④ Klebe die Trinkhalme an den Boden.

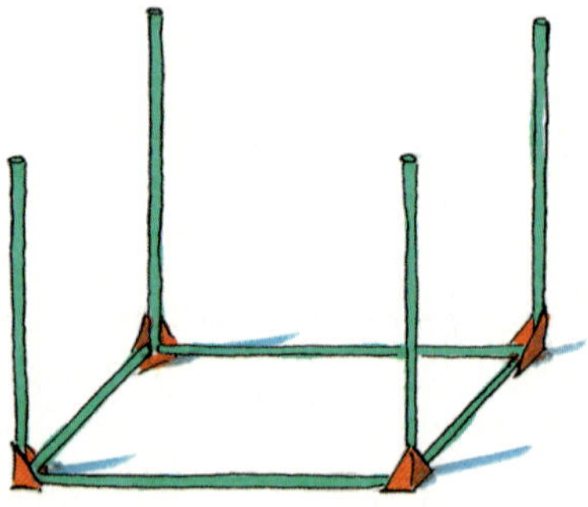

⑤ Endmontage: Setze die Decke auf.

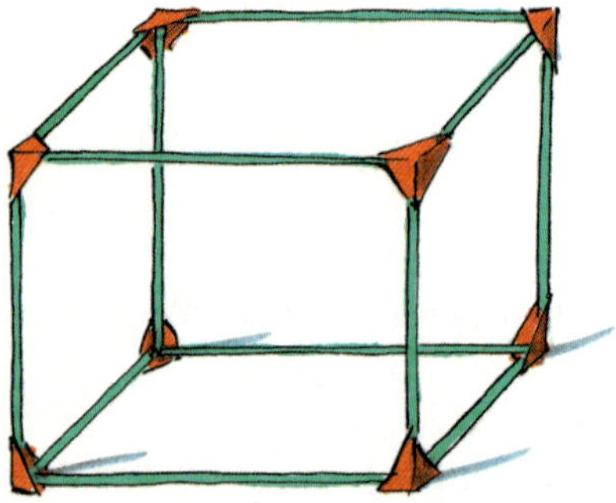

Warte, bis der Klebstoff getrocknet ist.

Lotrecht – waagerecht

Alles anders, oder ist auch etwas gleich geblieben?

Lotrecht: senkrecht zur Erdoberfläche wie das Lot (Senkblei).
Waagerecht: parallel zur Erdoberfläche wie die Wasserwaage.
Lotrecht und waagerecht sind zueinander senkrechte Richtungen.

Aufgaben

1. In welchen Handwerksberufen braucht man regelmäßig Wasserwaage oder Senkblei?
Elektriker Maurer Friseur Zimmermann Fliesenleger Schornsteinfeger Tischler

LVL **2.** Welche der Dinge sollten waagerecht sein, welche besser nicht? Überlege und nenne Gründe.
Abflussleitung Terrasse Tischtennisplatte Zimmerboden Herdplatte Zeichentischplatte

3. a)

b)

c)

Welche Kanten sind lotrecht, welche waagerecht, welche zueinander senkrecht oder parallel?

LVL **4.** Bilddetektive an die Arbeit! Der Blick aus dem runden Bullauge ist richtig. Aber im Inneren der Schiffskajüte sind 7 Fehler. Versuche, sie alle zu finden. Vergleiche dann mit anderen, zusammen entdeckt ihr bestimmt alle. Aber passt auf, dass ihr nichts als Fehler notiert, was in Wirklichkeit richtig ist.

LVL **5.** Versuche mit anderen zusammen, ein eigenes Rätselbild mit Fehlern zu zeichnen.

Rechteck und Quadrat

Die Flächen eines Quaders heißen **Rechtecke.** Gegenüberliegende Seiten eines Rechtecks sind gleich lang.

Die Flächen eines Würfels heißen **Quadrate.** Alle Seiten sind gleich lang.

Im Quadrat und Rechteck sind gegenüberliegende Seiten parallel zueinander. Benachbarte Seiten sind senkrecht zueinander; sie bilden einen **rechten Winkel** (⦜).

Aufgaben

1. Zwei Karolängen sind 1 cm. Wie lang sind die Seiten
a) des gezeichneten Rechtecks;
b) des gezeichneten Quadrates?

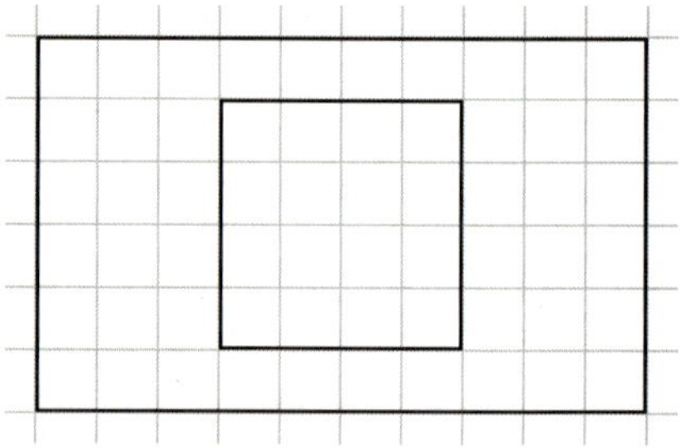

2. Zeichne mit dem Lineal auf Karopapier:
a) ein Quadrat mit 5 cm Seitenlänge;
b) ein Rechteck mit Seitenlängen von 4 cm und 6 cm.

3. Ein Quader hat die Kantenlängen 3 cm, 4 cm und 5 cm. Wie viele verschiedene Seitenflächen gibt es? Zeichne von jeder Sorte eine auf Karopapier.

4. Wo gibt es in deiner Umgebung rechteckige oder sogar quadratische Flächen? Nenne Beispiele.

5. Zeichne auf Karopapier (1 cm für 1 m) ein rechteckiges Rasenstück mit Seitenlängen von 8 m und 6 m und in der Mitte ein quadratisches Blumenbeet mit 3 m Seitenlänge. Die Seiten des Beetes sind parallel zu den Rasenkanten.

6. Zeichne ohne Geodreieck auf Karopapier ein Quadrat, sodass keine seiner Seiten parallel zu Karolinien verläuft.

LVL **7.**

Vermischte Aufgaben

Kegel | Kugel | Pyramide | Prisma | Quader | Würfel | Zylinder

1. Welche Körper haben die genannte Eigenschaft?

a) Besitzt nur gerade Kanten.
b) Besitzt nur gebogene Kanten.
c) Kann gerollt werden.
d) Alle Flächen sind gleich.
e) Hat nur Rechtecke als Flächen.
f) In jeder Ecke treffen sich 3 Kanten.
g) Hat 1 Ecke, 1 Kante, 2 Flächen.
h) In einer Ecke treffen sich 4 Kanten.
i) Hat 4 Dreiecksflächen.
j) Hat 2 Dreiecksflächen.
k) Hat genau 3 Flächen.
l) Hat keine einzige Kante.
m) Hat 9 Kanten.
n) Hat keine Ecke und drei Flächen.

2. Von wo blickt man in den Würfel: von vorne, hinten, rechts, links, ...?

3. Aus dem Netz wird ein Würfel gefaltet. Notiere die Zahlenpaare der gegenüberliegenden Flächen.

a)
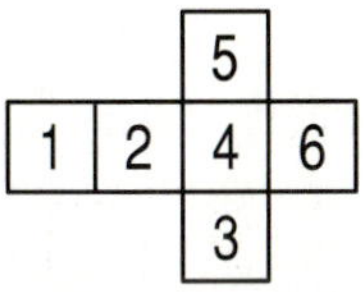

b)
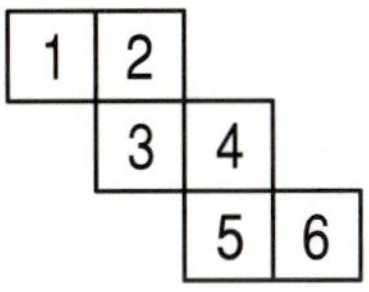

c)
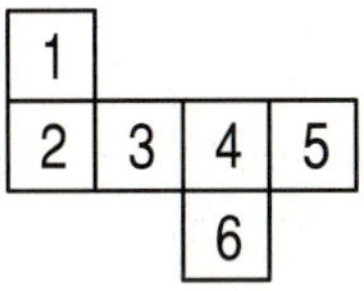

d)
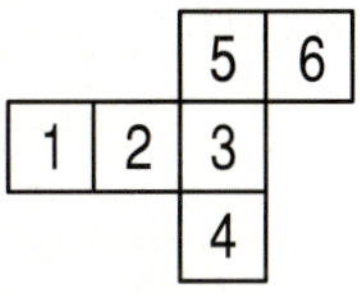

4. Lassen sich weitere Augenzahlen im Würfelnetz eintragen, sodass beim Falten ein Spielwürfel entsteht? Wenn ja, zeichne das Netz und trage die fehlenden Punkte ein. Wenn nein, begründe.

TIPP
Gegenüberliegende Augenzahlen haben die Summe 7.

a)
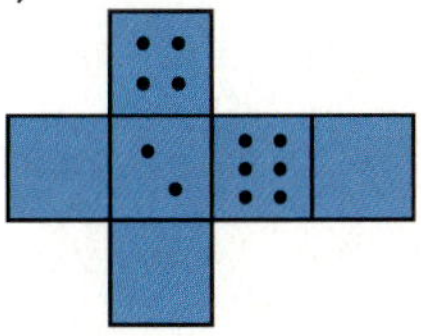

b)
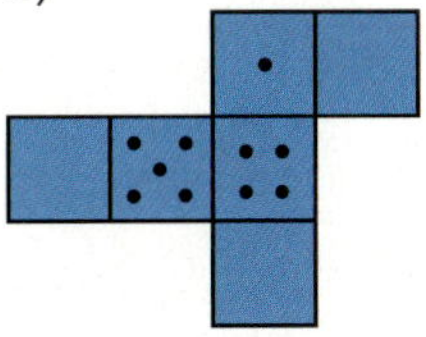

c)
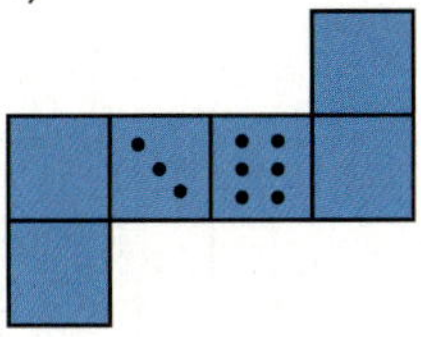

d)
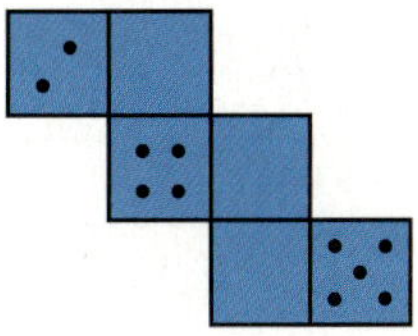

5. Eine quaderförmige Schachtel wird an den markierten Kanten zerschnitten und auseinander gefaltet. Zeichne das so entstehende Quadernetz auf Karopapier für die Kantenlängen 2 cm, 3 cm, 4 cm.

a)
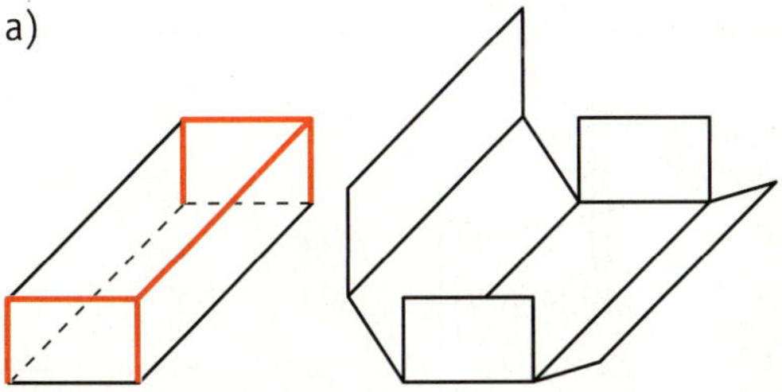

b)
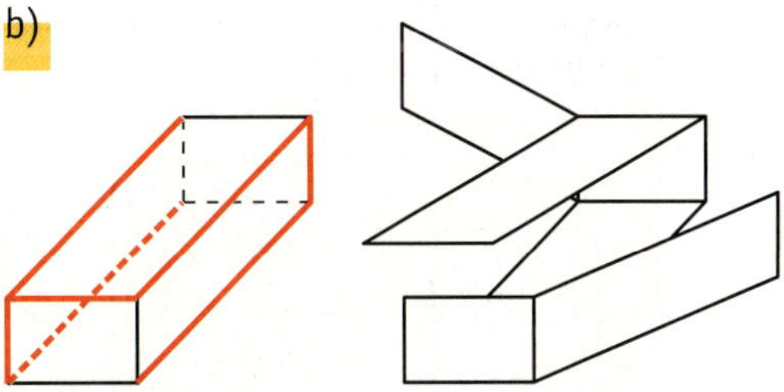

LVL **6.** Wie viele Flächen eines Quaders können quadratisch sein? Überlege zusammen mit anderen alle Möglichkeiten und präsentiert Netze und Schrägbilder den Mitschülern.

7. Stell dir vor (möglichst nur im Kopf, ohne Modell):
Von einem Würfel wird ein Teil abgeschnitten, mit einem Schnitt durch die Mittelpunkte von drei zusammenstoßenden Kanten. Was für ein Körper ist das abgeschnittene Teil?

8. Beide Flächen gehören zu demselben Körper. Was für einer kann es sein?

a)
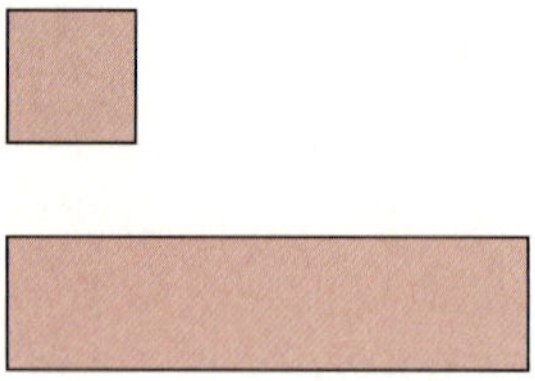

b)
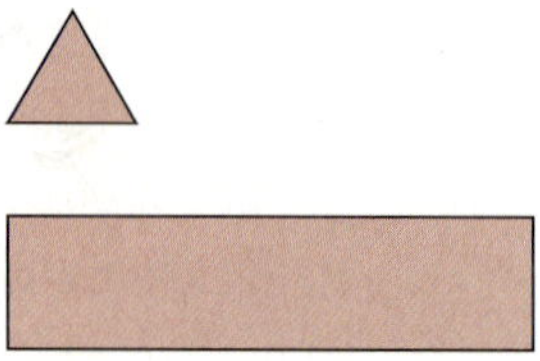

c)
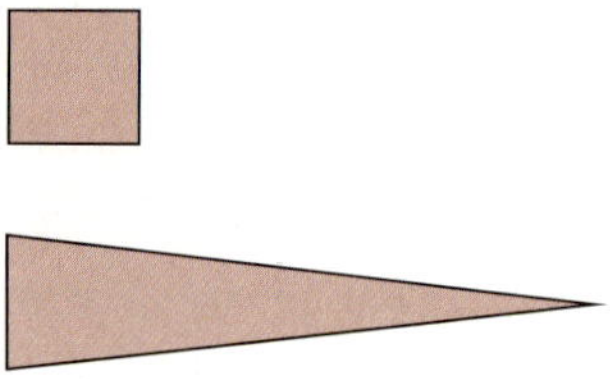

9. Aus einem Stück Draht sollen die Kanten für das Modell eines Körpers geschnitten werden. Wie lang muss das ganze Stück Draht mindestens sein?

a) Würfel mit 5 cm Kantenlänge
b) Quader mit 4 cm, 8 cm und 3 cm Kantenlängen
c) Quader mit 6 cm, 6 cm und 4 cm Kantenlängen

10. Lisa sagt: „Jeder Würfel ist ein Quader, aber nicht jeder Quader ein Würfel." Stimmt das?

11. Prüfe für markierte Kanten: parallel oder senkrecht zueinander, waagerecht oder lotrecht?

a)

b)

c)

12. Notiere alle Körperkanten, die zu der rot gezeichneten parallel sind, sowie alle, die zu ihr senkrecht sind.

a)
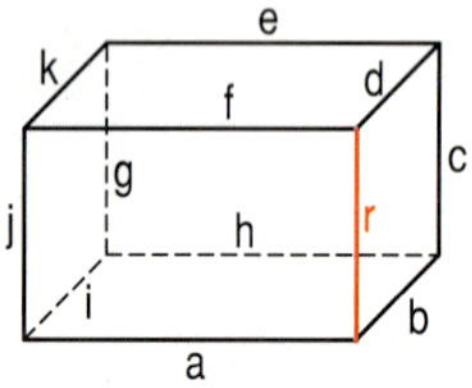

b)
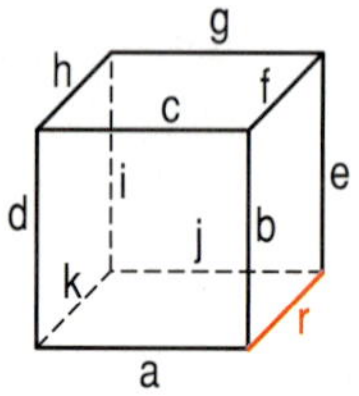

c)
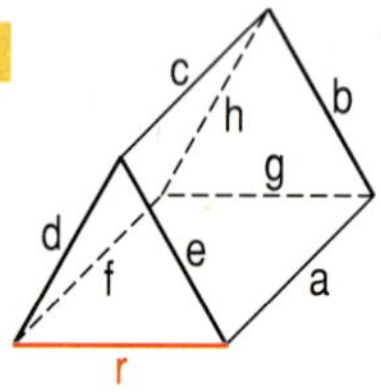

d)
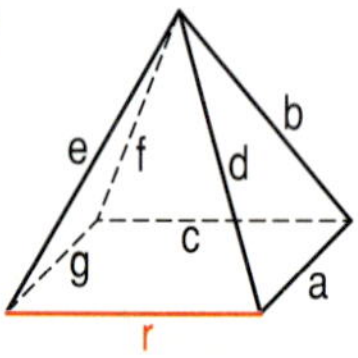

13. Welche der gekennzeichneten Linien sind lotrecht, welche sind waagerecht?

LVL **14.** Ist ein Blatt Briefpapier eine Fläche oder ein Körper? Überlege, sprich mit anderen, begründe.

1. Lege eine Tabelle an und fülle sie aus.

Körper	Anzahl der Flächen	Kanten	Ecken
Würfel			
Quader			

2. a) Welche Körper haben nur gerade Kanten?
b) Welche Körper haben eine Ecke, in der 4 Kanten aufeinander stoßen?

3. Zeichne das Netz und prüfe, ob sich aus ihm ein Würfel falten lässt.

a)

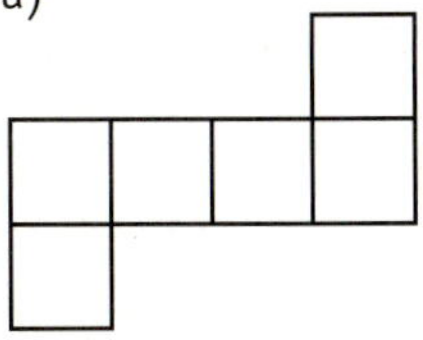

b)

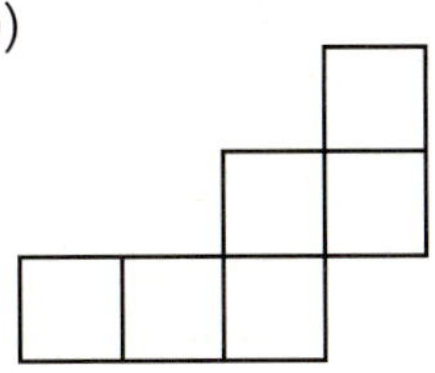

4. Welche der bezeichneten Kanten sind senkrecht zur Kante a, welche sind parallel zu a?

a)

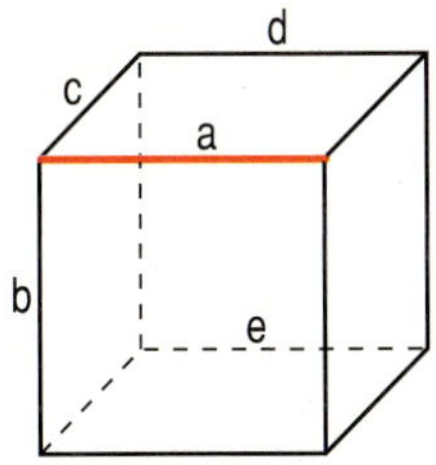

b)

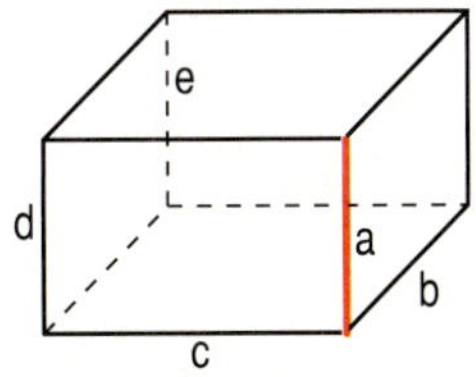

5.

a) Welche Linien sind waagerecht?
b) Welche Linien sind lotrecht?

6. Zeichne (auf Karopapier) ein Quadrat mit 4 cm Seitenlänge. Markiere zueinander parallele Seiten jeweils mit gleicher Farbe.

7. Zeichne (auf Karopapier) ein Quadrat mit 4 cm Seitenlänge. Markiere alle rechten Winkel.

8. Wie viele quadratische Flächen hat ein Quader mit den Kantenlängen 4 cm, 6 cm und 4 cm?

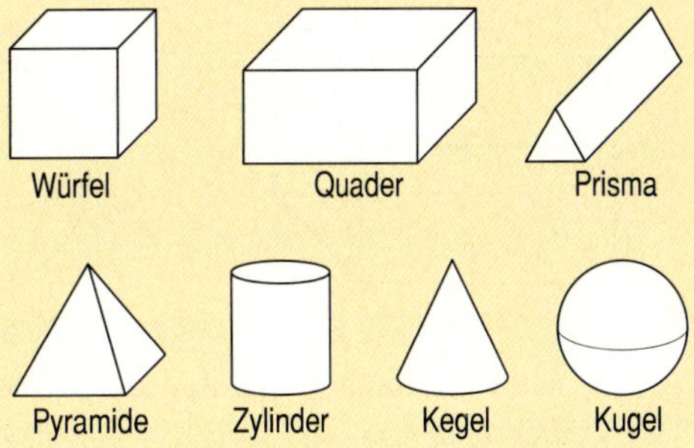

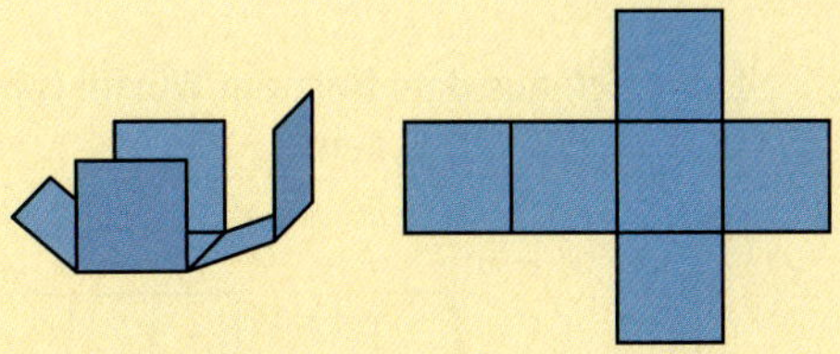

schneiden, falten
Würfel ⇄ Netz des Würfels
falten, kleben

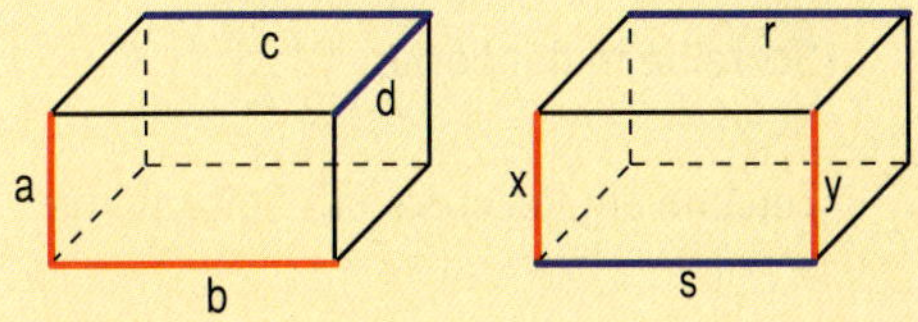

Am Quader:

Aneinanderstoßende Kanten sind zueinander **senkrecht.**
$a \perp b$ $c \perp d$

Gegenüberliegende Kanten sind zueinander **parallel.**
$x \parallel y$ $r \parallel s$

lotrecht:
senkrecht zur Erdoberfläche

waagerecht:
parallel zur Erdoberfläche

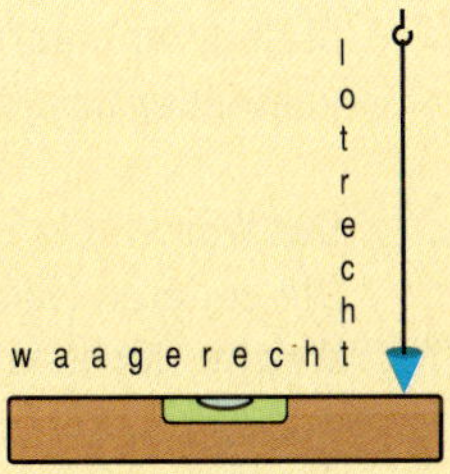

Quadrat:
Fläche eines Würfels

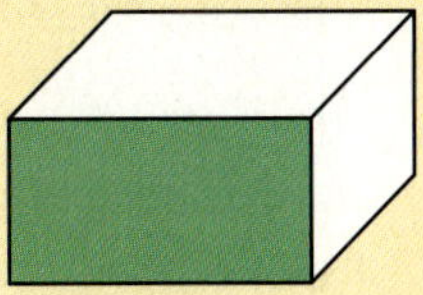

Rechteck:
Fläche eines Quaders

DIAGNOSETEST

1. Wie heißt der Körper?

a) 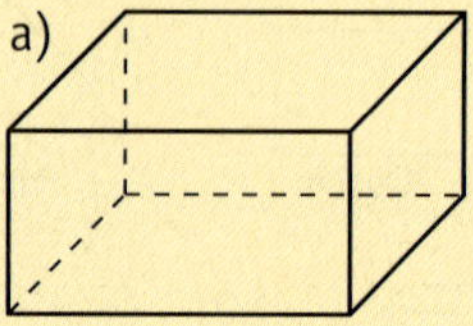 b) 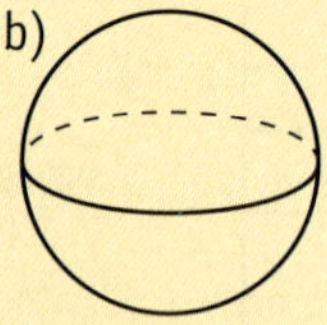 c) 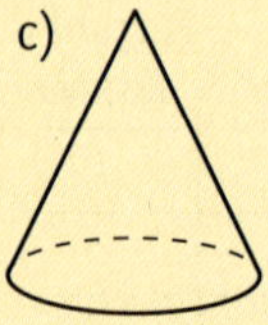 d) 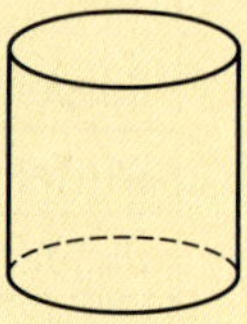

2. a) Wie viele Flächen und Kanten hat der Körper ①?
b) Wie viele Flächen und Ecken hat der Körper ②?

① 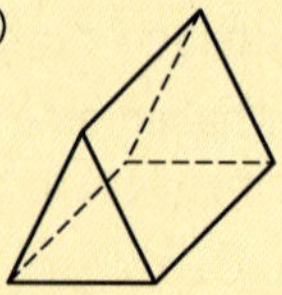 ② 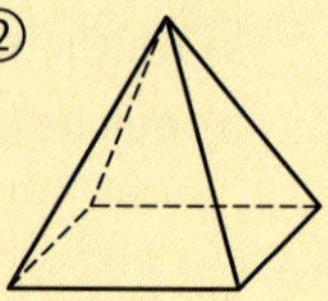

3. Lässt sich aus dem Netz ein Würfel falten?
Notiere „ja" oder „nein".

a) 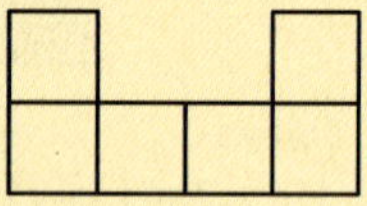 b) 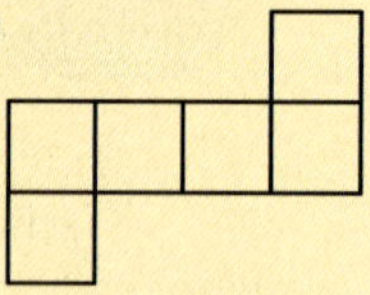 c) 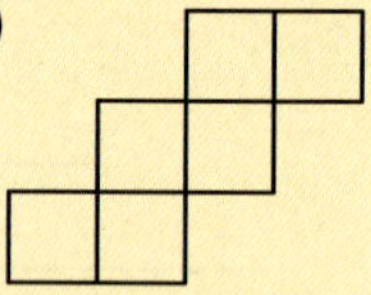 d) 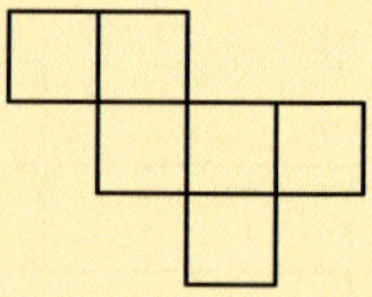

4. Welche der bezeichneten Kanten des Quaders sind senkrecht zur Kante a, welche parallel zu a?
Schreibe in der Form $a \perp$ ■ $a \parallel$ ■

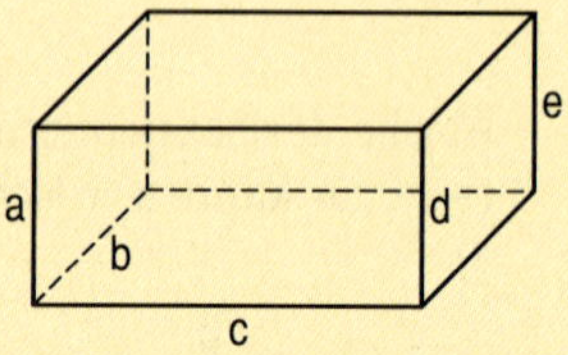

5. Zeichne ein Rechteck mit Seitenlängen a = 6 cm und b = 3 cm.

Wähle weitere 5 Aufgaben aus

1. Welcher Körper kann das sein?
a) Der Körper hat nur rechteckige Flächen. b) Der Körper hat dreieckige und rechteckige Flächen.

2. Welcher Körper ist das? a) Er hat nur zwei ebene Flächen. b) Er hat nur eine einzige Fläche.

3. Stell dir vor, auf zwei gegenüberliegenden Flächen eines Würfels wird je eine Pyramide mit genau passender Grundfläche aufgesetzt. Wie viele Ecken, Kanten und Flächen hat der Körper?

4. Das Würfelnetz ist mit der Grundfläche G festgeklebt. Die anderen Flächen werden aufgefaltet zu einem Würfel. Welche Fläche ist dann vorne, hinten, oben, rechts oder links?

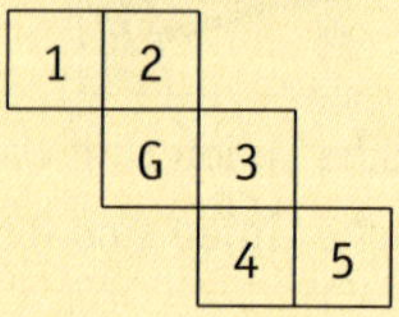

5. Aus einem Stück Draht sollen die Kanten für ein Quadermodell mit 4 cm, 6 cm und 8 cm Kantenlänge geschnitten werden. Wie lang muss der Draht mindestens sein?

6. Stell dir vor das Würfelnetz wird zum Würfel gefaltet und zusammengeklebt. Dann werden zusammengeklebt
a und ■; c und ■; e und ■; n und ■.

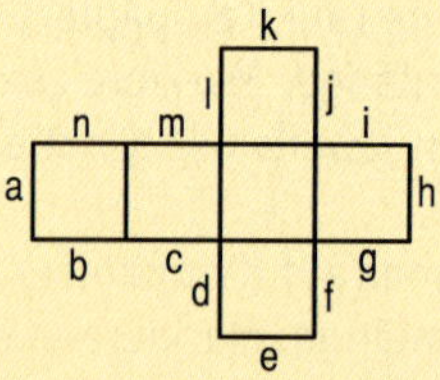

7. Zeichne ein Netz eines Quaders mit den Kantenlängen 4 cm, 3 cm und 2 cm.

4

Multiplikation und Division

57 · 6
57
+ 57
+ 57
+ 57
+ 57
+ 57
342
57 · 6
6 · 50 = 300
6 · 7 = 42
57 · 6 = 342

Machen wir noch ein Spiel?
Okay, Staffellauf!
Wir sind 30, da bilden wir 4 Mannschaften.
5 Mannschaften sind aber besser!

Für Tim zahlen wir monatlich 5 € Mitgliedsbeitrag.
Der FC Dribbel nimmt nur 54 € im Jahr.

Multiplikation und Division

Multiplikation
4 · 8 = 32
32 ist das **Produkt** der *Faktoren* 4 und 8.

Division
32 : 8 = 4
4 ist der **Quotient** der Zahlen 32 und 8.

Aufgaben

1. Wie viele Punkte sind es? Schreibe als Multiplikationsaufgabe und berechne.

a) 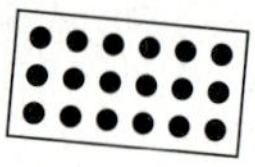 b) 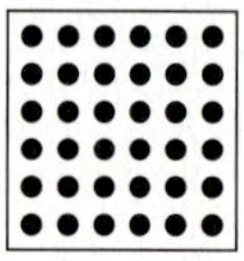 c) 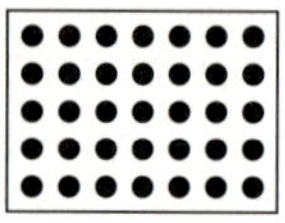 d)  e) 

2. Schreibe als Produkt und berechne.

a) 7 + 7 + 7 + 7 + 7 + 7 b) 3 + 3 + 3 c) 8 + 8 + 8 + 8 + 8 d) 6 + 6 + 6 + 6 + 6 + 6 + 6 + 6
e) 5 + 5 + 5 + 5 + 5 f) 9 + 9 + 9 + 9 g) 4 + 4 + 4 + 4 + 4 + 4 h) 7 + 7 + 7 + 7 + 7 + 7 + 7

3. Berechne die Produkte.

a) 3 · 6	b) 4 · 8	c) 8 · 3	d) 6 · 6	e) 3 · 9	f) 5 · 8	g) 6 · 7	h) 7 · 8
5 · 7	2 · 9	7 · 3	9 · 6	7 · 9	9 · 4	8 · 9	4 · 9

4. Berechne die Quotienten.

a) 25 : 5	b) 49 : 7	c) 32 : 8	d) 64 : 8	e) 45 : 9	f) 28 : 4	g) 81 : 9	h) 56 : 7
16 : 4	54 : 6	27 : 3	48 : 6	63 : 7	72 : 9	40 : 5	42 : 6

5. a) Im Videoraum des Museums sind 7 Reihen zu je 9 Sitzplätzen. Wie viele Plätze sind es?
b) Im Lager stehen 6 Reihen zu je 8 Kisten Äpfeln. Wie viele Kisten sind es?
c) Beim Staffellauf starten 7 Mannschaften mit je 4 Kindern. Wie viele Kinder nehmen teil?
d) Auf dem Backblech liegen 8 Reihen zu je 9 Plätzchen. Wie viele sind es?

6. Schreibe die Rechenaufgabe ins Heft und rechne aus.

a) Berechne das Produkt aus 4 und 3.
b) Berechne den Quotienten aus 36 und 3.
c) Dividiere 36 durch 6.
d) Multipliziere die Zahlen 6 und 7.
e) Multipliziere 9 mit 3.
f) Dividiere 21 durch die Zahl 7.
g) Berechne den Quotienten von 63 und 9.
h) Berechne das Produkt von 6 und 9.

7. Übertrage ins Heft und fülle die freien Felder aus.

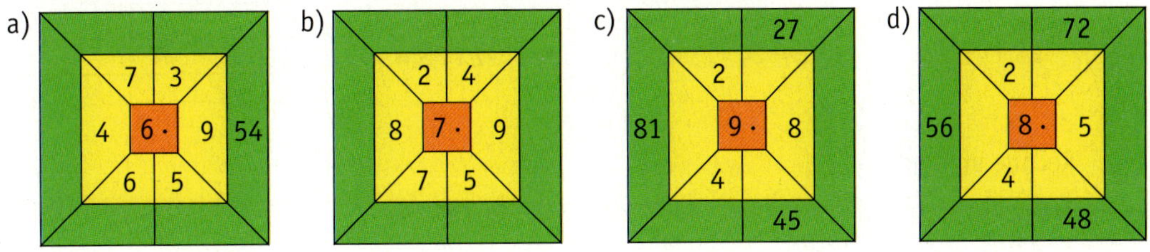

8.

a) 48 : 6 = ■
■ : 8 = 3
72 : 8 = ■

b) 16 : ■ = 8
■ : 4 = 7
45 : ■ = 9

c) ■ : 5 = 7
36 : ■ = 4
56 : 7 = ■

d) 81 : 9 = ■
■ : 7 = 6
27 : ■ = 3

9.
a) Verdopple die Zahl 60.
b) Dividiere 56 durch 8.
c) Bilde das Produkt aus 8 und 9.
d) Berechne das Dreifache von 25.
e) Multipliziere die Zahlen 6 und 7.

10.
a) Berechne den Quotienten aus 48 und 6.
b) Berechne ein Viertel von 36.
c) Wie oft passt 10 in 80?
d) Halbiere die Zahl 52.
e) Berechne das 10fache von 7.

LVL **11.** Denke dir vier Aufgaben mit Begriffen des Wörterbuches aus und stelle sie deinem Nachbarn.

12. Wie viele sind es? Schreibe als Rechenaufgabe und rechne aus.
a) Benjamin hat 200 Sticker. Seine Schwester Anna besitzt doppelt so viele.
b) In Julias Klasse sind 27 Kinder. Ein Drittel davon fährt mit dem Bus zur Schule.
c) Indra hat 24 Modellautos. Den vierten Teil davon schenkt sie ihrem kleinen Bruder.
d) Auf einer Maxi-Single sind 4 Titel. Eine Doppel-CD hat 9-mal so viele.

13.
a) Unter 4 Spielern werden 32 Spielkarten gleichmäßig aufgeteilt.
b) Timo möchte sich eine CD für 18 € kaufen. Seine Mutter sagt: „Ich gebe dir die Hälfte."
c) Christina ist 9 Jahre alt. Ihre Mutter ist viermal so alt.
d) Claudia bekommt im Monat 20 € Taschengeld. Ein Fünftel davon gibt sie für Süßigkeiten aus.

14.
a) Eine Packung Kaugummi enthält 7 Streifen, eine Großpackung die dreifache Menge.
b) Herr Ill hat 60 € gewonnen. Ein Zehntel schenkt er seiner Tochter. Wie viel Euro bekommt sie?
c) Oma Kruse verteilt 56 Äpfel gerecht an 8 Nachbarkinder. Wie viele Äpfel bekommt jedes Kind?

LVL **15.** Überlege und begründe:
a) Welche besonderen Eigenschaften haben Null und Eins bei Multiplikation und Division?
b) Warum gibt es kein Ergebnis für Divisionen wie 5 : 0 oder 0 : 0?

Durch Null kann man nicht dividieren!

16. Schreibe die 1 x 1-Reihe auf und lerne sie auswendig.

a) $1 \cdot 11 = 11$
$2 \cdot 11 = 22$
⋮

b) $1 \cdot 12 = 12$
$2 \cdot 12 = 24$
⋮

c) $1 \cdot 15 = 15$
$2 \cdot 15 = 30$
⋮

d) $1 \cdot 25 = 25$
$2 \cdot 25 = 50$
⋮

1 x 1-Tabelle

·	1	2	3	4	5
11	11	22			
12	12				

17. Rechne im Kopf.

a) $6 \cdot 11$
$3 \cdot 12$
$7 \cdot 15$

b) $4 \cdot 25$
$3 \cdot 15$
$9 \cdot 11$

c) $9 \cdot 25$
$8 \cdot 12$
$6 \cdot 15$

d) $108 : 12$
$44 : 11$
$60 : 15$

e) $175 : 25$
$84 : 12$
$88 : 11$

f) $75 : 15$
$125 : 25$
$48 : 12$

LVL **18.** Frau Raueiser hat im Gartencenter eingekauft. Stelle Fragen und berechne die Lösungen.

25 Ligusterpflanzen zu je 5 €.

12 Hortensien für insgesamt 72 €.

8 Hochstammrosen zu je 15 €.

7 Obststräucher für insgesamt 77 €.

19. Übertrage die Tabelle in dein Heft und ergänze die fehlenden Zahlen.

a)

·	3	7	4	8
6		42		
12				
15	45			
25				

b)

·	15	6	12	25
7				
11				
4				
9				

c)

·	25	5	9	10
2				
15				
6				
12				

20. Übertrage die Tabelle ins Heft und ergänze sie. Die 1 x 1-Reihen für 11, 12, 15, 25 helfen.

a)

·			
		90	66
3		45	
	63		99

b)

·			
	50	150	225
		72	
	16		

c)

·		11	15
25	75		
			105
12			

21. Ein Radfahrer legt pro Stunde 25 km zurück, ein Läufer schafft in derselben Zeit 12 km.
Beide trainieren täglich 1 Stunde.
Stelle Fragen und berechne die Lösungen.

22. Schreibe als Produkt zweier Zahlen. Gib alle Möglichkeiten an. Beachte das Beispiel.

a) 30 b) 60 c) 48 d) 24 e) 100 f) 200

$72 = 1 \cdot 72$
$= 2 \cdot 36$
$= \ldots\ldots$

LVL **23.** Überlege. Wie erklärst du anderen deine Antwort?
Gibt es Zahlen, die sich nur auf eine Weise als Produkt mit zwei Faktoren schreiben lassen?

LVL **24.** Im Sparschwein sind zwischen 50 und 150 1-€-Stücke. Wie viele sind es?

a)

Mein Inhalt ist in der 12er- und in der 7er-Reihe.

b)

Mein Inhalt ist eine Zahl aus der 25er-Reihe. Sie hat 3 verschiedene Ziffern.

c)

Meinen Inhalt kann man durch 12 und 15 teilen. Es ist eine 3-stellige Zahl.

d)

Mein Inhalt ist in der 15er- und in der 9er-Reihe. Es ist nur eine zweistellige Zahl.

Quadratzahlen

Alles Quadrate!

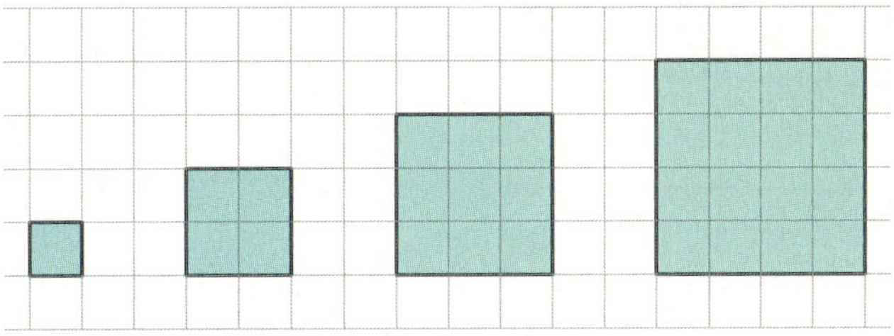

Wie viele Kästchen hat wohl das nächste Quadrat? ... und das zehnte?

Multipliziert man eine Zahl mit sich selbst, so nennt man das Ergebnis **Quadratzahl**.
Beispiel: **16** ist die **Quadratzahl von 4,** denn $4 \cdot 4 = 16$.
Man schreibt auch: $4 \cdot 4 = 4^2$ und spricht: *„vier hoch zwei"* oder *„vier Quadrat"*.

Aufgaben

1. Zeichne in dein Heft mindestens 3 verschieden große Quadrate. Zeichne sie genau auf Kästchenlinien. Aus wie vielen Kästchen bestehen deine Quadrate? Schreibe die Zahlen in die Quadrate.

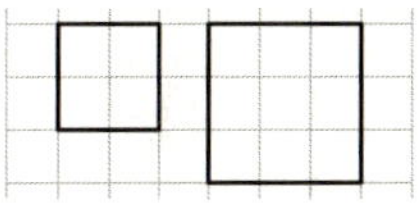

2. Gibt es Quadrate mit so vielen Kästchen?
a) 12 Kästchen b) 25 Kästchen c) 49 Kästchen d) 55 Kästchen e) 64 Kästchen

3. Für welche Zahl $\blacksquare$ gilt: a) $\blacksquare^2 = 8 \cdot \blacksquare$ b) $\blacksquare^2 = 12 \cdot \blacksquare$ c) $\blacksquare^2 = \blacksquare \cdot 11$ d) $\blacksquare^2 = \blacksquare \cdot 20$

4. Schreibe in dein Heft. Ergänze die fehlenden Quadratzahlen.
a) $1 \cdot 1 = 1^2 = 1$ $2 \cdot 2 = 2^2 = \blacksquare$ .... $10 \cdot 10 = 10^2 = 100$
b) $11 \cdot 11 = 11^2 = 121$ $12 \cdot 12 = 12^2 = \blacksquare$ .... $20 \cdot 20 = 20^2 = 400$

5. Corinna und Melanie wollen alle Quadratzahlen bis 100 legen.
a) Welche Ziffern brauchen sie gar nicht?
b) Welche Ziffern brauchen sie mehrfach?

6. Zwischen welchen 2 Quadratzahlen liegt das Ergebnis folgender Multiplikationsaufgaben?
a) $3 \cdot 4$, $7 \cdot 8$ b) $8 \cdot 9$, $5 \cdot 6$ c) $4 \cdot 5$, $10 \cdot 11$ d) $9 \cdot 10$, $6 \cdot 7$

7. a) $100 = \blacksquare^2$, $64 = \blacksquare^2$ b) $36 = \blacksquare^2$, $81 = \blacksquare^2$ c) $49 = \blacksquare^2$, $16 = \blacksquare^2$ d) $400 = \blacksquare^2$, $900 = \blacksquare^2$ e) $10\,000 = \blacksquare^2$, $2\,500 = \blacksquare^2$

LVL **8.** a) Das Quadrat einer Zahl ist gleich dem Doppelten dieser Zahl. Welche Zahl kann es sein?
b) Das Quadrat einer Zahl ist gleich der Zahl. Welche Zahl kann es sein?

LVL **9.** Schreibe ab und ergänze drei passende Zahlen.
a) 1, 2, 5, 10, 17, 26, 37, ... b) 3, 8, 15, 24, ...

Bleib FIT!

Die Ergebnisse der Aufgaben 1 bis 8 ergeben drei niedersächsische Inseln.

1. Berechne im Kopf.

a) 35 · 7 b) 13 · 6 c) 24 · 8
d) 19 · 5 e) 108 : 12 f) 123 : 3
g) 225 : 5 h) 2 478 : 7

2. Welche Geraden sind parallel?

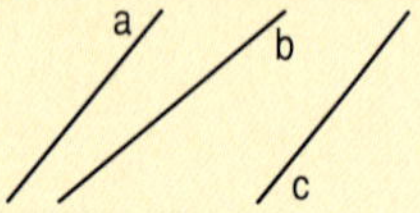

a || b (10)
a || c (20)
b || c (30)

3. Kann man aus diesem Netz einen Quader falten?

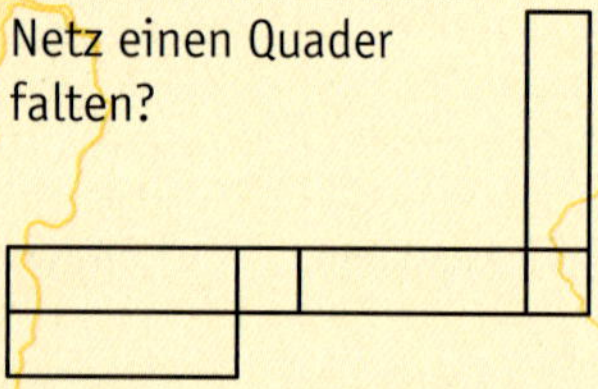

ja (23)
nein (33)

4. Schreibe in Ziffern.

a) vierundvierzigtausendneunhundertsieben
b) zweitausendneunundachtzig
c) vierhundertsiebenundzwanzig

5. Runde auf den angegebenen Stellenwert.

a) 145 (Zehner) b) 249 (Hunderter)
c) 550 (Hunderter)

6. Ordne die Kärtchen. Schreibe die Zahl mit Ziffern.

a) 5 T | 2 Z | 1 E | 4 H b) 9 H | 0 Z | 7 E | 1 T

7. Schreibe richtig untereinander und berechne.

a) 235 + 75 + 23 +129 b) 346 + 25 + 123 + 13

8. Lies die Anzahl der Tore von Jan und Achim aus dem Diagramm ab.

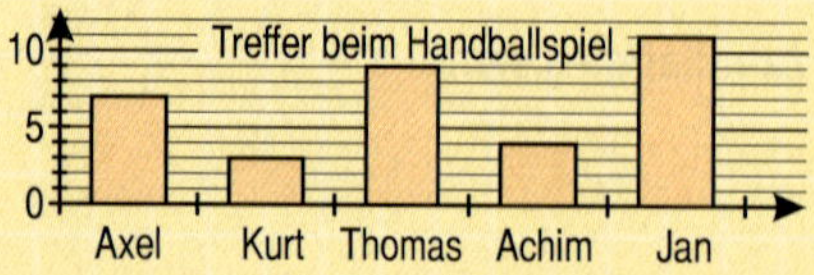

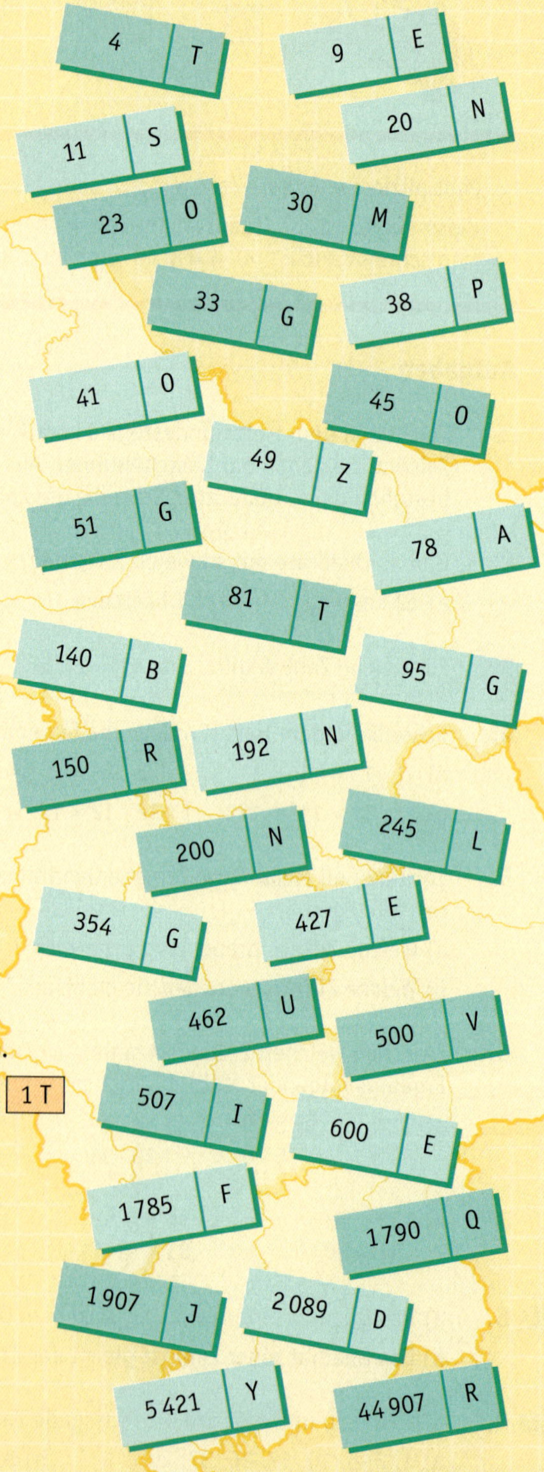

Halbschriftliches Multiplizieren

Aufgaben

1. a) 5 · 13
3 · 18
b) 7 · 12
3 · 14
c) 2 · 19
5 · 17
d) 4 · 16
6 · 15
e) 8 · 13
6 · 18

2. a) ▢ · 12 = 72
▢ · 15 = 105
b) ▢ · 15 = 75
▢ · 13 = 52
c) ▢ · 18 = 54
▢ · 14 = 28
d) ▢ · 16 = 128
▢ · 17 = 153

3. Ordne die Ergebnisse der Größe nach, das kleinste zuerst, und du bist schnell am Ziel.

9 · 15 E | 9 · 13 A | 7 · 12 – | 9 · 19 R | 2 · 14 N | 4 · 16 I | 3 · 11 L
2 · 12 I | 5 · 14 N | 7 · 13 S | 7 · 19 T | 4 · 18 E | 6 · 18 K

4. Am Fußballturnier des SC Bad Salzuflen nehmen 8 Mannschaften teil. Jede Mannschaft tritt mit 13 Spielern an. Wie viele Spieler sind am Turnier beteiligt?

5. Am Eishockeyturnier nehmen 6 Mannschaften teil. Alle haben dieselbe Anzahl Spieler. Insgesamt sind es 90 Spieler.

6. Frau Kranz hat ein Bund mit 120 Rosen. Wie viele Sträuße mit je 15 Rosen kann sie binden?

7. a) Ein Band Ponygeschichten kostet 17 €. Kirsten möchte 4 Bände kaufen. Wie teuer ist das?
b) Birgit kauft 6 CDs zu jeweils 12 €. Wie viel muss sie dafür zahlen?
c) Eine Hafenrundfahrt kostet 10 €. Familie Weber nimmt mit 4 Personen teil.

8.

Wie viel kostet der Eintritt für mehrere Personen?

a) Zirkus: 4 Pers.
b) Zoo: 5 Pers.
c) Kino: 8 Pers.
d) Freizeitpark: 7 Pers.
e) Kino: 3 Pers.
f) Freizeitpark: 4 Pers.
g) Zoo: 6 Pers.
h) Zirkus: 9 Pers.

9. Rechne halbschriftlich wie im Beispiel.

a) 3 · 36
   2 · 59

b) 4 · 26
   4 · 53

c) 6 · 48
   5 · 69

d) 4 · 89
   3 · 77

e) 7 · 28
   8 · 33

f) 9 · 37
   4 · 68

7 · 43
= 280 + 21
= 301

zuerst: 7 · 40 = 280
dann: 7 · 3 = 21

zuletzt: addieren

10. a) 5 · 83
   6 · 47

b) 3 · 94
   7 · 38

c) 9 · 43
   4 · 74

d) 8 · 56
   6 · 76

e) 7 · 84
   9 · 67

f) 4 · 96
   6 · 58

11. Ordne jeder Aufgabe den richtigen Buchstaben zu. Du erhältst einen angenehmen Schultag.

6 · 52	3 · 88	9 · 47	8 · 76	7 · 46	4 · 82	3 · 93	7 · 77	5 · 49

264 A	322 E	312 W	608 D	245 G	423 N	539 A	279 T	328 R

12. Ausflug zum Hermannsdenkmal nach Detmold. Die 53 Schülerinnen und Schüler der 5. Klassen der Lohfeldschule fahren zusammen.

a) Für die Fahrt zahlt jeder Schüler 3 €. Wie viel € sind es für alle?

b) Eine Besteigung des Denkmals kostet pro Person 2 €. Wie viel € sind insgesamt zu zahlen?

c) Herr Roser spendiert den 26 Schülerinnen und Schülern seiner Klasse je einen Eisbecher zu 3 €. Wie hoch ist die Rechnung?

13. Ein Kegelclub fährt mit 8 Personen nach Berlin. Bezahlt wird aus der Kegelkasse. Wie viel € sind jeweils zu zahlen?

a) Eine Stadtrundfahrt kostet 14 € pro Person.

b) Eine Theaterkarte kostet 36 €.

c) Ein Ausflug nach Potsdam kostet für eine Person 17 €.

14. Frau Nolte fährt täglich 38 km zur Arbeit und zurück. Wie viel km sind das an 5 Arbeitstagen?

15. Der Koch eines Restaurants kauft 6 Stiegen mit je 25 Paprikaschoten.

16. Ordne die Ergebnisse der Größe nach, das Kleinste zuerst, und schon geht es los.

8 · 29 L | 5 · 97 R | 6 · 58 E | 8 · 35 S | 9 · 48 H | 6 · 84 T | 3 · 86 A | 7 · 58 A | 3 · 96 S | 5 · 77 F | 4 · 95 N | 4 · 47 K

LVL **17.** Stelle Fragen und schreibe deine Antworten auf.

Operatoren

Auch bei Multiplikation und Division verwendet man die **Operatorschreibweise.**
Die eine Operation ist die Umkehroperation der anderen.

$5 \underset{:3}{\overset{\cdot 3}{\rightleftarrows}} 15 \qquad 27 \underset{\cdot 9}{\overset{:9}{\rightleftarrows}} 3$

Aufgaben

1. a) $6 \xrightarrow{\cdot 9} \square$ b) $4 \xrightarrow{\cdot 7} \square$ c) $72 \xrightarrow{:8} \square$ d) $63 \xrightarrow{:9} \square$
e) $7 \xrightarrow{\cdot 8} \square$ f) $5 \xrightarrow{\cdot 9} \square$ g) $36 \xrightarrow{:6} \square$ h) $65 \xrightarrow{:5} \square$

2. a) $2 \xrightarrow{\cdot 5} \square \xrightarrow{\cdot 17} \square$ b) $48 \xrightarrow{:8} \square \xrightarrow{:3} \square$ c) $5 \xrightarrow{\cdot 16} \square \xrightarrow{:2} \square$
d) $6 \xrightarrow{\cdot 4} \square \xrightarrow{\cdot 10} \square$ e) $75 \xrightarrow{:5} \square \xrightarrow{:5} \square$ f) $72 \xrightarrow{:12} \square \xrightarrow{\cdot 8} \square$

3. Bestimme zuerst den Umkehroperator und dann die gesuchte Zahl.
a) $\square \underset{\square}{\overset{\cdot 5}{\rightleftarrows}} 35$ b) $\square \underset{\square}{\overset{:8}{\rightleftarrows}} 4$ c) $\square \underset{\square}{\overset{\cdot 7}{\rightleftarrows}} 49$ d) $\square \underset{\square}{\overset{\cdot 3}{\rightleftarrows}} 36$
e) $\square \underset{\square}{\overset{\cdot 6}{\rightleftarrows}} 42$ f) $\square \underset{\square}{\overset{:6}{\rightleftarrows}} 9$ g) $\square \underset{\square}{\overset{\cdot 9}{\rightleftarrows}} 63$ h) $\square \underset{\square}{\overset{:15}{\rightleftarrows}} 9$

4. Löse mit den Umkehroperatoren.
a) $\square \xrightarrow{\cdot 2} \square \xrightarrow{\cdot 8} 48$ b) $\square \xrightarrow{:9} \square \xrightarrow{:3} 3$
c) $\square \xrightarrow{\cdot 2} \square \xrightarrow{\cdot 3} 24$ d) $\square \xrightarrow{:7} \square \xrightarrow{:5} 2$
e) $\square \xrightarrow{\cdot 4} \square \xrightarrow{\cdot 5} 100$ f) $\square \xrightarrow{:3} \square \xrightarrow{:2} 25$

$\square \xrightarrow{\cdot 4} \square \xrightarrow{\cdot 8} 64$
$\square \xrightarrow{\cdot 4} 8 \xleftarrow{:8} 64$
$2 \xleftarrow{:4} 8 \xleftarrow{:8} 64$

5. Wie heißt die gesuchte Zahl? Schreibe zuerst mit Operatoren.
a) $\square \cdot 4 = 16$ b) $\square : 4 = 19$ c) $\square : 5 = 25$
d) $\square \cdot 18 = 54$ e) $\square : 12 = 6$ f) $\square : 8 = 7$
g) $\square \cdot 16 = 144$ h) $\square : 7 = 15$ i) $\square : 17 = 119$

$\square \cdot 12 = 48$
$\square \underset{:12}{\overset{\cdot 12}{\rightleftarrows}} 48$
$4 \cdot 12 = 48$

6. Schreibe mit Gleichheitszeichen und bestimme die Zahl.
a) Das 3fache einer Zahl ist 210.
b) Der 8te Teil einer Zahl ist 9.

Das 5fache einer Zahl ist 130.
$\square \cdot 5 = 130$

7. Wie heißt die gesuchte Zahl? Löse mit dem Umkehroperator.
a) Wenn man die gesuchte Zahl verdoppelt, erhält man 18.
b) Der sechste Teil der gesuchten Zahl ist 4.
c) Multipliziert man die gesuchte Zahl mit 7, erhält man 56.
d) Dividiert man die gesuchte Zahl durch 5, erhält man 9.
e) Das Dreifache der gesuchten Zahl ist 24.
f) Ein Viertel der gesuchten Zahl ist 9.
g) Das Achtfache der gesuchten Zahl ist 72.
h) Wird die gesuchte Zahl durch 9 dividiert, erhält man 15.
i) Die Hälfte vom Doppelten der Zahl ist 135.

Kopfrechnen mit Zehnern, Hundertern und Tausendern

Großes Sommerpreisausschreiben
Preise im Gesamtwert von 250 000 € zu gewinnen
10 x Flugreisen zu 5000 €
50 x Motorroller zu 1500 €
1000 x Bargeld zu 125 €
Das sollen 250 000 € sein?

Eine Zahl wird mit 10, 100 oder 1000 multipliziert, indem man 1, 2 oder 3 Nullen anhängt.

7 · 10 = 70   7 · 100 = 700   7 · 1000 = 7 000

Eine Zahl wird durch 10, 100 oder 1000 dividiert, indem man 1, 2 oder 3 Endnullen weglässt.

3 000 : 10 = 300   3 000 : 100 = 30   3 000 : 1000 = 3

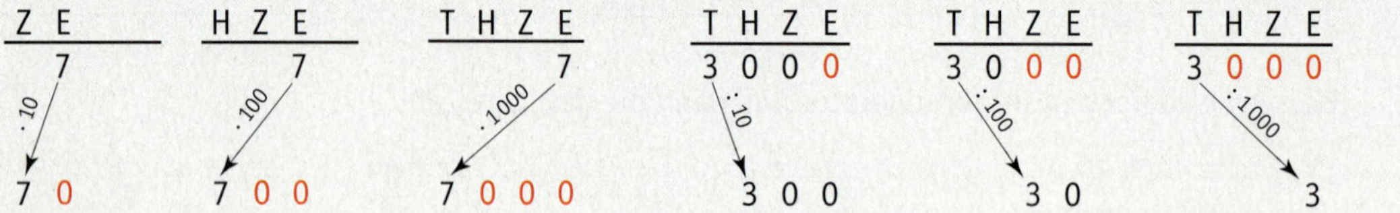

Aufgaben

1. Multipliziere jede Zahl mit 10, 100 und 1 000.

a) 4 b) 18 c) 30 d) 92 e) 300 f) 240 g) 547

2. Dividiere jede Zahl durch 10, 100 und 1 000.

a) 8 000 b) 2 000 c) 90 000 d) 74 000 e) 46 000 f) 300 000 g) 472 000

3. Berechne ein Zehntel (den zehnten Teil).

a) 60 b) 520 c) 780 d) 500 e) 7 300 f) 5 000 g) 12 500

4.

a)	b)	c)	d)
800 : ▒ = 8	700 · ▒ = 7 000	30 000 : ▒ = 300	400 · ▒ = 40 000
▒ : 100 = 25	▒ · 10 = 20 000	▒ : 1 000 = 70	▒ · 1 000 = 30 000
▒ : 9 = 700	20 · ▒ = 800	▒ : 600 = 900	500 · ▒ = 2 000

5. Schreibe das Ergebnis in Ziffern und in Worten.

a)	b)	c)	d)
700 · 100	600 · 1 000	3 000 · 1 000	90 000 · 10 000
55 · 1000	780 · 1 000	4 200 · 1 000	7 000 · 100 000

6. Multipliziere schrittweise.

a)	b)	c)	d)
3 · 40	9 · 200	60 · 50	80 · 30
7 · 300	8 · 30	40 · 400	50 · 300
4 · 6 000	5 · 5 000	80 · 7 000	40 · 9 000

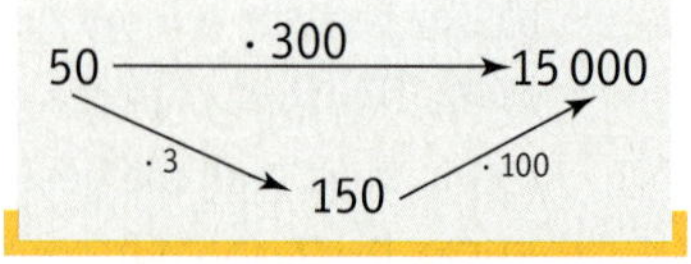

7. Dividiere schrittweise.

a)	b)	c)
2 400 : 80	3 600 : 200	6 300 : 90
3 500 : 70	8 100 : 900	45 000 : 50
4 200 : 60	3 200 : 800	28 000 : 700

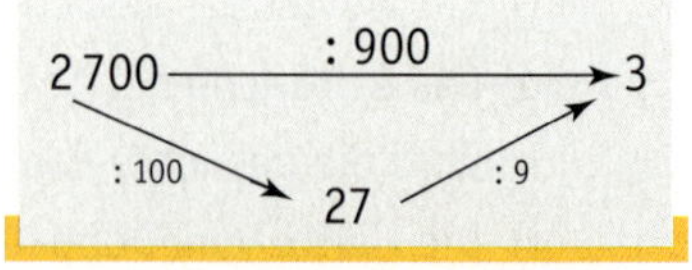

Rechenregeln

Was in Klammern steht, wird zuerst berechnet.	Punktrechnung (· und :) geht vor Strichrechnung (+ und –).	Sonst wird von links nach rechts gerechnet.
48 : (17 – 9) = 48 : 8 = 6	81 : 9 + 5 · 7 = 9 + 35 = 44	64 – 40 – 7 = 24 – 7 = 17

Aufgaben

1. a) 4 · (13 + 7); 7 · (32 + 68) b) 5 · (33 – 27); 7 · (65 – 56) c) 64 : (6 + 2); 100 : (26 + 24) d) 60 : (49 – 29); 800 : (26 – 18) e) 24 : (8 + 4); 200 : (68 – 18)

2. a) (7 + 8) · (12 + 8) b) (23 – 19) · (38 – 26) c) (21 + 27) : (17 – 9)
d) (23 + 27) · (22 – 18) e) (42 – 34) · (25 + 15) f) (64 – 8) : (23 – 16)

3.
a)
8 · (17 – 11) P
6 · (18 – 9) E
180 : (38 + 52) A
48 : (32 – 24) L
5 · (6 + 5) N

b)
(2 + 5) · (19 – 13) D
(39 – 12) : (17 – 14) N
(30 + 34) : (17 – 9) A
(12 + 13) · (7 + 13) N
(18 – 9) · (23 – 17) E

Der Größe nach ein ...

4. a) 38 + 5 · 9; 49 + 4 · 6 b) 95 – 5 · 7; 78 – 6 · 8 c) 42 + 64 : 8; 37 + 27 : 9 d) 85 – 36 : 6; 72 – 56 : 8 e) 34 + 5 · 7; 68 – 6 · 4

5. a) 3 · 4 + 5 · 7; 8 · 9 + 3 · 8 b) 9 · 7 – 4 · 8; 8 · 6 – 5 · 5 c) 45 : 9 + 24 : 8; 54 : 6 + 42 : 7 d) 81 : 9 – 64 : 8; 72 : 9 – 42 : 6 e) 5 · 6 + 9 · 7; 7 · 8 – 5 · 7

6.
a)
9 + 7 · 8 N
140 : 7 – 4 · 4 R
98 – 9 · 9 K
21 + 60 : 10 E
12 + 72 : 9 C
45 – 4 · 9 A

b)
9 · 6 – 49 : 7 N
9 · 7 – 40 : 8 A
63 : 3 – 3 · 5 S
7 · 8 – 4 · 6 G
6 · 10 + 2 · 7 G
45 : 9 + 64 : 8 E

Der Größe nach ein ...

7. a) 120 – 60 – 12; 48 : 6 · 4; 25 · 3 : 15 b) 56 : 8 · 9; 80 – 26 – 30; 75 – 35 + 19 c) 3 · 12 : 9; 28 + 22 – 39; 65 : 13 · 12 d) 78 + 22 – 39; 4 · 14 : 8; 92 – 22 – 45 e) 180 – 90 – 17; 49 : 7 · 14; 5 · 16 : 20

8. a) 14 + 3 · (18 – 11); 15 – 48 : (32 – 26) b) (35 – 14) + 6 · (19 – 12); 56 : 7 – (13 – 8)
c) 13 + 84 : (12 – 5); 87 – 5 · (34 – 22) d) (76 + 24) : 5 + 3 · 8; 3 · (7 · 9 – 6 · 8)

15 + 36 : (15 – 3)
= 15 + 36 : 12
= 15 + 3 = 18

LVL **9.** Mit welchen Rechenzeichen wird das Ergebnis von 40 ▒ 8 ▒ 2 möglichst groß (möglichst klein)?

LVL **10.** Überlege, probiere und notiere. Kannst du jede Zahl von 0 bis 10 mit +, –, ·, : und genau vier Vieren schreiben? Beispiel: 0 = 44 – 44 oder 0 = 4 : 4 – 4 : 4.

Vorteilhaftes Rechnen

5 · 6 · 2
= 30 · 2
= ...
Jetzt die Zahlen multiplizieren.
5 · 2 · 6
= 10 · 6
= ...
Wie viele Dosen haben wir?
4 + 2 = 6 Sechserpacks, also
4 · 6 = 24 Dosen plus 2 · 6 = 12

Vertauschen		Ausklammern		Ausmultiplizieren	
$5 \cdot 6 \cdot 2$	$5 \cdot 6 \cdot 2$	$5 \cdot 6 + 2 \cdot 6$	$5 \cdot 6 + 2 \cdot 6$	$(2 + 4) \cdot 15$	$(2 + 4) \cdot 15$
$= 30 \cdot 2$	$= 5 \cdot 2 \cdot 6$	$= 30 + 12$	$= (5 + 2) \cdot 6$	$= 6 \cdot 15$	$= 2 \cdot 15 + 4 \cdot 15$
$= 60$	$= 10 \cdot 6 = 60$	$= 42$	$= 7 \cdot 6 = 42$	$= 90$	$= 30 + 60 = 90$

Aufgaben

TIPP
$2 \cdot 5 = 10$
$4 \cdot 25 = 100$
$8 \cdot 125 = 1000$

1.

a)	b)	c)	d)
$2 \cdot 5 \cdot 39$	$4 \cdot 25 \cdot 19$	$4 \cdot 8 \cdot 125$	$7 \cdot 20 \cdot 5$
$58 \cdot 5 \cdot 2$	$32 \cdot 25 \cdot 4$	$125 \cdot 8 \cdot 9$	$9 \cdot 8 \cdot 5$
$67 \cdot 2 \cdot 5$	$18 \cdot 8 \cdot 25$	$7 \cdot 25 \cdot 4$	$6 \cdot 4 \cdot 5$

2.

a)	b)	c)	d)	e)
$5 \cdot 93 \cdot 2$	$4 \cdot 82 \cdot 25$	$125 \cdot 14 \cdot 8$	$20 \cdot 47 \cdot 5$	$8 \cdot 33 \cdot 5$
$2 \cdot 17 \cdot 5$	$25 \cdot 91 \cdot 4$	$8 \cdot 19 \cdot 125$	$5 \cdot 31 \cdot 4$	$5 \cdot 17 \cdot 4$
$5 \cdot 53 \cdot 2$	$4 \cdot 69 \cdot 25$	$125 \cdot 31 \cdot 8$	$50 \cdot 8 \cdot 20$	$25 \cdot 57 \cdot 4$

3. Rechne auf zwei verschiedene Arten (ohne und mit Ausklammern).

a)	b)	c)	d)
$5 \cdot 3 + 7 \cdot 3$	$5 \cdot 8 + 4 \cdot 8$	$13 \cdot 5 - 3 \cdot 5$	$20 \cdot 6 - 7 \cdot 6$
$6 \cdot 7 + 5 \cdot 7$	$15 \cdot 6 + 5 \cdot 6$	$12 \cdot 9 - 3 \cdot 9$	$15 \cdot 4 - 5 \cdot 4$
$3 \cdot 4 + 6 \cdot 4$	$4 \cdot 7 + 7 \cdot 7$	$7 \cdot 11 - 4 \cdot 11$	$13 \cdot 7 - 12 \cdot 7$

4. Wähle den leichteren Rechenweg.

a)	b)	c)	d)
$20 \cdot 3 + 9 \cdot 3$	$28 \cdot 14 + 12 \cdot 14$	$28 \cdot 13 - 26 \cdot 13$	$80 \cdot 8 - 12 \cdot 8$
$16 \cdot 7 + 14 \cdot 7$	$30 \cdot 12 + 7 \cdot 12$	$20 \cdot 17 - 3 \cdot 17$	$13 \cdot 15 - 11 \cdot 15$
$4 \cdot 8 + 9 \cdot 8$	$16 \cdot 13 + 14 \cdot 13$	$56 \cdot 16 - 54 \cdot 16$	$40 \cdot 7 - 15 \cdot 7$

5. Rechne auf zwei verschiedene Arten (ohne und mit Ausmultiplizieren).

a)	b)	c)	d)	e)
$(7 + 8) \cdot 3$	$(12 + 8) \cdot 7$	$(9 - 7) \cdot 11$	$(16 - 6) \cdot 5$	$(8 + 9) \cdot 3$
$(9 + 6) \cdot 4$	$(5 + 3) \cdot 9$	$(8 - 6) \cdot 7$	$(20 - 8) \cdot 4$	$(17 - 2) \cdot 4$
$(4 + 8) \cdot 5$	$(3 + 12) \cdot 4$	$(9 - 5) \cdot 15$	$(18 - 7) \cdot 6$	$(13 + 8) \cdot 5$

6. Wähle den leichteren Rechenweg.

a)	b)	c)	d)	e)
$(67 + 23) \cdot 8$	$(75 + 25) \cdot 13$	$(40 - 3) \cdot 7$	$(60 - 3) \cdot 4$	$(12 + 8) \cdot 7$
$(24 + 16) \cdot 7$	$(200 - 9) \cdot 5$	$(27 + 13) \cdot 8$	$(36 - 16) \cdot 9$	$(8 + 8) \cdot 7$
$(20 + 8) \cdot 9$	$(17 + 19) \cdot 2$	$(78 - 18) \cdot 6$	$(50 - 8) \cdot 7$	$(30 - 12) \cdot 5$

Rechengeschichten

LVL

Notiere deinen Rechenweg mit Rechenzeichen und (falls nötig) mit Klammern und berechne das Ergebnis.

1. Für jedes von 25 Kindern sind 4 € Eintritt zu zahlen. Zusätzlich kostet die Busmiete 35 €.

2. Für jedes von 25 Kindern sind 5 € Fahrtkosten und 4 € Eintritt zu zahlen.

3. Frau Dott kauft für jedes ihrer 4 Kinder 3 T-Shirts zum Preis von 5 € pro Stück.

4. Herr Drop tauscht im Geschäft T-Shirts um, 3 für 6 € pro Stück gegen 3 für 8 € pro Stück.

5. Fünf Freunde gehen ins Kino (45 € für alle) und dann Pizza essen (30 €). Jeder zahlt den gleichen Teil.

6. Tim bezahlt im Buchladen 5 Taschenbücher zu je 9 € abzüglich eines Geschenkgutscheins von 30 €.

7. Jan will 4 Kinokarten zu je 7 € kaufen und freut sich, dass sie heute 2 € billiger sind als sonst.

8. Außer der Gruppeneintrittskarte für 50 € für den Erlebnispark sind noch 7 Einzelkarten zu je 3 € für die Delfinschau zu zahlen.

9. 6 Freunde bestellen beim „Pizza-Blitz" 3 Pizzas zu je 8 €. Die Kosten teilen sie gerecht.

Schreibe zu dem Rechenausdruck eine passende Aufgabe in der angedeuteten Sachsituation.

10. $5 \cdot (6 + 3)$
5 Freunde in einer Pizzeria …

11. $4 \cdot 7 - 10$
Im Blumenladen mit 10 € Geschenkgutschein …

12. $6 \cdot (16 - 4)$
4 € Preisnachlass im Erlebnispark …

13. $100 - 25 \cdot 3$
25 Kinder besuchen ein Museum …

14. $5 \cdot 7 \cdot 4$
Eine 4-köpfige Familie beim Fahrradverleih …

15. $25 - 3 \cdot 4$
Maike hat 25 € und bezahlt …

16. $44 + 12 \cdot 8$
Georg bekommt wöchentlich 8 € Taschengeld …

17. $(18 + 3) : 3$
3 Kinder schenken ihrer Mutter …

18. $5 \cdot 6 + 4 \cdot 12$
Frau Drop kauft 5 Paar Socken …

19. $25 \cdot 7 + 25 \cdot 3$
25 Kinder auf Klassenausflug …

20. $(2 \cdot 24) : 3$
2 Schachteln Pralinen werden verteilt …

21. $7 \cdot 15 + 45$
7 Tage auf dem Campingplatz …

Schriftliches Multiplizieren

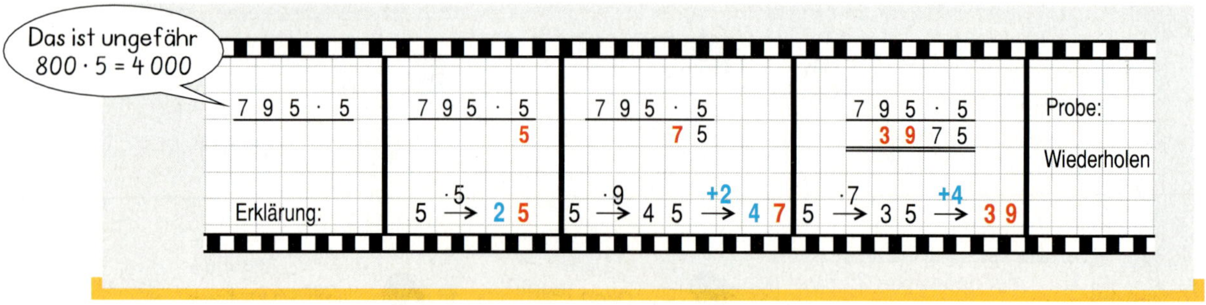

Aufgaben

1. Wie schwer ist die Ladung insgesamt?

2.

a)	b)	c)	d)	e)	f)
327 · 3	549 · 9	509 · 4	1 257 · 2	1 138 · 5	2 374 · 5
438 · 5	603 · 7	708 · 6	3 128 · 8	2 007 · 6	3 307 · 6
723 · 8	777 · 8	915 · 9	4 247 · 6	4 020 · 9	8 009 · 3

3.

a) 475 · 4 E; 239 · 8 R; 654 · 3 N; 965 · 3 L; 841 · 9 S; 236 · 8 F; 657 · 7 A; 543 · 5 G

b) 296 · 6 R; 487 · 3 K; 647 · 8 P; 537 · 6 K; 324 · 4 I; 428 · 7 S; 854 · 5 O; 273 · 3 M; 356 · 6 O

Vom Kleinsten zum Größten: der totale Durchblick.

4. Bei einer Aufführung wurden 476 Karten zu 7 € verkauft. Wie viel Euro wurden eingenommen?

5. In einem Autowerk werden in einer Stunde 280 Autos produziert. Wie viele Autos werden in einer 8-stündigen Schicht fertig?

6.

a)	b)	c)
372 · 40	735 · 20	2 136 · 30
527 · 30	603 · 40	5 009 · 70
683 · 90	770 · 60	6 035 · 60

d)	e)	f)
235 · 300	340 · 900	2 133 · 200
351 · 500	507 · 600	5 036 · 400
558 · 800	952 · 700	3 004 · 500

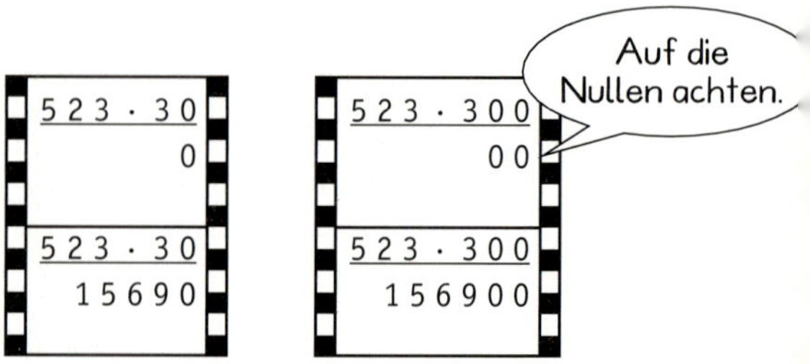

7. Für eine Schulaula werden 300 Stühle zu 128 € das Stück gekauft. Wie hoch ist die Rechnung?

8. Jasmin duscht jeden Tag und verbraucht dabei rund 30 l Wasser. Wie viel Liter Wasser sind das in einem Jahr (365 Tage)?

Überschlagsrechnen

Hoffentlich kriegen wir noch einen Platz in der S-Bahn.
Na klar, es werden doch 8 Sonderzüge eingesetzt.
Wie viele Leute passen da rein?
Pro Zug 489.
Also ungefähr 4 000 Leute.
BVB
U S

Mit einer Überschlagsrechnung kann man das Ergebnis abschätzen.
Man rechnet dazu mit gerundeten Zahlen im Kopf.

TIPP
Oft genau genug und schnell und einfach.

(1) Aufgabe $689 \cdot 8$ Überschlag $\approx 700 \cdot 8 = 5\,600$ genau: $689 \cdot 8 = 5\,512$

(2) Aufgabe $549 \cdot 7$ Überschlag $\approx 500 \cdot 7 = 3\,500$ genau: $549 \cdot 7 = 3\,843$

Aufgaben

1. Mache zuerst einen Überschlag, dann rechne genau.

a)	b)	c)	d)	e)	f)
273 · 8	993 · 6	503 · 7	1 248 · 3	2 416 · 9	5 903 · 7
558 · 7	854 · 4	614 · 3	2 590 · 5	9 283 · 4	2 116 · 5
332 · 9	723 · 5	945 · 4	3 783 · 6	7 009 · 8	3 867 · 4

2. Ordne jeder Aufgabe im Ballon die richtige Überschlagsrechnung zu.

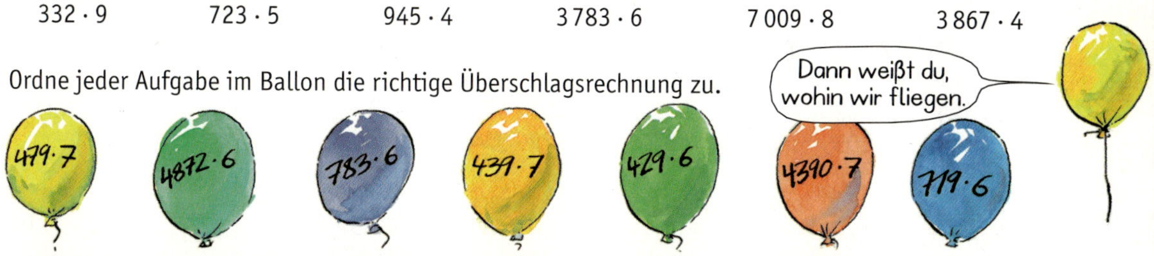
Dann weißt du, wohin wir fliegen.
479 · 7
4872 · 6
783 · 6
439 · 7
429 · 6
4390 · 7
719 · 6

5 000 · 6 A | 400 · 7 B | 700 · 6 G | 400 · 6 U | 500 · 7 H | 4 000 · 7 R | 800 · 6 M

3. Drei Aufgaben sind falsch gerechnet. Finde sie allein mit einer Überschlagsrechnung.

a) 623 · 8 = 4984
b) 503 · 7 = 5321
c) 489 · 6 = 3034
d) 892 · 7 = 6244
e) 614 · 4 = 2356

4. Mache erst eine Überschlagsrechnung, dann rechne auch genau.
a) Zur Aufführung der Theater-AG werden 372 Karten zu 3 € verkauft.
b) Die Firma Hesse kauft 8 Tintenstrahldrucker zu 319 € das Stück.
c) Ein Autotransporter hat 8 Wagen geladen, die jeweils 995 kg wiegen.
d) Für das Handballspiel wurden 1231 Karten zu 9 € und 278 Schülerkarten zu 4 € verkauft.
e) Ein Lastwagen hat 6 Kisten, die jeweils 107 kg wiegen, und 5 Kisten zu je 285 kg geladen.

Schriftliches Multiplizieren mit mehrstelligen Zahlen

487 · 237	487 · 237	487 · 237	487 · 237	487 · 237
	97400	97400	97400	97400
		14610	14610	14610
			3409	₁3₁409
				115419
Erklärung:	487 · 200 = 97400	487 · 30 = 14610	487 · 7 = 3409	Addieren

Zur Kontrolle ein Überschlag: ≈ 500 · 200 = 100 000

Aufgaben

1. a) 98 · 56, 78 · 92 b) 38 · 27, 96 · 34 c) 78 · 39, 46 · 44 d) 722 · 42, 813 · 53 e) 352 · 81, 436 · 78 f) 276 · 99, 287 · 58

Der Größe nach ein Katzenname.

2. 386 · 92 E 256 · 38 A 439 · 53 I 625 · 27 R 532 · 96 D 138 · 25 G 384 · 49 F 582 · 67 L

3. a) 933 · 74, 342 · 53 b) 696 · 21, 433 · 58 c) 572 · 68, 357 · 59 d) 376 · 28, 913 · 27
e) 721 · 352, 533 · 426 f) 741 · 321, 378 · 217 g) 654 · 378, 258 · 123 h) 529 · 332, 728 · 543

4. Rechne schriftlich und vergleiche. a) 7 · 325 und 325 · 7 b) 3 · 2 714 und 2 714 · 3

5. a) 123 · 203, 227 · 105 b) 432 · 303, 389 · 207 c) 259 · 402, 329 · 504

6. a) 324 · 608, 439 · 705, 254 · 312 b) 476 · 209, 583 · 304, 408 · 307 c) 625 · 403, 762 · 802, 729 · 300

548 · 305		548 · 305
164 400	Man muss Nullen beachten, aber nicht immer schreiben.	1644
0 000		+ 2740
+ 2 740		167140
167 140		

7. Sandras Ballettstunden kosten im Monat 105 €. Wie hoch sind die Kosten für ein Jahr?

8. Herr Muster fährt mit dem Auto zu seiner Arbeitsstelle. Die tägliche Fahrstrecke für Hin- und Rückfahrt beträgt 48 km. Wie viel Kilometer legt er in einem Jahr mit 243 Arbeitstagen zurück?

TIPP Die kleinere Zahl nach hinten!

9. Eine Pumpe fördert in einer Stunde 1 325 *l* Wasser. Wie viel Wasser fördert sie an einem Tag?

10. Die Konzerthalle in Bad Salzuflen hat 1 226 Sitzplätze. Für ein Konzert kosten die Karten 19 €. Wie hoch ist die Einnahme, wenn alle Karten verkauft werden? Überschlage und rechne genau.

11. Ein Fußballverein hat 972 Mitglieder, davon sind 552 Jugendliche. Der Jahresbeitrag beträgt 84 € für Erwachsene, für Jugendliche 39 €. Berechne die Jahreseinnahme aus Mitgliedsbeiträgen.

12. a)
887 · 68 B; 568 · 62 A; 298 · 86 E; 98 · 66 A; 78 · 26 L; 443 · 59 S; 378 · 69 K; 58 · 69 L; 67 · 98 B; 123 · 84 T

b)
355 · 28 B; 226 · 9 L; 378 · 3 L; 683 · 67 O; 679 · 73 V; 5 843 · 6 L; 426 · 53 E; 3 749 · 7 L; 582 · 13 A; 654 · 17 Y

Der Größe nach eine Sportart.

13. a) Wie viele Minuten hat ein Tag? b) Wie viele Stunden hat ein Jahr (365 Tage)?
LVL c) Jan wird heute 12 Jahre alt. Wie viele Wochen ist er alt?

14.

a)	b)	c)	d)	e)
417 · 8	237 · 39	705 · 87	1 274 · 24	374 · 122
238 · 7	471 · 65	509 · 53	2 317 · 31	417 · 235
684 · 6	347 · 82	308 · 67	4 508 · 25	553 · 158

15. Familie Schäfer kauft 6 Sessel. Wie teuer ist die Sitzgruppe, wenn ein Sessel 185 € kostet? Überschlage und rechne genau.

16. Frau Weber kauft 36 m Gardinenstoff und 36 m Spitze. 1 m Stoff kostet 21 € und 1 m Spitze 3 €. Wie viel muss sie bezahlen?

LVL **17.** Im Schwimmbad wurden im Juni folgende Eintrittskarten verkauft:

Einzelkarten		Zehnerkarten		Familienkarten
Erw.	Kd.	Erw.	Kd.	
8 461	12 342	986	3 285	6 346

a) Wie hoch waren die Einnahmen durch den Verkauf von Familienkarten?
b) Stelle weitere Fragen und beantworte sie.

	Erwachsene	Kinder
Einzelkarte	3 €	2 €
Zehnerkarte	27 €	18 €
Familienkarte	7 €	

18. Herr Fleißig verdient im Monat 1 937 €. Wie viel verdient er in einem Jahr, wenn er noch 325 € Urlaubs- und 750 € Weihnachtsgeld erhält?

19. Ein Landwirt liefert täglich im Durchschnitt 128 *l* Milch an eine Molkerei. Wie viel Liter Milch sind das in einem Jahr? Überschlage, rechne anschließend genau.

20. a) b) c)

LVL **21.** Überlege und begründe.
Anke meint: „4-stellige Zahl mal 2-stellige Zahl ergibt ein 6-stelliges Produkt."

LVL **22.** a)

1	4	9	16
1 1	4 4	9 9	1 6 1 6
1	4	9	16
121	484	1089	1 9 3 6
= 11 · 11	= ?	= ?	= ?

Und wie soll das weitergehen?

b) 11 · 11
111 · 11
1 111 · 11
11 111 · 11
…

111 · 111
1 111 · 111
…

Was fällt dir an den Ergebnissen auf?

Schriftliches Dividieren

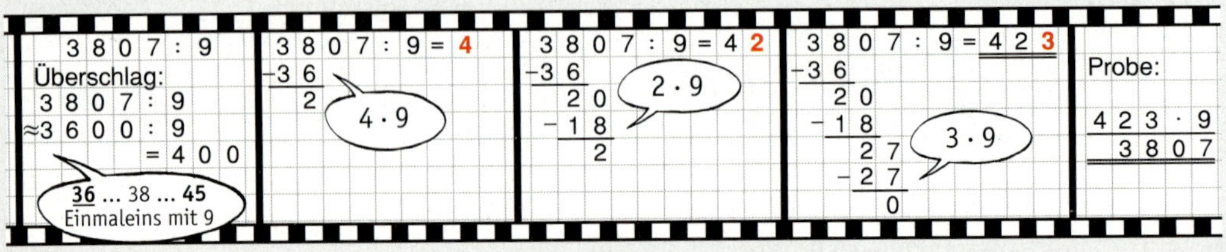

Aufgaben

1. Dividiere schriftlich. Mache vorher einen Überschlag und hinterher eine Probe.

a)	b)	c)	d)	e)	f)
432 : 9	581 : 7	2 048 : 8	2 740 : 4	4 470 : 6	19 548 : 6
312 : 6	688 : 8	3 206 : 7	3 265 : 5	2 556 : 3	48 160 : 5
392 : 4	882 : 6	2 961 : 3	2 912 : 8	2 478 : 7	25 928 : 8

2. a) Auf einem Bauernhof werden 785 kg Kartoffeln in 5 kg-Beutel gefüllt. Wie viele Beutel sind es?
b) 6 Personen teilen sich 51 582 € Lottogewinn. Wie viel Euro bekommt jede?
c) Die Miete für eine Motorjacht beträgt pro Woche (= 7 Tage) 896 €. Wie viel Euro sind das pro Tag?
d) In einer Baumschule werden 136 Pappeln in 8 Reihen gepflanzt. Wie viele sind es in einer Reihe?

3. Dividiere 2 520 durch: a) 2 b) 3 c) 4 d) 5 e) 6 f) 7 g) 8 h) 9

4. Dividiere schriftlich. Achte besonders auf Nullen im Ergebnis.

a)	b)	c)
918 : 3	21 182 : 7	20 040 : 5
2 432 : 8	63 081 : 9	32 008 : 4
3 042 : 6	28 840 : 8	36 504 : 9

d)	e)	f)
3 563 : 7	24 032 : 4	30 042 : 6
4 020 : 5	30 282 : 6	24 464 : 8
2 727 : 9	28 524 : 3	36 360 : 4

1224 : 4 = 306
− 12 (3 · 4)
02
− 0 (0 · 4)
24
− 24 (6 · 4)
0

TIPP
Überschlag hilft Fehler vermeiden

5. Dividiere schriftlich. Mache vorher einen Überschlag und hinterher eine Probe.

a)	b)	c)	d)	e)	f)
225 : 3	664 : 8	335 : 5	1 761 : 3	2 128 : 7	4 605 : 5
370 : 5	762 : 6	637 : 7	1 548 : 6	3 944 : 8	3 474 : 6
686 : 7	992 : 4	648 : 9	1 476 : 4	5 499 : 9	6 360 : 8

6. a) Vier Geschwister teilen sich eine Erbschaft von 30 400 €. Wie viel Euro bekommt jedes?
b) Am Güterbahnhof werden 1 440 Autos verladen, 8 pro Waggon. Wie viele Waggons sind nötig?
c) Eine Firma hat für 44 517 € drei gleiche Pkws angeschafft. Wie teuer war ein Pkw?
d) Eine Pfadfindergruppe kauft für 396 € sechs gleiche Zelte. Wie teuer ist ein Zelt?

Vom Größten zum Kleinsten eine Stadt.

7.
a)
897 : 3 | O
836 : 4 | M
1017 : 3 | D
696 : 4 | N
2 024 : 8 | R
825 : 5 | D
1 170 : 6 | U
1 498 : 7 | T

b)
8 940 : 4 | M
6 430 : 5 | R
15 522 : 6 | A
10 409 : 7 | B
8 082 : 3 | B
10 592 : 8 | E
10 647 : 9 | G

Schriftliches Dividieren durch mehrstellige Zahlen

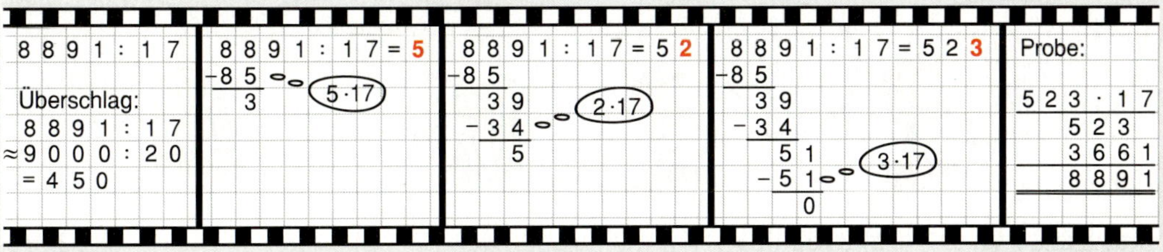

Aufgaben

1. Woran erkennst du, ob die erste Ergebnisziffer richtig oder falsch ist? Berechne das Ergebnis.

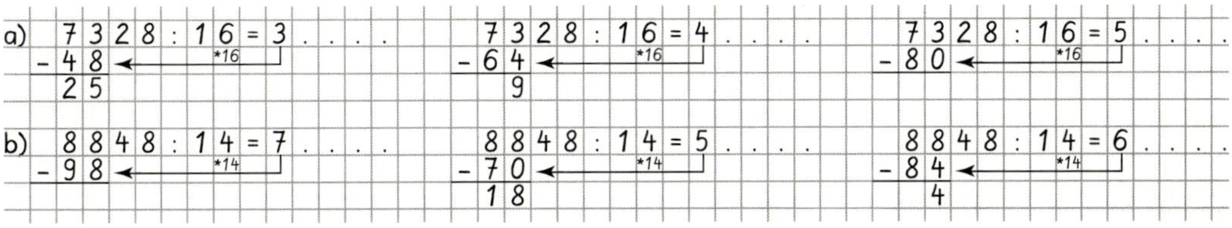

2. Dividiere schriftlich. Kontrolliere dein Ergebnis mit einer Probe.

a)	b)	c)	d)	e)
828 : 18	3 096 : 12	9 214 : 17	13 818 : 14	11 648 : 13
884 : 13	6 870 : 15	7 648 : 16	13 632 : 16	10 422 : 18
952 : 17	6 818 : 14	3 002 : 19	12 996 : 19	11 362 : 13

3. Achte besonders auf Nullen im Ergebnis.
Ein Überschlag dient der Kontrolle.

a) 1 248 : 12	b) 3 965 : 13	c) 8 534 : 17	d) 3 344 : 16
4 896 : 16	7 254 : 18	9 633 : 19	8 442 : 14
e) 7 056 : 14	f) 5 712 : 14	g) 120 075 : 15	h) 51 051 : 17
8 128 : 16	7 248 : 12	65 052 : 13	65 680 : 16

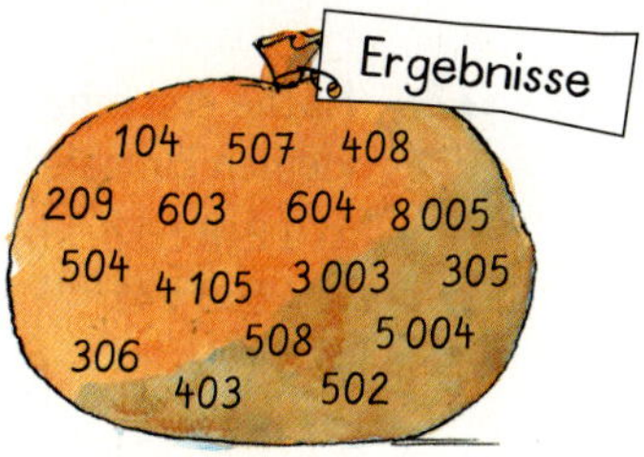

LVL **4.** Stelle eine Frage. Rechne und schreibe eine Antwort auf.

a) Ein Fahrradhändler bekommt 12 gleiche Fahrräder. Dafür zahlt er 4 776 €.

b) Alle Kinokarten kosten 6 €. Insgesamt kamen 2 076 € in die Kasse.

c) Fünfzehn Spieler knackten den Jackpot. Sie teilten sich den Gewinn von 6 853 455 €.

Vom Größten zum Kleinsten etwas Sportliches.

5.

a)
- 7 362 : 18 M
- 8 160 : 16 Y
- 3 135 : 15 E
- 11 118 : 17 L
- 11 375 : 13 O
- 3 562 : 13 D
- 6 156 : 19 A
- 4 788 : 12 P
- 5 572 : 14 I

b)
- 5 484 : 12 E
- 7 111 : 13 D
- 7 362 : 18 L
- 6 748 : 14 I
- 7 905 : 15 S
- 8 216 : 13 N
- 8 619 : 17 P
- 8 328 : 12 E

6. Dividiere schriftlich. Kontrolliere dein Ergebnis mit einer Probe.

a)	b)	c)	d)	e)
5 520 : 20	11 720 : 20	21 720 : 60	29 200 : 80	25 480 : 70
4 500 : 60	11 220 : 30	18 880 : 80	27 480 : 60	32 360 : 40

7. Der erste Divisionsschritt ist sehr wichtig. Erkläre, dann rechne weiter.

a) 6696 : 31 = ... 6696 : 31 = 2 . . b) 2340 : 45 = ... 2340 : 45 = 5 . .

6 : 31 geht nicht, aber 66 : 31, das ist der erste Schritt
Überschlag: 66:31 ≈ 66:30 ≈ 60:30 = 2
23 : 45 geht nicht, aber 234 : 45, das ist der erste Schritt
Überschlag: 234 : 45 ≈ 234 : 50 ≈ 250 : 50 = 5

8. a) 8 692 : 41 5 376 : 21 b) 3 782 : 61 3 900 : 52 c) 13 650 : 42 12 386 : 22 d) 8 215 : 31 5 418 : 21 e) 2 300 : 92 1 872 : 52

9. a) 8 775 : 25 3 375 : 25 b) 2 352 : 42 1936 : 22 c) 1 426 : 62 4 212 : 81 d) 1 725 : 75 7 874 : 31 e) 12 355 : 35 23 800 : 25

10. a) 7 525 : 35 6 842 : 22 b) 17 604 : 27 18 625 : 25 c) 10 836 : 42 22 631 : 53 d) 14 976 : 48 11 336 : 26
e) 4 066 : 38 5 928 : 24 f) 10 534 : 23 11 168 : 32 g) 11 808 : 36 18 004 : 28 h) 16 132 : 37 15 844 : 68

427 349 107 311 312 247 233 328 458 436 643 436 215 652 745 258

11. Ordne die Ergebnisse der Größe nach, das größte zuerst. Du erhältst eine Sportart.

a) 19 108 : 34 B 20 648 : 58 L 12 597 : 17 A 26 166 : 42 D 13 015 : 19 N 13 156 : 46 L 25 016 : 53 A 11 928 : 14 H

b) 5 543 : 23 M 10 332 : 36 W 5 874 : 33 E 9 204 : 26 C 10 710 : 34 H 6 006 : 42 N 5 208 : 28 M 11 772 : 27 S 10 257 : 39 I

12. Mache erst eine Überschlagsrechnung. Runde dafür so, dass du mit dem kleinen Einmaleins im Kopf rechnen kannst.

a) 1 248 : 52 4 633 : 41 b) 3 233 : 61 2 052 : 19 c) 13 608 : 72 10 863 : 51 d) 39 375 : 45 31 833 : 81
e) 9 637 : 23 4 223 : 41 5 004 : 12 f) 5 824 : 32 2 478 : 42 8 265 : 95 g) 17 952 : 51 33 777 : 81 97 495 : 31 h) 25 080 : 88 18 850 : 58 14 157 : 39

2 552 : 56
≈ 2 552 : 60
≈ 2 400 : 60
= 40

TIPP
Zuerst die 2. Zahl runden. Und dann die 1. Zahl passend zum Einmaleins.

13. Überschlage erst und rechne dann genau.

a) 1 m Draht wiegt 21 g. Der ganze Draht auf einer Rolle wiegt 3 465 g. Wie viel Meter sind es?
b) 30 000 Pralinen werden in 25er-Schachteln verpackt. Wie viele Schachteln sind nötig?
c) Radrennen: Es werden 32 Runden gefahren, insgesamt 91 200 m. Wie lang ist eine Runde?

14. Die Gesamtkosten der Klassenfahrt der 5b betragen 3 712 €. Die Kosten werden auf die 29 Schülerinnen und Schüler verteilt. Wie viel muss jeder bezahlen?

15. a) 12 · 68 – 49 12 · (68 – 49) b) 213 · (19 – 16) 213 · 19 – 16 c) (10 672 + 3 596) : 29 10 672 + 3 596 : 29

TIPP
Zuerst, was in Klammern steht! Punktrechnung vor Strichrechnung!

LVL **16.** Mit den 5 Ziffern und dem Rechenzeichen + oder · kannst du verschiedene Aufgaben stellen: 283 + 57 oder 835 · 27 oder ... Welche hat
a) das größte Ergebnis, b) das kleinste Ergebnis?

2 3 7 5 8

Division mit Rest

(1)

20 Blumen für 3 Kästen
6 pro Kasten, und 2 bleiben übrig.

(2)

```
 1324 : 6 = 220 + 4 : 6
-12
  12    Probe:  220 · 6
 -12              1320
   04           +    4 Rest
    0             1324
    4 Rest
```

(3)

```
 2000 : 15 = 133 + 5 : 15
-15
  50       Probe: 133 · 15
 -45                133
   50               665
  -45              1995
    5 Rest       +    5 Rest
                   2000
```

Aufgaben

1. a) 615 : 4; 285 : 6 b) 327 : 5; 450 : 7 c) 583 : 7; 973 : 4 d) 856 : 6; 984 : 9 e) 674 : 8; 763 : 9 f) 872 : 6; 598 : 8

2. a) 2 417 : 4; 6 338 : 5 b) 5 782 : 8; 4 715 : 7 c) 6 724 : 30; 4 580 : 60 d) 3 523 : 40; 5 710 : 20 e) 8 512 : 60; 5 728 : 40

3. a) 7 530 : 12; 8 425 : 11 b) 8 786 : 13; 2 519 : 15 c) 1 736 : 12; 2 583 : 11 d) 2 545 : 13; 1 371 : 15 e) 27 741 : 13; 40 038 : 12

4. Einige Aufgaben gehen auf, bei anderen bleibt ein Rest. Die Reste findest du in der Truhe.

a) 621 : 9; 587 : 6 b) 1 295 : 3; 2 048 : 8 c) 7 657 : 13; 3 445 : 12 d) 5 658 : 11; 4 875 : 15
e) 932 : 7; 952 : 8 f) 4 718 : 4; 3 256 : 6 g) 4 349 : 14; 4 128 : 16 h) 1 298 : 19; 3 458 : 18

5. Berechne die Anzahl Packungen und den Rest.
a) 548 Eier verteilt auf 6er-Kartons
b) 349 Paprikaschoten in 3er-Netzen
c) 1 000 Tischtennisbälle in 6er-Schachteln
d) 1 400 Hefte, aufgeteilt in 3er-Packs
e) 5 000 Saftflaschen in 12er-Kisten
f) 2 000 Deutschbücher in 24er-Kartons

Das bleibt alles übrig.

6. 300 Steinplatten werden in 8er-Reihen verlegt. Wie viele Reihen und restliche Platten werden es?

7. Busse, die je 52 Personen aufnehmen können, sollen 2 138 Menschen transportieren.

8. Von einer 300 cm langen Holzleiste werden 35 cm lange Stücke abgesägt. Wie viele Stücke erhält man und wie viel Zentimeter bleiben übrig?

LVL **9.** Hier siehst du nur noch das Ergebnis. Was waren die zugehörigen Divisionsaufgaben?

a) =1232+5:6; =2308+4:9
b) =2562+3:8; =2509+3:7
c) =5328+2:3; =2140+4:6
d) =6744+7:12; =6336+8:14

LVL

Texte lesen, verstehen und bearbeiten

1. Petras Mutter ist Frau Schäfer. Frau Schäfer wohnt in einer 3-Zimmer-Wohnung. Von ihrem Mann lebt sie getrennt. Frau Schäfer arbeitet halbtags im Finanzamt. Gemeinsam mit Frau Schäfer leben in der Wohnung ihre drei Kinder. Sie heißen Tick, Trick und …

a) Wie heißt das dritte Kind von Frau Schäfer?

b) Hat jedes Kind von Frau Schäfer ein eigenes Zimmer?

c) Wie alt sind die Kinder von Frau Schäfer?

Hast du alle Fragen beantwortet? Bevor du mit deinen Nachbarn vergleichst, lies dir bitte die folgende Tabelle durch.

Wichtig für Frage a)	*Wichtig für Frage b)*	*Wichtig für Frage c)*	*Für keine Frage wichtig*
Frau Schäfer ist die Mutter von Petra. Zwei Kinder von Frau Schäfer heißen Tick und Trick.	Frau Schäfer lebt von ihrem Mann getrennt. Sie wohnt mit ihren drei Kindern zusammen. Die Wohnung hat drei Zimmer.		Frau Schäfer arbeitet halbtags im Finanzamt.

Prüfe mit Hilfe der Tabelle, ob du die drei Fragen noch einmal genauso wie oben beantworten würdest. Vergleiche dann deine Antworten mit denen deiner Nachbarn. Begründe bei unterschiedlichen Antworten dein Ergebnis.

2. Maxi hat heute seinen 11. Geburtstag. Er ist der blonde Junge auf dem Bild und heißt mit vollem Namen eigentlich Maximilian. Der 38-jährige Herr Jens Schmidt und dessen 3 Jahre jüngere Frau Babsy Schmidt sind Maxis Eltern.
Höhepunkt des Kindergeburtstages ist der Kinobesuch mit den Eltern. Zwei Kinder, die zum Geburtstag eingeladen sind, befinden sich bei der Aufnahme des rechten Bildes gerade auf der Toilette des Kinos.

a) Welcher Name steht auf Maxis Kinderausweis?

b) Wie viele Kinder sind zum Geburtstag gekommen?

c) Wie alt sind Maxi und seine Eltern zusammen?

d) Wie teuer ist der Eintritt für den Kinobesuch?

TIPP
- Lies Text und Fragen *genau* durch.
- Betrachte das Bild *genau*.
- Lege dir im Heft eine Tabelle wie in Aufgabe 1 an.

LVL

Schwarzwaldhotel

Im Hochschwarzwald liegt das abgebildete Naturhotel, das dem Ehepaar Schuster gehört. Frau Schuster ist 46 Jahre alt, ihr Mann knapp 10 Jahre älter, sein Alter ist eine „Schnapszahl". Als ihr Sohn Michael geboren wurde, war Herr Schuster 32 Jahre alt. Michael wird zum Koch ausgebildet, und zwar in einem 4-Sterne-Hotel im Elsass.
Das Naturhotel Schuster hat 26 Zimmer, davon sind 9 Zimmer Einzelzimmer. Im Hotel gibt es ein Restaurant, das ab 18 Uhr geöffnet ist. Auf der Speisekarte gibt es 5 Vorspeisen, 8 Hauptgerichte und 6 Desserts (sprich „dessär", das ist das französische Wort für Nachspeisen).

1. a) Lies den Text genau durch und betrachte das Bild genau.
b) Lege dir im Heft eine Tabelle mit 3 Spalten und folgenden Überschriften an.

Hotelbesitzer	*Gästezimmer*	*Restaurant*

2. Schreibe alle Informationen, die du dem Text oder dem Bild entnehmen kannst, in die passende Spalte deiner Tabelle im Heft.

3. Schreibe alles auf, was du über Michael weißt.

4. Versuche jetzt zusammen mit deinem Nachbarn oder deiner Nachbarin, die folgenden Fragen zu beantworten. Bei einigen Fragen muss man rechnen, bei anderen nicht.

a) Wie viele Doppelzimmer gibt es im Naturhotel?
Wie viele Gäste können gleichzeitig im Naturhotel übernachten?

b) Wie alt ist Herr Schuster, wie alt ist Michael und wie alt sind alle drei Schusters zusammen?

c) Ein 3-Gang-Menu (sprich „menü") besteht aus Vorspeise, Hauptspeise und Dessert.
Wie viele verschiedene 3-Gang-Menus kann man im Naturhotel essen?
Wie viele Wochen dauert es, bis man jedes Menu einmal gegessen hat (pro Abend ein Menu)?

d) Vom 12.07. bis zum Morgen des 25.07. war das Naturhotel völlig ausgebucht.
Wie hoch waren die Einnahmen aus Übernachtung und Frühstück?

e) In welcher Höhe über dem Meeresspiegel liegt das Hotel?

LVL

Silberranch

1. Dana mietet für ihr eigenes Reitpferd eine Box für ein halbes Jahr. Außerdem nimmt sie in dieser Zeit wöchentlich 3 Reitstunden in der Gruppe.
Reichen die gesparten 1 200 Euro auch noch für eine neue Trense?

2. Danas Freund Timo hat kein eigenes Reitpferd, möchte aber an allen Reitstunden teilnehmen, zu denen sich auch Dana angemeldet hat. Timo hat 350 Euro gespart, den Rest bezahlt seine Oma.
Wie viele Euro sind das?

3. Auf der Silberranch sind 35 Reitpferde zu versorgen. Alle 14 Tage wird das benötigte Futter geliefert.
Wie viel kg Futter lädt der Lieferant alle 2 Wochen für die Reitpferde der Silberranch ab?

Box
für Ihr Reitpferd
129 € pro Monat
incl. Futter und Pflege

Kutschfahrten
Rundfahrt durch die Silberranch,
Dauer ca. 2 Stunden
Einzelfahrt pro Person 3,50 €
Eine Kutsche pauschal (maximal 15 Personen) 42 €

Hufschmied
Hufe beschlagen pro Pferd 45 €

Reitsportbedarf
Sättel Stück 899 €
Trensen Stück 124 €

LVL

4. 12 Reitpferde gehören der Ranch. Von ihnen müssen 8 Tiere neu beschlagen werden, außerdem werden 5 neue Sättel und 6 Trensen benötigt. Alles wird beim Hufschmied besorgt.

Wie hoch ist die Rechnung des Hufschmieds?

5. Auf dem Bild ist die Klasse 5b zu sehen. Die Kinder haben mit ihrer Lehrerin beschlossen, auf dem Wandertag die Silberranch zu besichtigen und auch eine Kutschfahrt zu unternehmen.

Wie viel Euro musste jedes Kind dafür mitbringen?

6. Während der Öffnungszeiten lösen sich Frau Prinz und Herr Mielke an der Kasse ab. Frau Prinz arbeitet den ganzen Sonnabend und von Montag bis Freitag immer bis 15 Uhr, in der übrigen Zeit arbeitet Herr Mielke.
Stundenlohn:
Mo – Fr *9 EUR*
Sa und So *12 EUR*

Wie viel Euro haben die beiden jeweils im letzten Juli verdient? (Du brauchst einen Kalender!)

Informationen
für unsere Besucher:
Ein Reitpferd braucht täglich rund 5 kg Kraftfutter, 6 kg Heu und 3 kg Stroh
Preise für eine Reitstunde
Gruppenunterricht mit eigenem Pferd 4 €
Gruppenunterricht mit Leihpferd 7 €
Einzelunterricht auf Anfrage
Öffnungszeiten
Mo – Fr 9.00 – 20.00
Sa 9.00 – 19.00
So 12.00 – 20.00
Eintrittspreise
Erwachsene 4 €
Kinder bis 14 J. 2 €
Schulklassen pro Schüler 0,50 €
Lehrkraft frei
SILBERRANCH

LVL

Autofahrt nach ...

Familie Liesinger aus Hannover hatte am 4. März ihren Diesel-Kombi genau 5 Jahre. An diesem Tag fuhren sie los, um eine deutsche Stadt eine Woche lang zu besichtigen.

Auf diesem Bild siehst du Familie Liesinger nach dem Auftanken. Sie tankten das Auto so voll wie möglich. Danach fuhren sie sofort los und auf dem kürzesten Weg zu ihrem Ziel.

Auch auf der Rückfahrt haben Liesingers den kürzesten Weg gewählt. In der Besichtigungswoche blieb das Auto auf dem Hotel-Parkplatz, deshalb wurde erst jetzt bei der Rückkehr wieder voll getankt.

TIPP

Lege dir für die Fragen **1.** bis **5.** eine Tabelle an und notiere alle wichtigen Informationen, die du in dem Text und den Bildern findest.

1. Wie viele Kilometer ist Familie Liesinger hin und zurück gefahren?

2. Welche deutsche Stadt hat Familie Liesinger besucht? Betrachte dazu das Foto. Die Entfernungstabelle am Ende dieser Seite kann dir bei deiner Antwort sicherlich auch helfen.

3. Wie viel Liter Diesel verbraucht das Auto der Familie Liesinger ungefähr auf 100 Kilometer?

4. Wie viel kostet ein Liter des getankten Diesels?

5. Wie viele Kilometer sind die Liesingers mit ihrem Auto durchschnittlich in einem Jahr gefahren? Runde die Angabe auf volle 100 Kilometer.

	Berlin	Bonn	Bremen	Dresden	Erfurt	Frankfurt/M	Freiburg	Hamburg	Kiel	Lübeck	München	Rostock	Saarbrücken
⋮													
Hannover	285	316	130	381	219	350	610	154	247	212	627	325	530

1. a) Multipliziere die Zahlen 3 und 15.
b) Dividiere 51 durch 3.
c) Berechne das Produkt der Zahlen 5 und 12.
d) Berechne den Quotienten der Zahlen 56 und 8.

2. a) $\square \cdot 9 = 36$ b) $\square : 7 = 5$
c) $8 \cdot \square = 40$ d) $48 : \square = 12$

3. Eva sagt: „48 : 48 kann ich im Kopf rechnen."

4. a) $7 : 7$; $17 \cdot 0$ b) $13 : 1$; $0 : 24$ c) $12 \cdot 0$; $10 \cdot 1$ d) $0 \cdot 34$; $8 : 0$

5. a) $17 \cdot 100$; $65 \cdot 10$; $212 \cdot 100$ b) $470 : 10$; $2\,500 : 10$; $3\,800 : 100$ c) $120 \cdot 10$; $4\,700 : 10$; $8\,200 : 100$

6. a) $40 \cdot \square = 4\,000$; $200 \cdot \square = 2\,000$ b) $3\,000 : \square = 300$; $50\,000 : \square = 500$

7. a) $8 \cdot (7 + 5)$; $9 \cdot (28 - 19)$ b) $120 : (31 + 9)$; $(17 + 3) \cdot (19 - 12)$

8. a) $3 \cdot 9 + 17$; $48 : 12 + 29$ b) $49 - 120 : 4$; $25 : 5 + 3 \cdot 17$

9. a) $4 \cdot 6 : 12$; $40 : 8 \cdot 5$ b) $48 - 12 - 20$; $50 - 20 : 2 - 8$

10. Wähle einen einfachen Rechenweg.
a) $25 \cdot 39 \cdot 4$ b) $50 \cdot 2 \cdot 88$
c) $40 \cdot 118 \cdot 5$ d) $4 \cdot 67 \cdot 25$

11. a) $(35 + 65) \cdot 7$ b) $(100 - 3) \cdot 9$
c) $48 \cdot 7 - 18 \cdot 7$ d) $50 \cdot 8 - 4 \cdot 8$
e) $6 \cdot 33 + 6 \cdot 17$ f) $73 \cdot 12 - 23 \cdot 12$

12. a) $423 \cdot 5$; $714 \cdot 8$ b) $528 \cdot 40$; $237 \cdot 60$ c) $385 \cdot 15$; $532 \cdot 28$

13. Jochens Nachhilfeunterricht kostet monatlich 145 €. Wie viel ist das in einem Jahr?

14. a) $847 : 7$; $3\,564 : 6$ b) $2\,120 : 40$; $5\,670 : 90$ c) $4\,770 : 15$; $4\,224 : 12$

15. Eine Gruppe von 14 Jugendlichen fährt für insgesamt 490 € zum Musical. Wie viel kostet das für jeden Einzelnen?

Multiplikation
$5 \cdot 6 = 30$
30 ist das *Produkt* der Zahlen 5 und 6.

Division
$30 : 6 = 5$
5 ist der *Quotient* der Zahlen 30 und 6.

Die eine ist die Umkehroperation der anderen. $5 \xrightarrow{\cdot 6} 30$, $30 \xrightarrow{:6} 5$

Rechnen mit Eins und Null
$5 \cdot 1 = 5$ $5 : 1 = 5$ $0 \cdot 5 = 0$ $0 : 5 = 0$
$5 : 5 = 1$ ~~5 : 0~~ (geht nicht!)

Rechnen mit Zehnerzahlen
Multiplikation mit 10, 100, ...:
Man hängt 1, 2, ... Nullen an,
z. B.: $35 \cdot 100 = 3\,500$
Division durch 10, 100, ...:
Man lässt 1, 2, ... Nullen weg,
z. B.: $3\,500 : 10 = 350$

Rechenregeln
- Was in Klammern steht, wird zuerst berechnet. $48 : (17 - 9) = 48 : 8 = 6$
- Punktrechnung (·, :) geht vor Strichrechnung (+, –). $36 : 9 + 5 \cdot 7 = 4 + 35 = 39$
- Sonst wird von links nach rechts gerechnet. $64 - 40 - 7 = 24 - 7 = 17$

Vorteilhaftes Rechnen

$5 \cdot 6 \cdot 2$	$5 \cdot 6 \cdot 2$
$= 5 \cdot 2 \cdot 6$	$= 30 \cdot 2$
$= 10 \cdot 6 = 60$	$= 60$
$4 \cdot 8 + 3 \cdot 8$	$4 \cdot 8 + 3 \cdot 8$
$= (4 + 3) \cdot 8$	$= 32 + 24$
$= 7 \cdot 8 = 56$	$= 56$

Schriftliches Multiplizieren und Dividieren

<u>235 · 27</u>
4700
<u>+ 1645</u>
6345

Überschlag: $\approx 200 \cdot 30 = 6\,000$

945 : 22 = 42 + 21 : 22
<u>– 88</u>
65
<u>– 44</u>
21 Rest

Überschlag: $\approx 900 : 20 = 45$

Probe: <u>42 · 22</u>
840
<u>84</u>
924
<u>+ 21</u> Rest
945

DIAGNOSETEST

1.	Rechne im Kopf:	a) $7 \cdot 15$	b) $72 : 6$
2.	Wie heißt die gesuchte Zahl?	a) $\blacksquare \cdot 8 = 800$	b) $\blacksquare : 4 = 1000$
3.	Rechne schriftlich:	a) $364 \cdot 8$	b) $2013 \cdot 28$
4.	Rechne schriftlich:	a) $296 : 8$	b) $5265 : 13$

5. a) Eine Schule kauft 120 Mathematikbücher zu je 14 €. Wie hoch ist der Rechnungsbetrag?
b) Ein Sportgeschäft zahlt im Einkauf für 45 Jogginganzüge 3 150 €. Wie teuer ist ein Anzug?

Wähle weitere 5 Aufgaben aus

1. a) Verdopple das Produkt der Zahlen 7 und 5.
b) Berechne den dritten Teil der Summe der Zahlen 40 und 20.

2. Rechne vorteilhaft, notiere deinen Rechenweg: a) $4 \cdot 37 \cdot 25$ b) $3 \cdot 27 + 7 \cdot 27$

3. a) Wie alt ist Suses Vater?
b) Wie viele Schwestern hat Suse?
c) Wie alt sind die einzelnen Kinder?

> Suse Schallbruch ist 6 Jahre jünger als eine Schwester von ihr und wohnt mit ihrer Familie in Mannheim. Die Familie besteht aus den beiden Eltern und 4 Kindern. Zwei Brüder von Suse sind Zwillinge im Alter von 10 Jahren. Alle Kinder zusammen sind 40 Jahre alt. Die Eltern sind gleich alt und zusammen 42 Jahre älter als alle Kinder zusammen.

4. Martin hat $660 : 12 = 55$ richtig gerechnet. Berechne damit im Kopf $684 : 12$.
Schreibe für eine Mitschülerin oder einen Mitschüler auf, wie du das im Kopf rechnest.

5. Drei Freunde übernachten in einem Hotel im Dreibettzimmer zu 135 €. Das Frühstück kostet für jeden 7 €. Wie viel hat jeder insgesamt zu zahlen?

6. Die Pension „Alpenblick" bietet Vollpension für 65 € pro Person und Tag an. Wie viel kostet ein 18-tägiger Aufenthalt für 3 Personen?

7. Welchen größten Wert kann das Produkt einer 3-stelligen mit einer 2-stelligen Zahl annehmen?

8. Berechne das Produkt der Zahlen 17 und 5 und das Produkt der Zahlen 24 und 8.
Addiere anschließend beide Ergebnisse.

9. Berechne den Quotienten der Zahlen 95 und 5 und merke dir das Ergebnis. Bilde dann das Produkt der Zahlen 38 und 4 und verringere es anschließend um die gemerkte Zahl.

10. Drei Kinder schenken ihrer Mutter eine Zierpflanze zu 19 € mit einem Blumentopf zu 14 €. Die Kosten dritteln sie. Wie viel zahlt jedes Kind?

11. Zwei Ergebnisse sind falsch, du brauchst nur eine Überschlagsrechnung, um sie zu finden.
$435 \cdot 4 \stackrel{?}{=} 170$ $284 \cdot 5 \stackrel{?}{=} 1420$ $518 : 7 \stackrel{?}{=} 74$ $2016 : 8 \stackrel{?}{=} 22$

12. Welche dieser Zahlen sind Quadratzahlen? 15 36 40 81 90 160

5

Zeichnen und Konstruieren

Gerade

Was ich hier mache? Ich zeichne eine Gerade, das sieht man doch!

Eine **Gerade** ist eine gerade Linie ohne Anfang und ohne Ende.

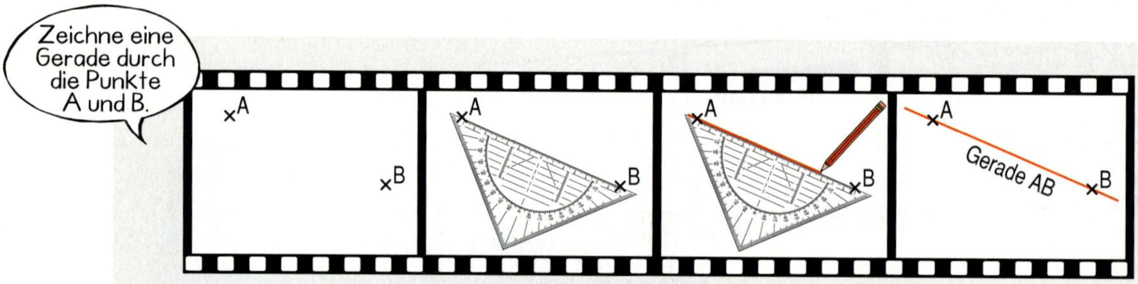

Aufgaben

1. Erzeuge auf einem Stück Papier ohne Lineal eine Gerade.

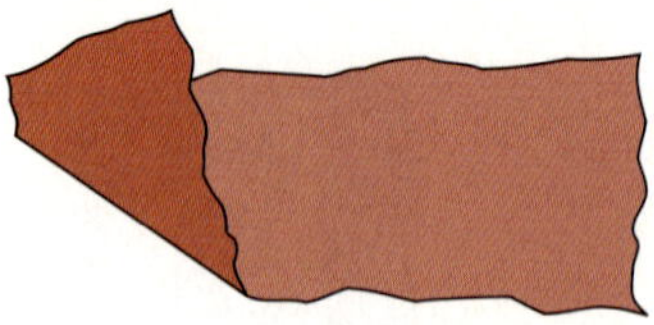

2. Zeichne zwei Punkte A und B und mehrere Geraden, die durch einen Punkt oder beide Punkte verlaufen. Wie viele Geraden kannst du durch A zeichnen, wie viele durch B, wie viele durch A und B?

3. a) Übertrage die Punkte ins Heft. Verbinde je zwei durch eine Gerade. Wie viele Geraden erhältst du?

b) Lege vier Punkte so, dass es weniger Verbindungsgeraden gibt als in a).

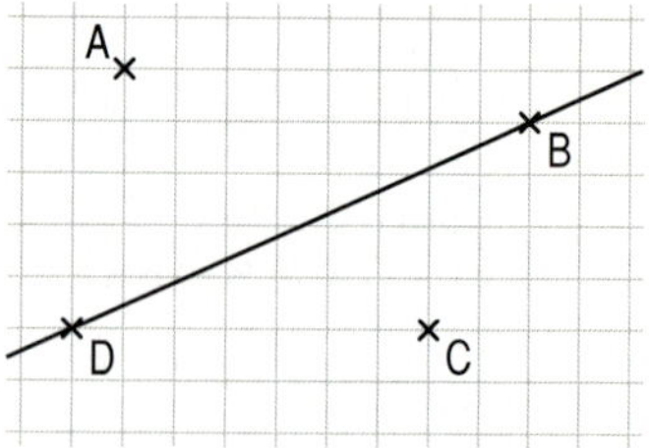

4. Zeichne vier Geraden so, dass zwei Schnittpunkte außerhalb deines Heftes liegen.

5. Welche der Linien a, b, c, d sind Geraden? Überprüfe mit dem Geodreieck.

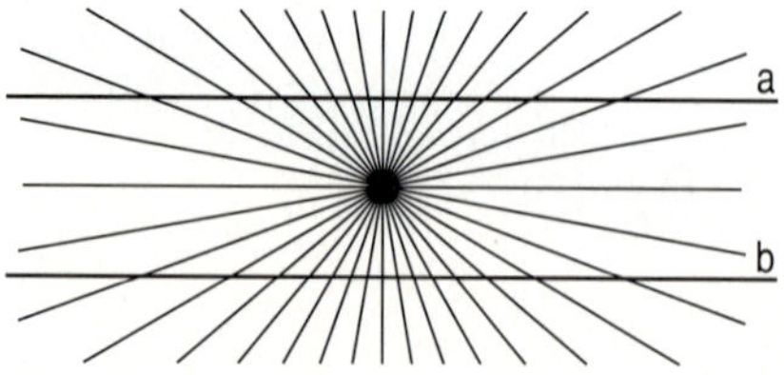
a
b

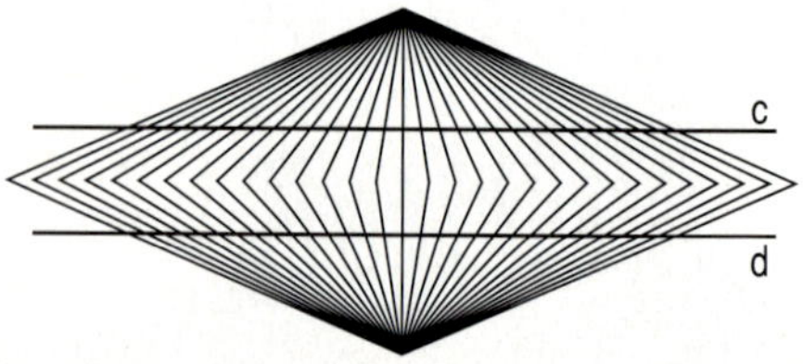

Strecke und Strahl [1]

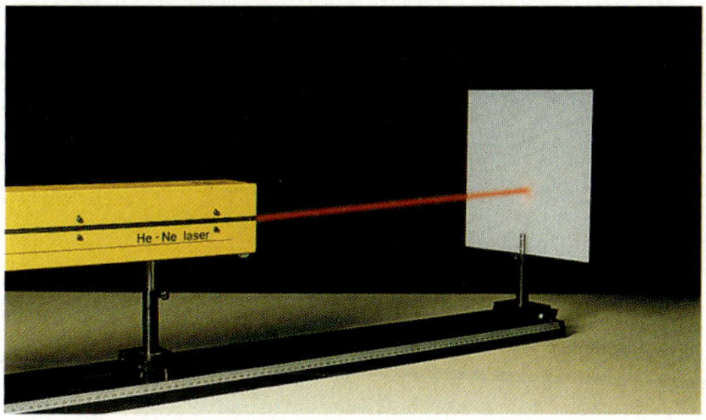

Eine **Strecke** ist eine gerade Linie mit zwei Endpunkten.
Ein **Strahl** ist eine gerade Linie mit einem Anfangspunkt, aber ohne Endpunkt.

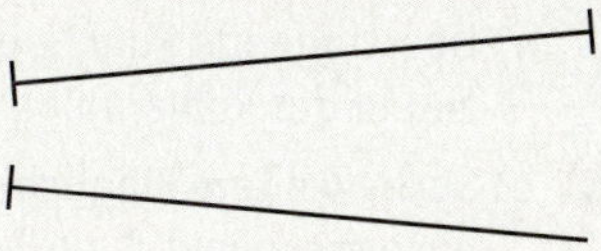

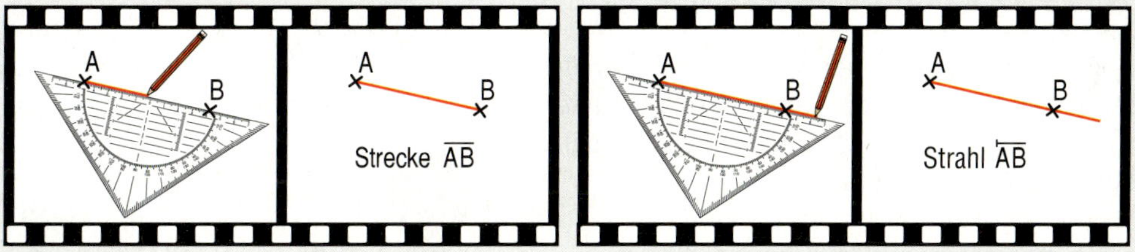

Aufgaben

1. a) Übertrage ins Heft und zeichne die Strecken $\overline{AB}$, $\overline{BD}$ und $\overline{CD}$.
b) Insgesamt gibt es sechs Strecken mit den Punkten A, B, C und D als Endpunkte. Zeichne die fehlenden Strecken und schreibe sie auf.

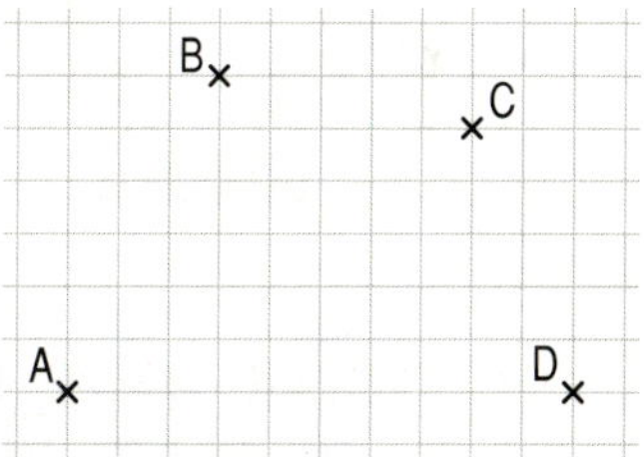

2. Übertrage die Punkte noch einmal und zeichne die Strahlen $\overrightarrow{AC}$, $\overrightarrow{DA}$, $\overrightarrow{CB}$ und $\overrightarrow{BD}$.

3. Wie viele verschiedene Strahlen mit einem gegebenen Punkt A als Anfangspunkt gibt es?
Wie viele verschiedene Strahlen gibt es, die A als Anfangspunkt haben und durch einen anderen auch vorher festgelegten Punkt B gehen?

LVL **4.** Vergleiche die Länge der roten und der grünen Strecke. Schätze zuerst, dann miss.
Zeichne selbst.

a)

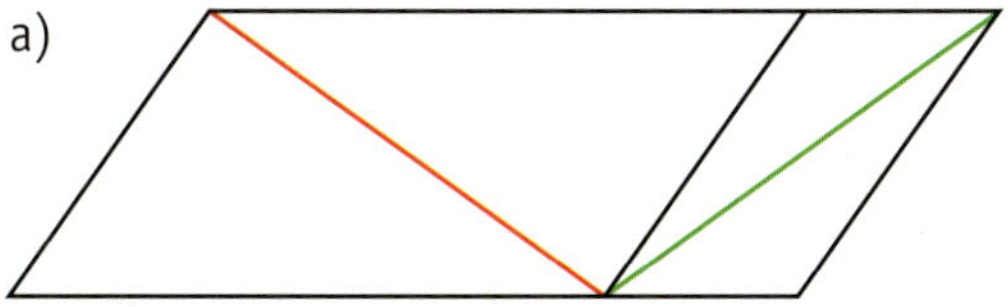

b)

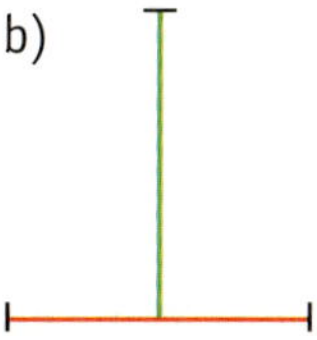

c)

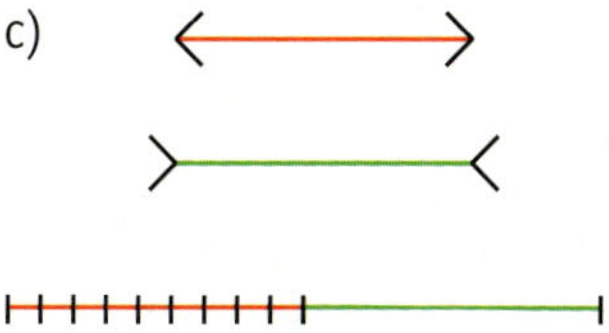

1) Strahlen nennt man auch *Halbgeraden*.

Vermischte Aufgaben

1. Welche dieser Linien sind Geraden, welche sind Strecken und welche sind Strahlen?

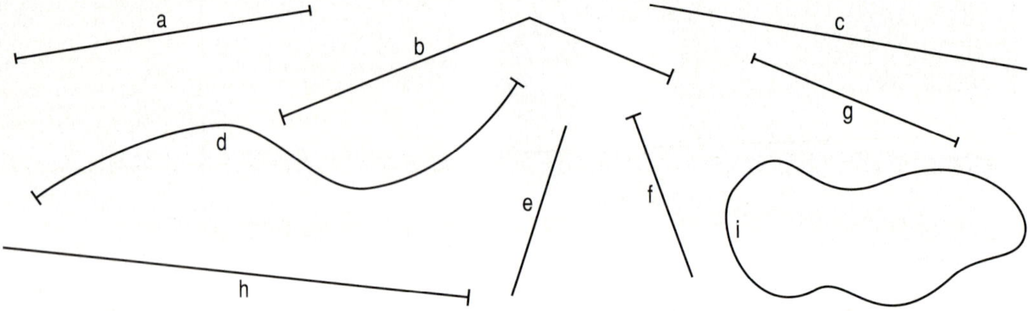

2. a) Übertrage die Punkte und verbinde sie mit einem Streckenzug in der Reihenfolge A, B, D, C, A.

LVL b) Suche weitere Möglichkeiten, mit einem Streckenzug zum Ausgangspunkt A zurückzukehren. Jeder Punkt darf nur einmal durchlaufen werden.

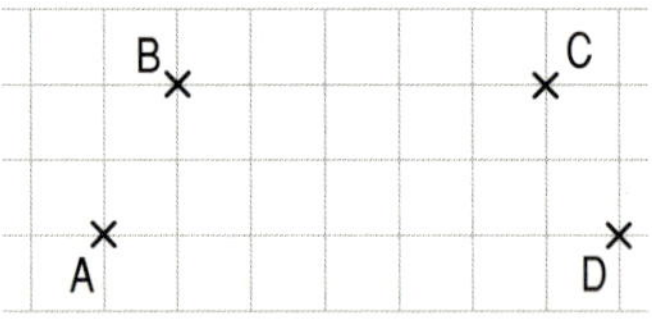

3. Übertrage die Karte ins Heft und finde den Schatz:
„Gehe vom Fuß der hohen Eiche in Richtung des Wasserfalles und von der Höhle in Richtung der Turmruine. Der Schatz ist am Schnittpunkt beider Strecken vergraben."

4. a) Zeichne das Muster mit dem Geodreieck.

LVL b) Setze es bis zum Heftrand fort und färbe es. Erfinde selbst solche Muster.

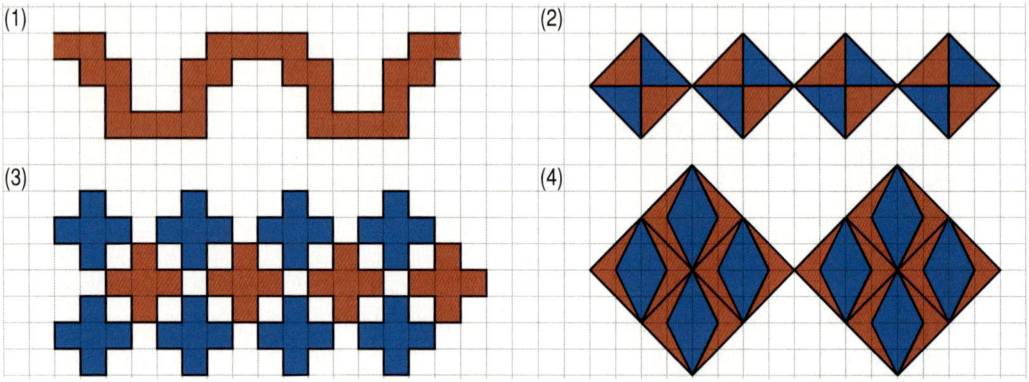

LVL **5.** Das „Haus des Nikolaus".

a) Übertrage die Punkte ins Heft und zeichne die Strecken $\overline{AB}$, $\overline{BC}$, $\overline{CD}$, $\overline{ED}$, $\overline{AE}$, $\overline{AC}$, $\overline{BE}$ und $\overline{CE}$.

b) Miss und notiere alle Strecken im *„Haus des Nikolaus"*.

c) Versuche das Haus des Nikolaus zu zeichnen, ohne den Stift abzusetzen. Jede Strecke darf nur einmal gezeichnet werden. Suche verschiedene Möglichkeiten. An welchen Punkten kannst du beginnen?

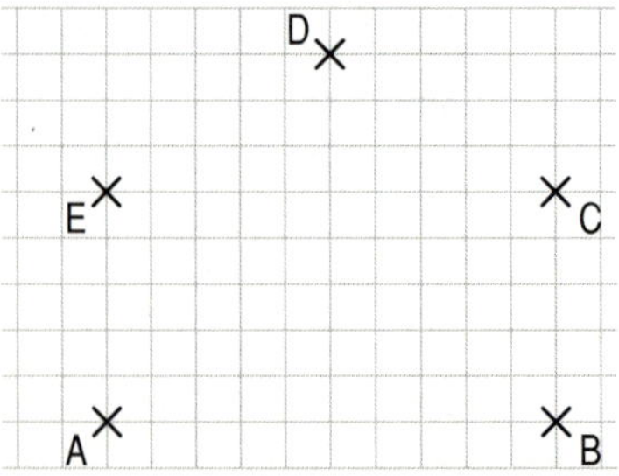

Senkrecht

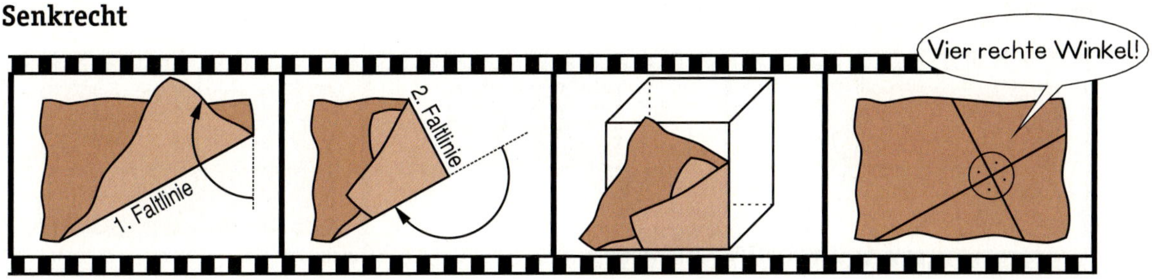

Zwei zueinander **senkrechte** Geraden a und b schließen einen rechten Winkel ein.
a ist senkrecht zu b: $a \perp b$, b ist senkrecht zu a: $b \perp a$.

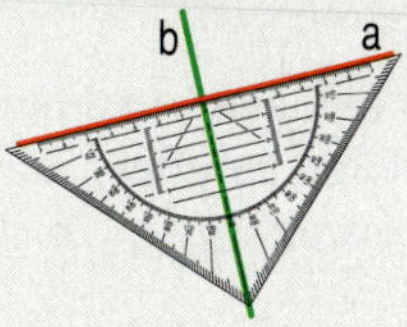

Zeichne die Senkrechte zur Geraden g durch den Punkt P.

(1) P liegt auf g.

(2) P liegt nicht auf g.

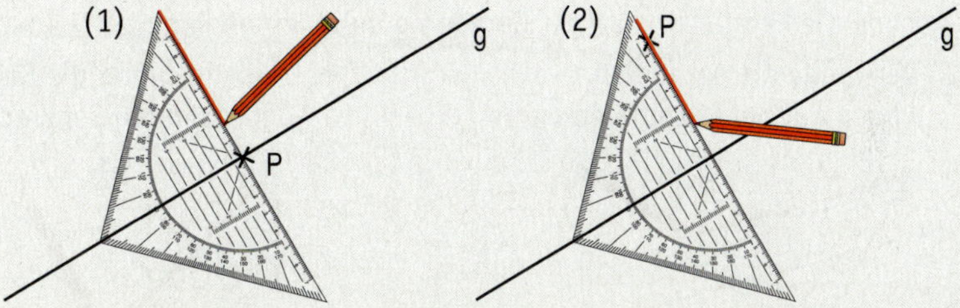

Aufgaben

LVL **1.** Arbeite und sprich auch mit deinen Mitschülern darüber:

a) Warum wird beim Hausbau häufig so gebaut, dass zueinander senkrechte Kanten entstehen?

b) Nenne Beispiele aus deiner Umwelt für zueinander senkrechte Linien.

c) Suche in deinem Klassenzimmer nach zueinander senkrechten Linien. Überprüfe mit dem Geodreieck.

2. Zu welchen vollen Stunden stehen die Zeiger einer Uhr senkrecht zueinander?

3. Übertrage ins Heft. Zeichne die Senkrechten zu g durch die Punkte P, Q und R.

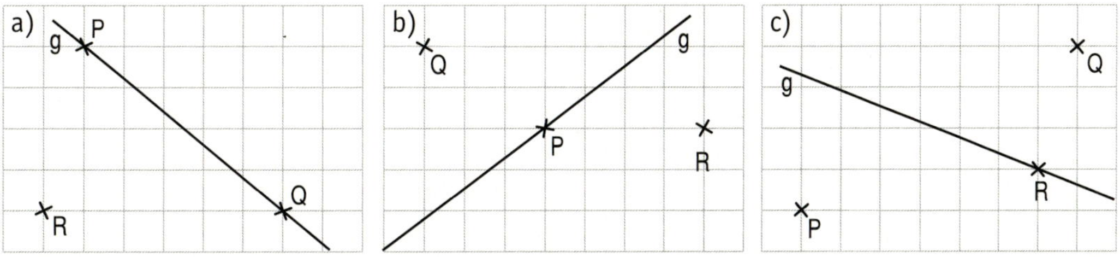

Parallel

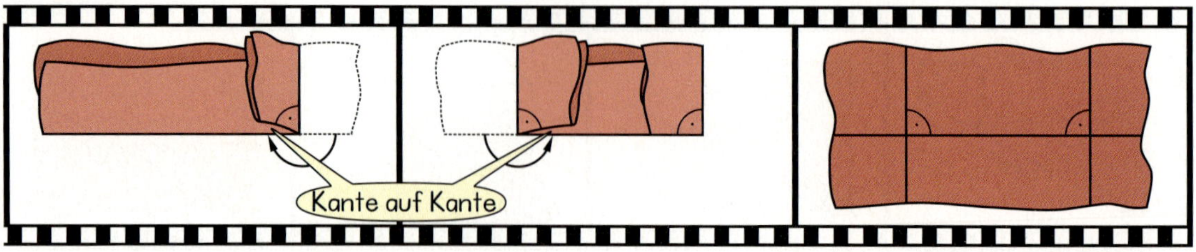

Zwei Geraden a und b, die beide senkrecht zu einer Geraden g sind, verlaufen **parallel** zueinander.
a ist parallel zu b (Zeichen: a ∥ b), b ist parallel zu a (b ∥ a)

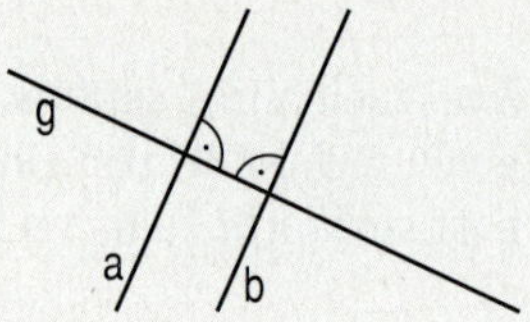

Zeichne die Parallelen zu einer Geraden g durch einen Punkt P.

a) Verwende die parallelen Linien auf dem Geodreieck.

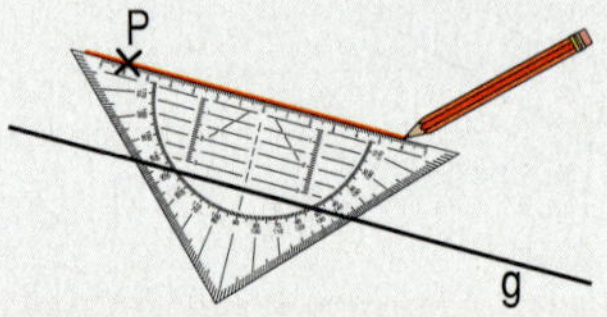

b) Zeichne zuerst die Senkrechte h durch P zu g und dann die Senkrechte durch P zu h.

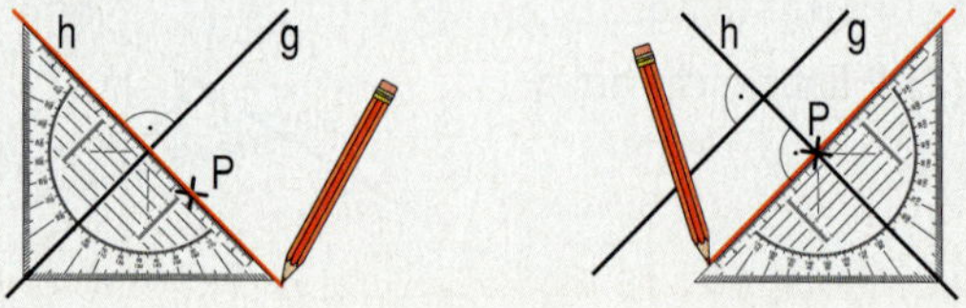

Aufgaben

1. Suche in der Zeichnung nach zueinander parallelen Geraden. Prüfe mit dem Geodreieck nach.

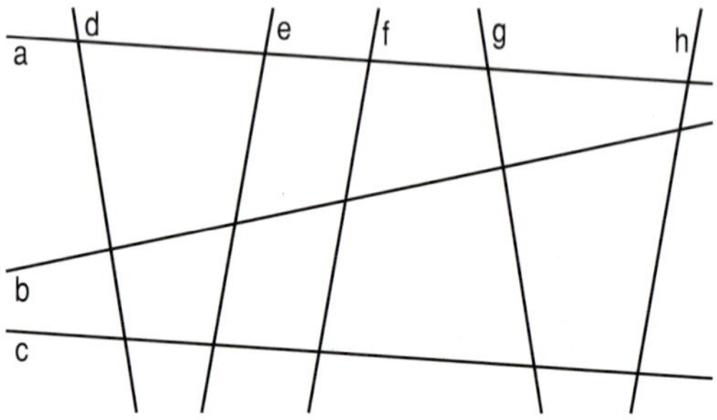

2. Nenne Beispiele aus deiner Umwelt für zueinander parallele Linien.

3. Suche in deinem Klassenzimmer nach zueinander parallelen Linien. Mit welchen Hilfsmitteln kannst du die Parallelität überprüfen?

4. Übertrage ins Heft. Zeichne die Parallelen zu g durch P, Q und R.

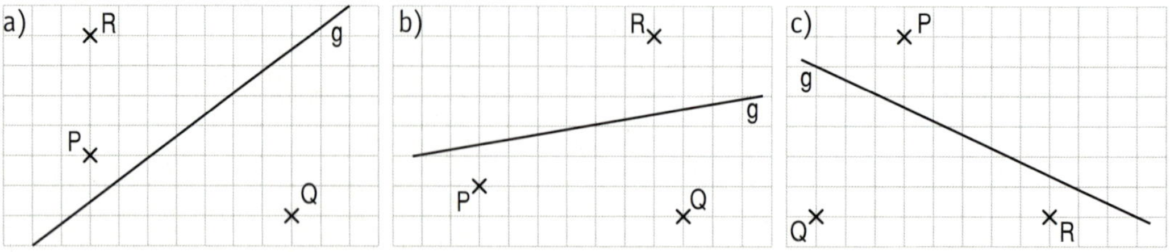

LVL **5.** Zeichne eine Gerade und dazu 5 parallele und 5 senkrechte Geraden. Welche Figuren entstehen?

Abstand

Der Abstand des Punktes P von der Geraden g
ist die Länge der Strecke $\overline{PQ}$ auf der Senkrechten zu g.
Parallele Geraden haben überall denselben Abstand voneinander.

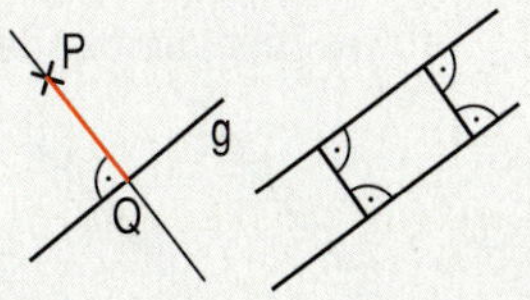

Zeichne einen Punkt P. Er soll 4 cm *Abstand* von der Geraden g haben.

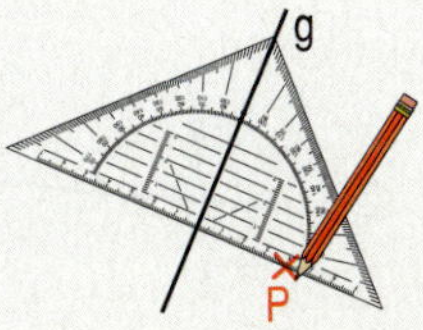

Zeichne eine Gerade h. Sie soll 4 cm *Abstand* von der Geraden g haben.

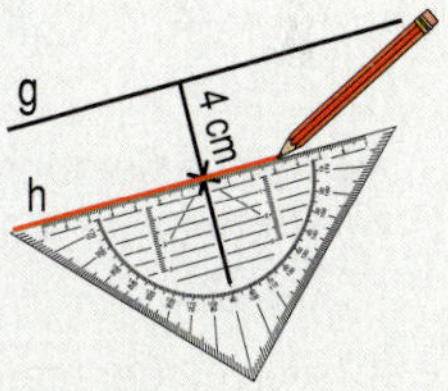

Aufgaben

1.

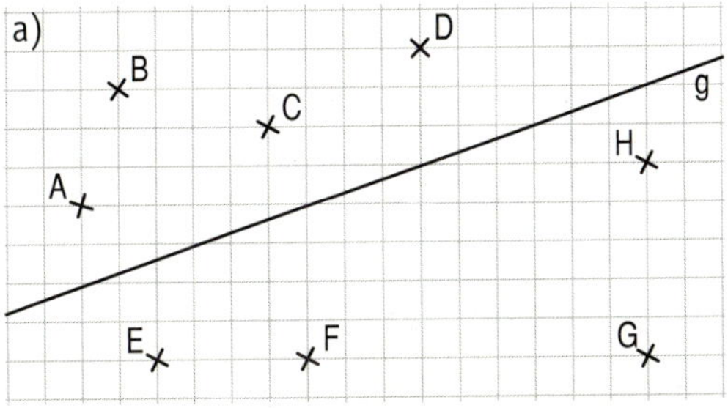

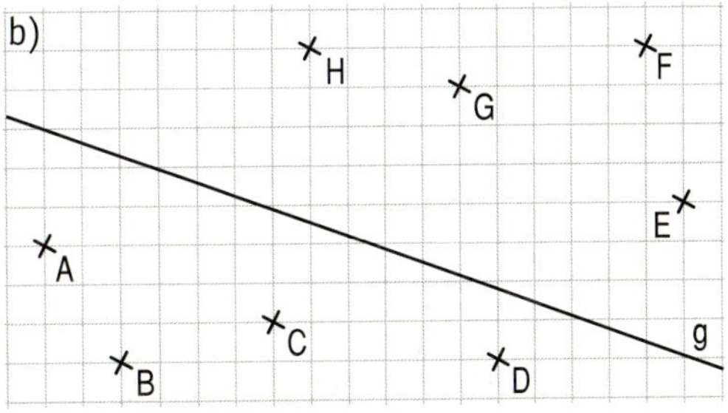

Übertrage ins Heft. Bestimme die Abstände der Punkte von der Geraden g.

2. Übertrage die Schatzkarte ins Heft und finde den Schatz. Er liegt im hellgrünen Feld. „Der Schatz ist in einem Abstand von genau 50 m zum Wanderweg vergraben, zur Waldschneise hat er einen Abstand von genau 100 m."

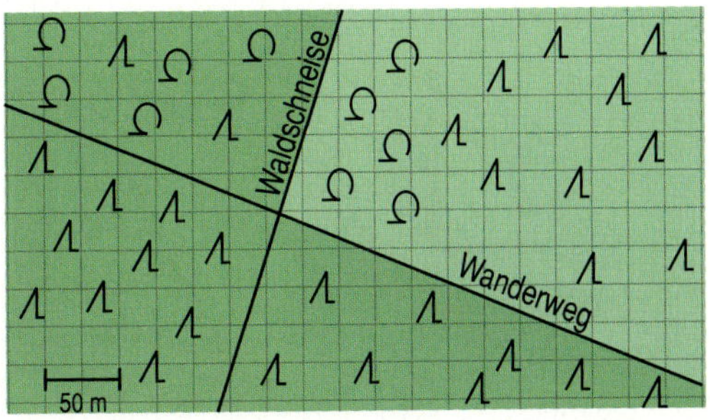

3. Zeichne eine Gerade a und zwei Parallelen zu a im Abstand von 3 cm.

Vermischte Aufgaben

1. Zeichne mit dem Geodreieck eine Mauer, eine Leiter, einen Jägerzaun.

2. Gibt es hier zueinander parallele oder senkrechte Linien? Prüfe mit dem Geodreieck.

(1)

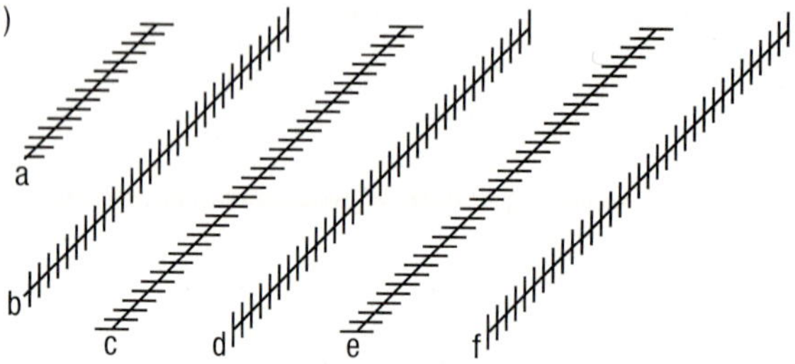

(2)

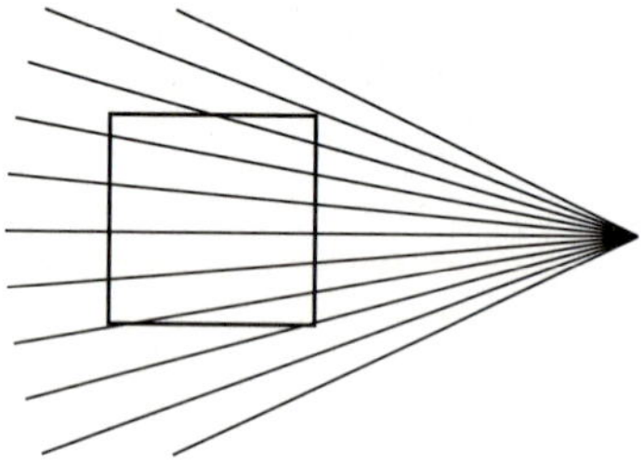

3. a) Welche Geraden sind zueinander parallel? (Notiere so: ■ ∥ ■.) Prüfe mit dem Geodreieck.

b) Welche Geraden sind zueinander senkrecht? (Notiere so: ■ ⊥ ■.) Prüfe mit dem Geodreieck.

c) Miss den Abstand, den die Parallelen voneinander haben.

d) Kemal sagt: „b und c sind parallel, denn sie schneiden sich nicht." Hat er Recht?

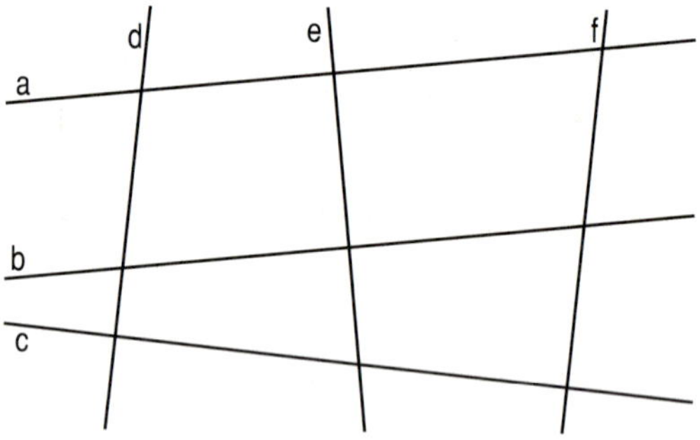

4. Ein Senkrechtstarter hebt auf einer Bergwiese ab.

a) Startet er senkrecht zur Bergwiese?

b) Fertige eine Skizze an, wie ein Start senkrecht zur Wiese sein müsste.

LVL **5.** a)

b)

c)

d)

Rechteck und Quadrat

Ein **Rechteck** ist ein Viereck mit vier rechten Winkeln.
In jedem Rechteck sind die gegenüberliegenden Seiten gleich lang und parallel.

Ein **Quadrat** ist ein Rechteck, in dem alle vier Seiten gleich lang sind.

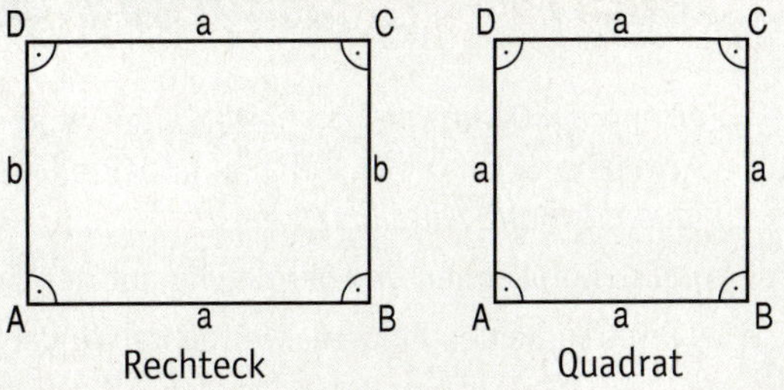

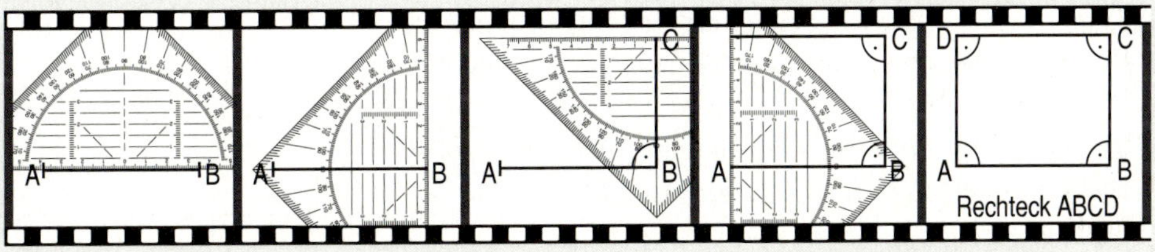

Aufgaben

1. Zeichne mit dem Geodreieck ein Rechteck mit den angegebenen Seitenlängen.

a) a = 4 cm, b = 6 cm b) a = 7 cm, b = 3 cm c) a = 5 cm, b = 5 cm d) a = 5,8 cm, b = 3,9 cm e) a = 7,2 cm, b = 7,1 cm f) $\overline{AB}$ = 6 cm, $\overline{BC}$ = 5 cm

2. Zeichne ein Quadrat mit der Seitenlänge a. a) a = 4 cm b) a = 5,4 cm c) $\overline{AD}$ = 5,3 cm

3. Nenne fünf Gegenstände a) mit rechteckigen Flächen, b) mit quadratischen Flächen.

4. a) Welche Vierecke sind keine Rechtecke? Begründe.
b) Welche Rechtecke sind zugleich Quadrate?

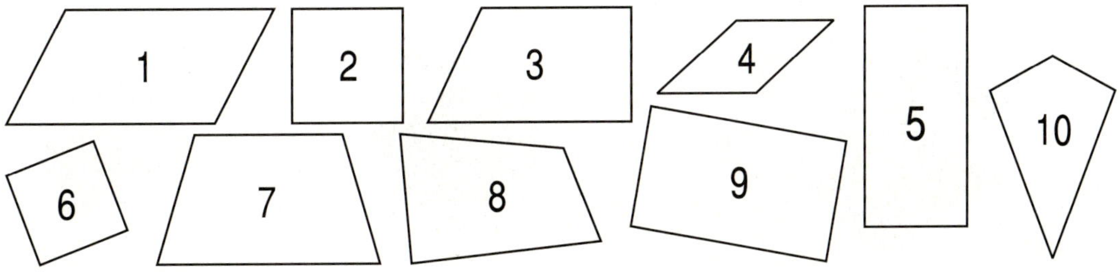

LVL **5.** Karin bastelt einen Futterplatz für Vögel. Dazu muss sie in der Mitte einer rechteckigen Platte ein Loch bohren. Wie kann sie diesen Punkt finden?

6. Zeichne ein Quadrat (5 cm Seitenlänge) und ein Rechteck (5 cm lang, 4 cm breit). Zeichne in beide Figuren die *Diagonalen* und *Mittellinien* ein.

a) Miss ihre Längen und vergleiche mit den Seitenlängen.

b) Prüfe in beiden Figuren, wo rechte Winkel sind.

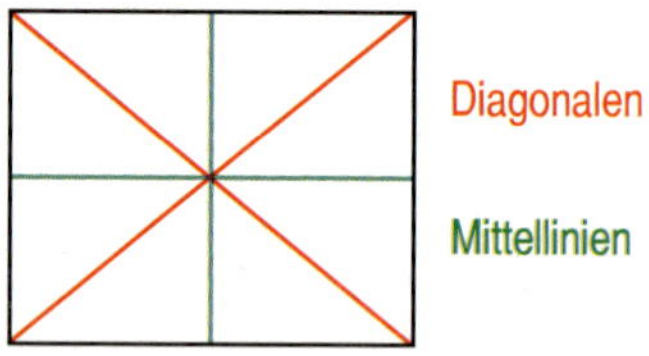

7. Zeichne das Fußballfeld maßstabsgerecht in dein Heft (1 cm für 10 m).

a) Finde mithilfe der Diagonalen den Anstoßpunkt.

LVL b) Es gibt noch andere Möglichkeiten, den Anstoßpunkt zu finden. Führe eine davon an einer neuen Zeichnung des Fußballfeldes aus.

c) Beim Training sprinten die Spieler von Eckfahne A zu Eckfahne C. Miss die Strecke, wie lang ist sie in Wirklichkeit?

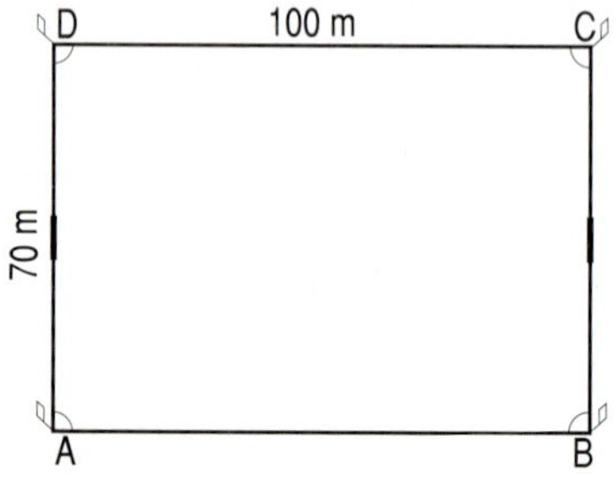

LVL **8.** Bastele dir Umschläge, z. B. für Briefe und CDs. Du brauchst vier Quadrate, Seitenlänge: 15 cm.

a) Falte jedes Quadrat längs einer Mittellinie.

b) Nun stecke die Quadrate ziegelartig ineinander und klebe den Boden des Umschlages zusammen. Arbeite an den Ecken genau, es müssen rechte Winkel entstehen.

c) Jetzt schließe den Umschlag, indem du die gefalteten Laschen wieder ineinander steckst.

d) Zum Schluss knicke die 4 Quadrate des Deckels entlang ihrer Diagonale. Diese Dreiecke stehen hoch und geben der Hülle den richtigen Pfiff.

festes Papier
Lineal
Klebstoff
Schere

a)

b)

c)

d)

Parallelogramm und Raute

Ein **Parallelogramm** ist ein Viereck, in dem gegenüberliegende Seiten parallel sind. Gegenüberliegende Seiten sind gleich lang.

Eine **Raute** ist ein Parallelogramm, in dem alle vier Seiten gleich lang sind.

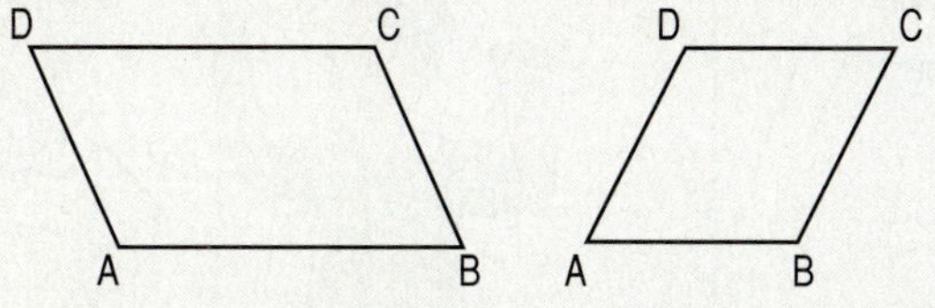

Parallelogramm Raute

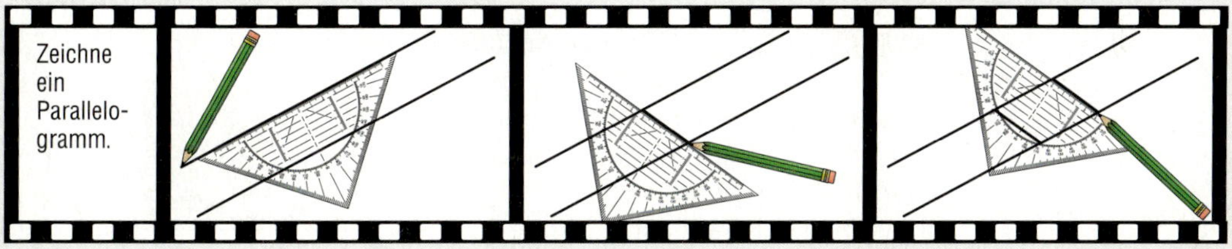

Aufgaben

1. a) Zeichne mit dem Geodreieck zwei Parallelstreifen (Breite 4 cm und 2,5 cm) so, dass sie einmal ein Parallelogramm (kein Rechteck) und einmal ein Rechteck bilden.

b) Zeichne mit zwei gleich breiten Streifen (Breite 5 cm) eine Raute und ein Quadrat.

2. Welche dieser Vierecke sind keine Parallelogramme, welche Parallelogramme sind auch Rauten?

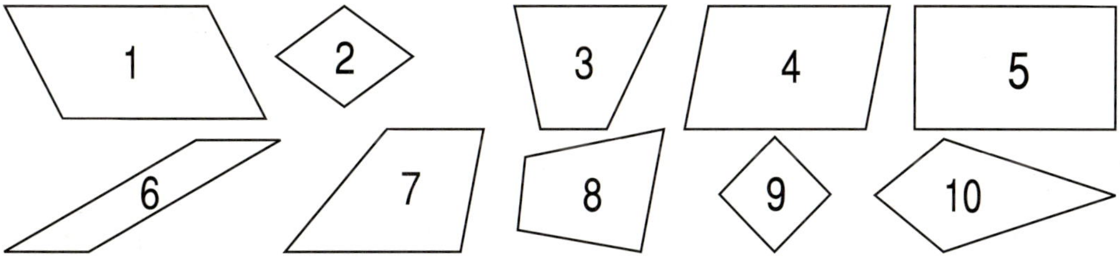

3. Prüfe folgende Behauptungen für Parallelogramm und Raute mit dem Geodreieck.

a) Die Diagonalen sind gleich lang.

b) Die Diagonalen halbieren sich gegenseitig.

c) Die Diagonalen sind senkrecht zueinander.

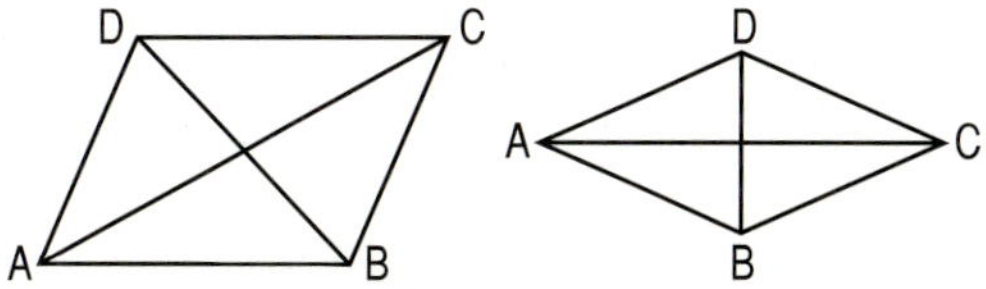

LVL **Stadtrallye**

1.

2. Vom Wasserturm sollen die Kinder durch die Königstraße gehen und ein Gebäude mit vier Säulen suchen.
In welchem Quadrat liegt es? Notiert werden muss der 4. Buchstabe der Sehenswürdigkeit.

3. Schon von weitem ist die Kirche mit den beiden hohen Kirchtürmen zu sehen.
Durch welche Straßen gelangen die Kinder zu der Kirche?
Gesucht ist der 4. Buchstabe des Platzes, auf dem die Kirche steht.

4. Von der Kirche müssen die Kinder 300 m die Braunstraße entlang gehen.
Vor welchem Gebäude stehen sie dann?
Der 1. Buchstabe ist gefragt.

LVL

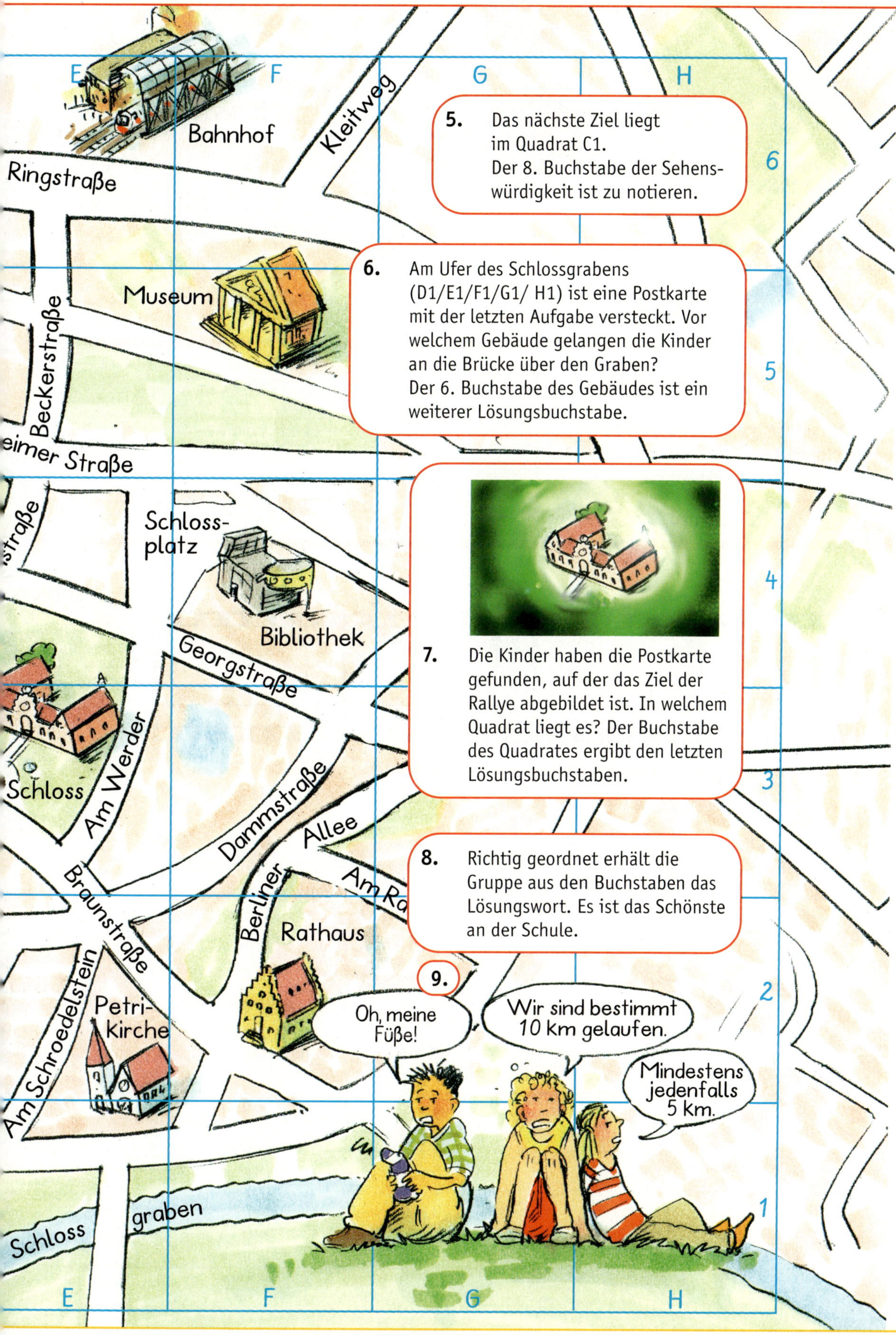

5. Das nächste Ziel liegt im Quadrat C1. Der 8. Buchstabe der Sehenswürdigkeit ist zu notieren.

6. Am Ufer des Schlossgrabens (D1/E1/F1/G1/ H1) ist eine Postkarte mit der letzten Aufgabe versteckt. Vor welchem Gebäude gelangen die Kinder an die Brücke über den Graben? Der 6. Buchstabe des Gebäudes ist ein weiterer Lösungsbuchstabe.

7. Die Kinder haben die Postkarte gefunden, auf der das Ziel der Rallye abgebildet ist. In welchem Quadrat liegt es? Der Buchstabe des Quadrates ergibt den letzten Lösungsbuchstaben.

8. Richtig geordnet erhält die Gruppe aus den Buchstaben das Lösungswort. Es ist das Schönste an der Schule.

9.

Quadratgitter

SPIELREGELN FÜR „SCHATZSUCHE"

1. Jeder Spieler versteckt an vier Punkten Schatzkisten.
2. Abwechselnd wird geraten.
3. Wer einen Schatz oder einen Nachbarpunkt trifft, darf weiterraten.

Legt man in einem Quadratgitter (z. B. Rechenheftkaros) eine **Rechtsachse** und eine **Hochachse** fest, dann kann man die Lage eines Punktes durch ein Zahlenpaar beschreiben.

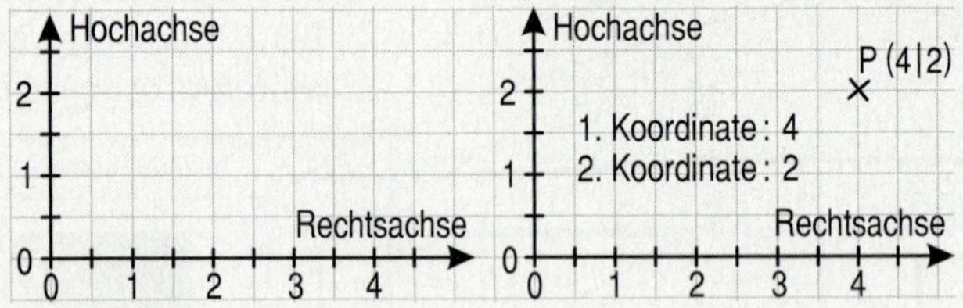

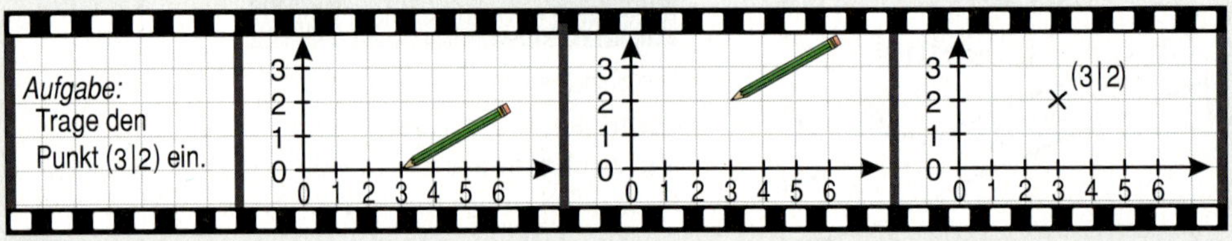

TIPP
Erst rechts, dann hoch.

Aufgaben

1. Lege im Rechenheft eine Rechts- und eine Hochachse fest. Wähle als Gittereinheit 1 cm (2 Kästchen). Trage die Punkte ein. Verbinde sie in der angegebenen Reihenfolge zu einem Viereck. Welches Viereck entsteht?

a) A(1|1) B(7|1) C(7|4) D(1|4)
b) A(7|5) B(12|5) C(13|8) D(8|8)
c) A(9|9) B(12|9) C(12|12) D(9|12)
d) A(7,5|2) B(10|0) C(12,5|2) D(10|4)
e) A(2|5) B(4|7) C(2|9) D(0|7)
f) A(3|10) B(7|8) C(7|11) D(3|13)

2. Übertrage die Figuren ins Heft und gib die Koordinaten ihrer Eckpunkte an.

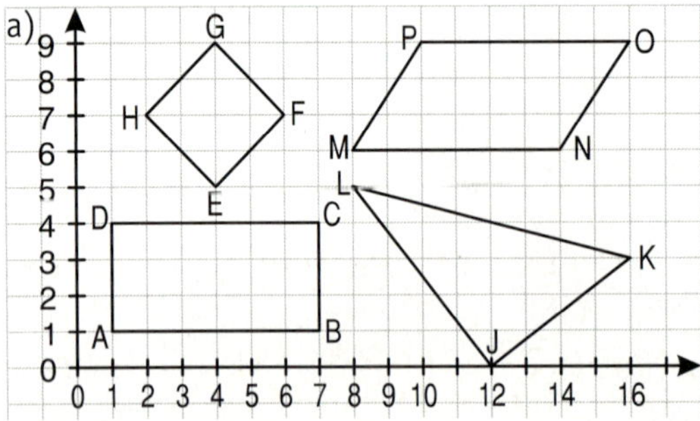

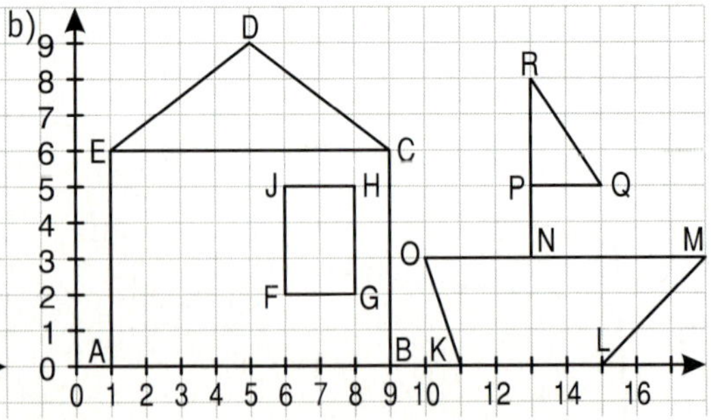

Bleib FIT!

Die Ergebnisse der Aufgaben 1 bis 8 ergeben zwei Ausflugsziele in Niedersachsen.

1. Berechne.
a) 26 + 234 + 48
b) 138 + 58 − 25
c) 456 − 123 − 87
d) 332 + 124 − 87 + 39

2. Berechne.
a) 252 : 7
b) 384 : 24
c) 372 : 6
d) 34 · 5

3. Manuel kauft 2 Pizzas zu je 2,40 €, 3 Eisbecher zu je 1,25 € und 4 Tafeln Schokolade zu je 0,65 €.
Wie viel € muss er bezahlen?

4. In Niedersachsen gibt es rund 3 000 allgemein bildende Schulen.
Wie viele sind es wenigstens?
Wie viele sind es höchstens?

5. Uwe hat 240 Euro gespart. Berechne.
a) ein Drittel = ▒ €
b) die Hälfte = ▒ €
c) das Dreifache = ▒ €
d) den 5. Teil = ▒ €

6. Beachte die Rechenregeln.
a) 6 · 12 + 81 : 9
b) 200 − 125 : 5
c) (200 − 125) : 5
d) 6 · (81 + 18) : 9

7. a) Aus einem Stück Draht soll ein Würfelmodell mit 6 cm Kantenlänge geschnitten werden. Wie viel cm ist der Draht mindestens lang?
b) Welcher Körper besteht aus einer quadratischen Fläche und vier dreieckigen Flächen?
Würfel (10) Pyramide (20) Prisma (30)
c) Welcher Körper hat nur eine Ecke?
Kegel (40) Pyramide (50) Prisma (60)

8. Wie heißt die gesuchte Zahl?
a) Wenn ich meine gedachte Zahl mit drei multipliziere und vom Ergebnis 11 subtrahiere, erhalte ich 58.
b) Wenn ich meine Zahl durch 6 dividiere und zum Ergebnis 27 addiere, erhalte ich 99.

10	S
11,15	E
11,88	F
12,23	P
15	D
16	N
20	M
23	E
36	E
40	E
48	N
60	D
62	M
66	E
72	R
80	T
81	H
120	E
170	E
171	A
175	U
246	T
308	W
408	T
432	R
720	I
2 500	R
2 950	S
3 499	S
3 500	O

Spiegeln

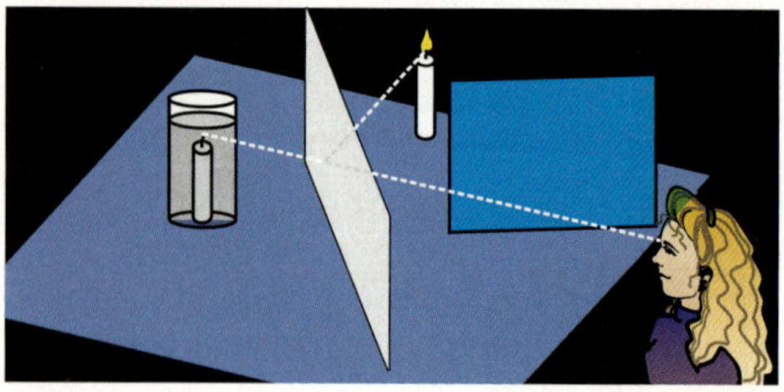

Bei der **Achsenspiegelung** ist die Verbindungsstrecke $\overline{AA'}$ zwischen Original- und Bildpunkt **senkrecht** zur **Spiegelachse** und wird von ihr **halbiert.**

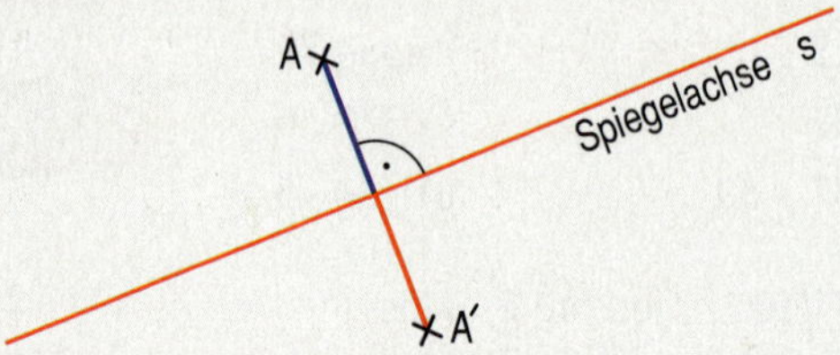

TIPP

Aufpassen: Die blaue und die rote Strecke müssen gleich lang sein.

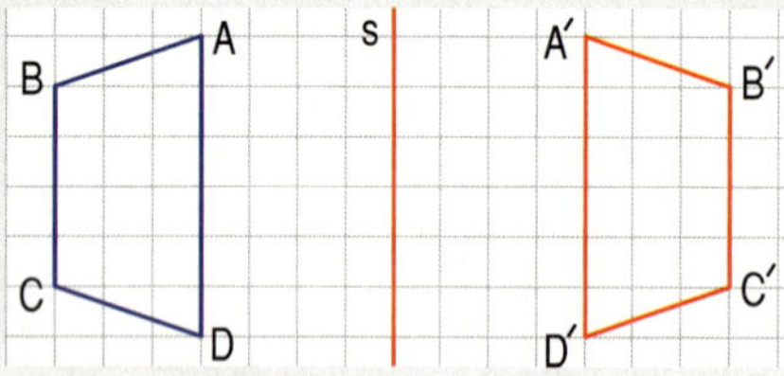

Spiegeln im Quadratgitter

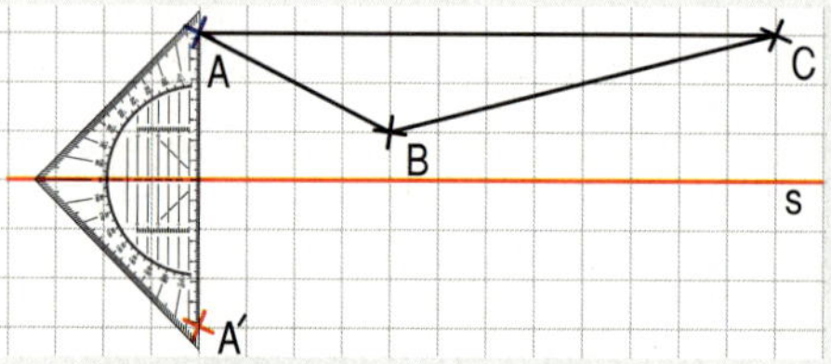

Spiegeln mit dem Geodreieck

Aufgaben

1. Übertrage in ein Quadratgitter und spiegele an der roten Geraden s.

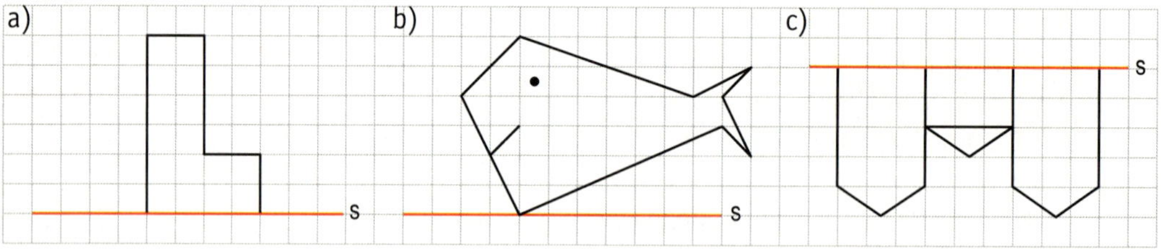

2. Übertrage ins Heft. Zeichne die Gerade ein, an der gespiegelt wurde.

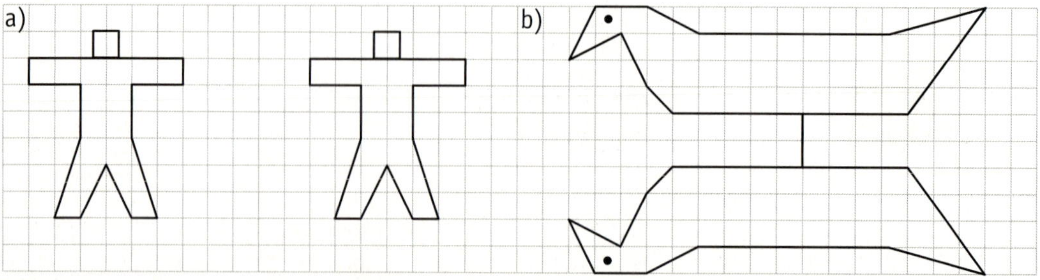

Achsensymmetrische Figuren

Eine Figur ist **achsensymmetrisch,** wenn man durch sie eine Gerade **(Symmetrieachse)** zeichnen kann, sodass die eine Seite der Figur Spiegelbild der anderen ist.

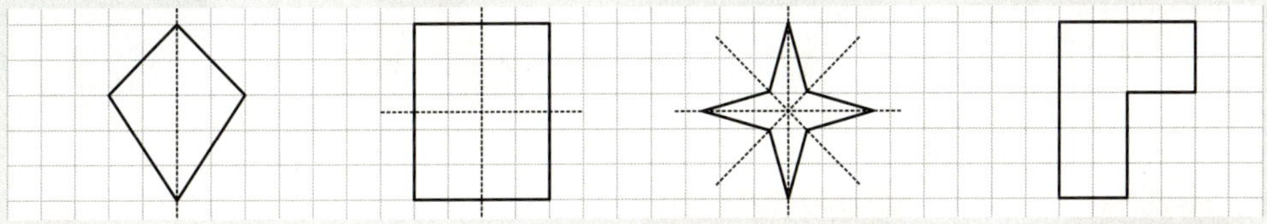

Aufgaben

1. Welche Figur ist achsensymmetrisch? Wie viele Symmetrieachsen hat sie?

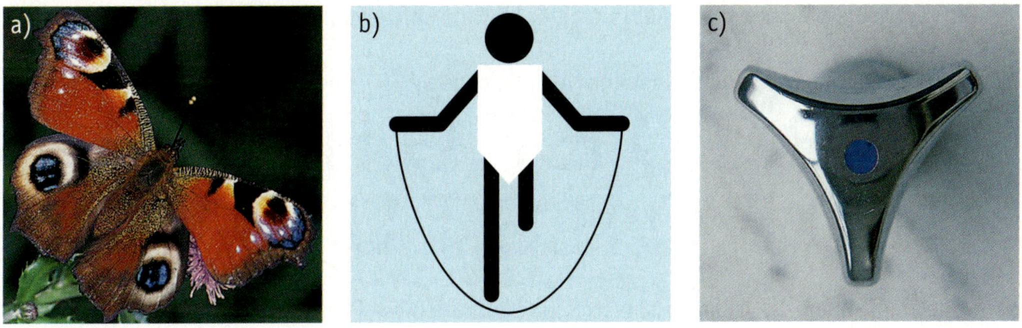

2. Übertrage die Figur ins Heft und ergänze sie zu einer achsensymmetrischen Figur. Die Gerade s ist Symmetrieachse.

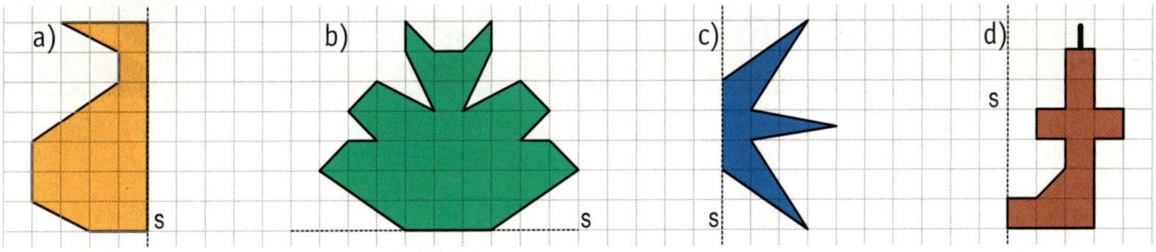

LVL **3.** Zeichne mit Farben auf Karopapier eine Hälfte einer Figur. Lasse sie von deinem Nachbarn zu einer achsensymmetrischen Figur ergänzen.

LVL **4.** a)

b)

c)

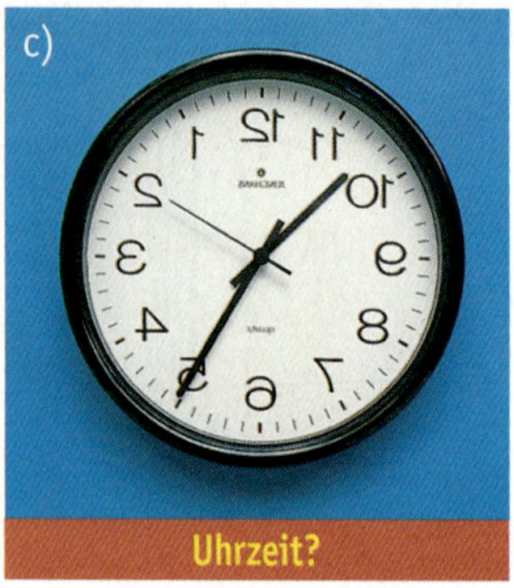

5. Übertrage die Figur ins Heft und zeichne alle Symmetrieachsen ein.

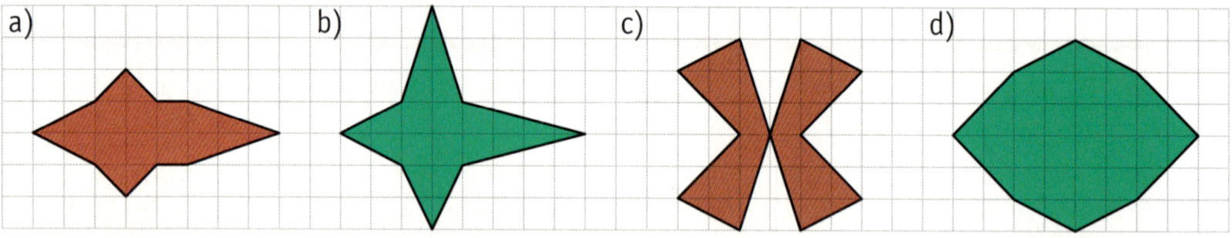

6.

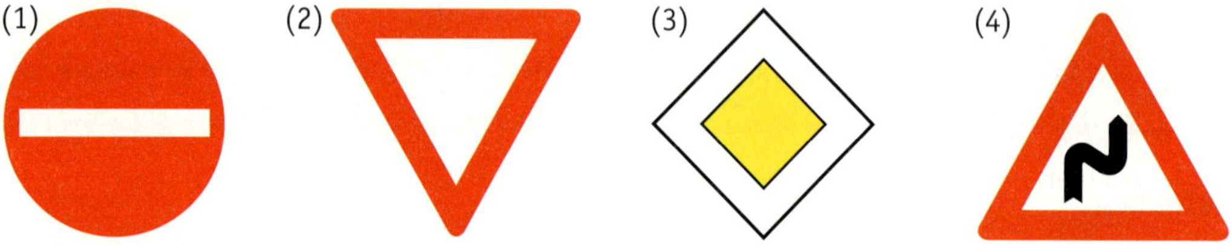

a) Eines der Verkehrsschilder ist *nicht* achsensymmetrisch. Welches?

b) Skizziere die anderen Verkehrsschilder im Heft und zeichne die Symmetrieachsen ein.

7. Übertrage die Druckbuchstaben ins Heft. Zeichne alle Symmetrieachsen ein.

A B C D E F G H I J K L M

N O P Q R S T U V W X Y Z

8. Welche Fahnen sind achsensymmetrisch? Skizziere diese Fahnen im Heft und zeichne die Symmetrieachsen ein.

Trinidad

Venezuela

Puerto Rico

Jamaica

LVL **9.** Skizziere im Heft mit allen Symmetrieachsen, die es gibt. Erfinde weitere Beispiele.

(1) OTTO (2) MAMA (3) MAOAM (4) AᗺBA (5) UHU

(6) 800 (7) 808 (8) 333 (9) 101 (10) 96 (11) 383

Spiegelungen und Symmetrien überall?

LVL **1.** Warum ist es praktisch, die Frontaufschrift beim Firmenwagen in Spiegelschrift anzubringen?

LVL **2.** Entwirf selbst eine Frontaufschrift für ein Auto. Kontrolliere mit einem Taschenspiegel, ob du die Schrift im Spiegel lesen kannst.

3.

Auch hier wurde gespiegelt. Wo liegt die „Spiegelachse"?

4.

a) Wie viele „Symmetrieachsen" haben die Figuren jeweils? Verwende dein Geodreieck als „Spiegel".

b) Suche weitere achsensymmetrische Figuren aus der Umwelt und sortiere nach der Anzahl der Symmetrieachsen.

LVL **Symmetrische Figuren basteln**

1. Anhänger für Geschenke

2. Girlanden

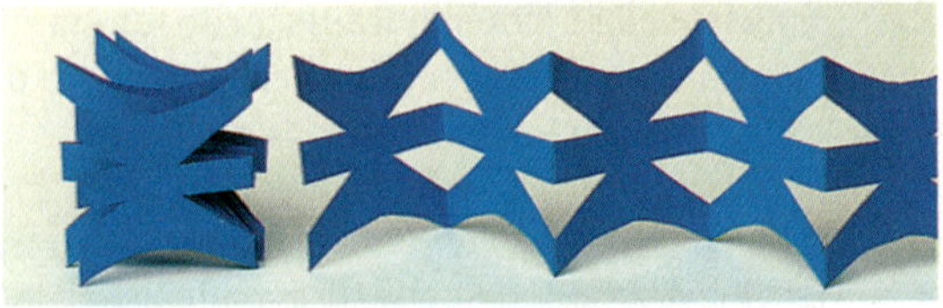

3. Einladungen

4. Tischdekoration

5. Spiel

Bastele ein Domino. Du brauchst mindestens 12 Rechtecke aus Pappe (ca. 8 cm x 4 cm).
Beklebe sie mit symmetrischen Figuren.

a) im Faltschnitt ausschneiden

b) an der Symmetrieachse auseinander schneiden

c) spiegelbildlich an den Rand der Papprechtecke kleben

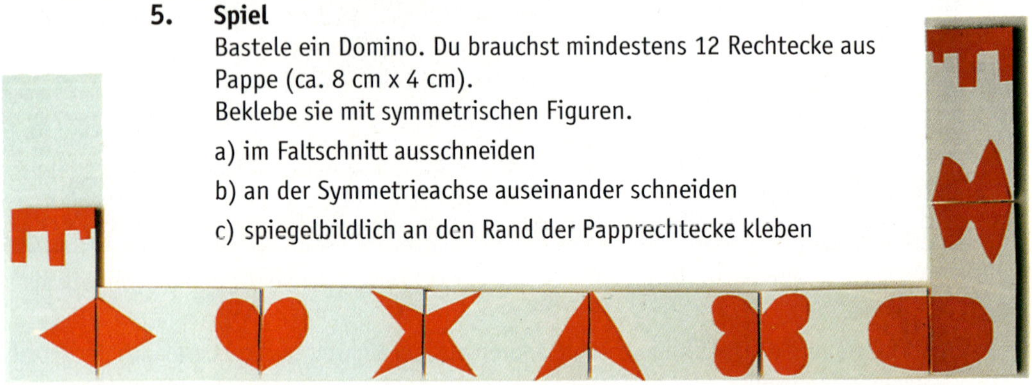

1.

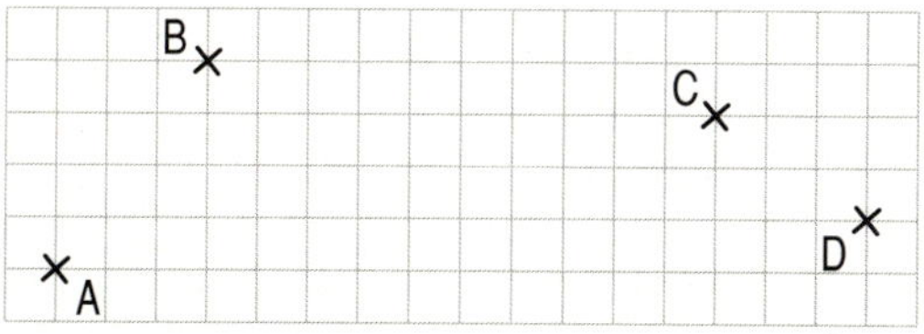

Übertrage ins Heft.

a) Zeichne alle Verbindungsstrecken und ordne sie der Länge nach.

b) Zeichne die Strahlen $\overrightarrow{DB}$, $\overrightarrow{BA}$ und $\overrightarrow{AC}$.

c) Wie viele verschiedene Geraden kannst du zeichnen, wenn jede durch zwei der vier Punkte gehen soll?

2. Übertrage die Punkte von Aufgabe 1.

a) Zeichne die Gerade AB und dann die Senkrechte durch C zu AB.

b) Zeichne die Gerade AD und dann die Parallele durch C zu AD.

c) Bestimme den Abstand des Punktes D von der Geraden AB.

3. a) Zeichne ein Rechteck mit den Seitenlängen a = 7 cm und b = 5 cm.

b) Zeichne seine Diagonalen. Wie lang sind sie?

4. Zeichne ein Quadrat mit a = 5,5 cm.

5. Zeichne mit zwei Streifen (2,5 cm und 5 cm breit) ein Parallelogramm, in dem es keine rechten Winkel gibt.

6. Zeichne mit zwei 4 cm breiten Streifen eine Raute ohne rechte Winkel.

7. Wähle in einem Quadratgitter als Gittereinheit 1 cm, trage die Punkte ein und verbinde sie. Welches Viereck entsteht?

a) A(3|1) B(7|5) C(5|7) D(1|3)

b) A(1|6) B(8|6) C(11|9) D(4|9)

8. Übertrage ins Heft und zeichne Symmetrieachsen ein.

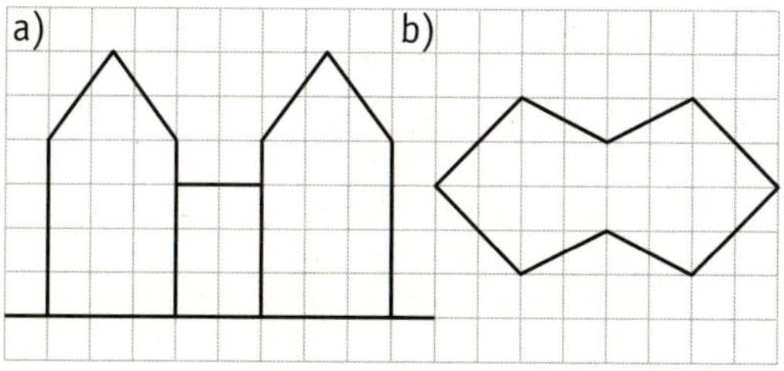

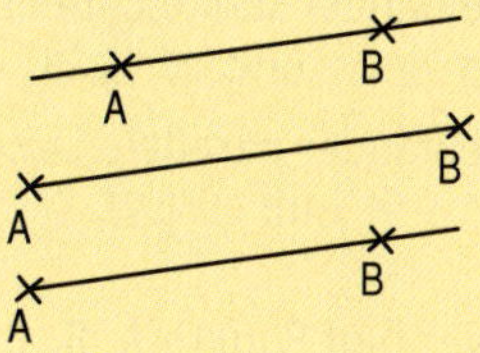

Gerade	AB
Strecke	$\overline{AB}$
Strahl	$\overrightarrow{AB}$

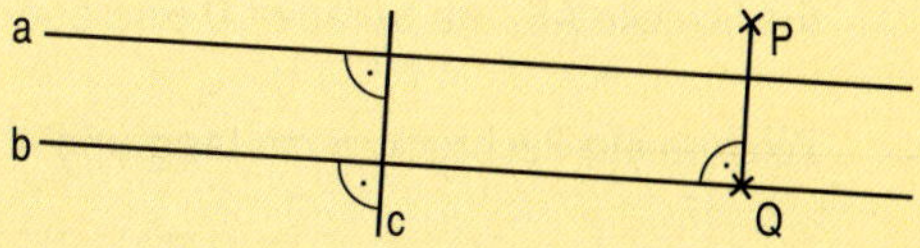

Zwei Geraden a und c, die einen rechten Winkel bilden, sind zueinander **senkrecht** ($a \perp c$).

Zwei Geraden a und b, die beide senkrecht zu einer Geraden c sind, verlaufen zueinander **parallel** ($a \parallel b$).

Die Länge der zu b senkrechten Strecke $\overline{PQ}$ heißt **Abstand** des Punktes P von der Geraden b.

Rechteck:
- vier rechte Winkel
- gegenüberliegende Seiten parallel und gleich lang

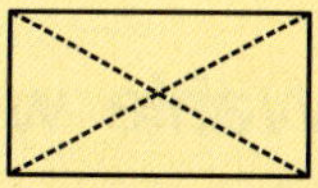

Quadrat:
- Rechteck mit vier gleich langen Seiten

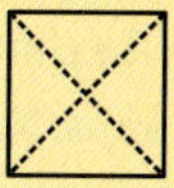

Parallelogramm:
- gegenüberliegende Seiten parallel und gleich lang

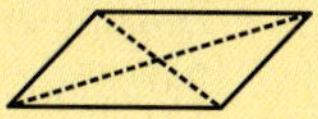

Raute:
- Parallelogramm mit vier gleich langen Seiten

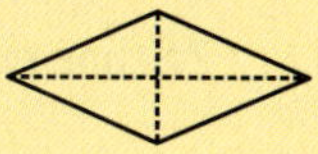

Eine **Diagonale** verbindet gegenüberliegende Eckpunkte.

Der Punkt **P (4|3)** hat die
1. Koordinate 4
und die
2. Koordinate 3.

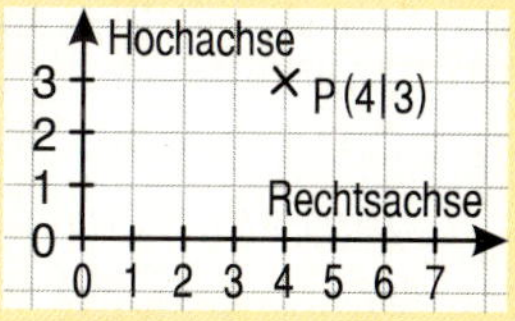

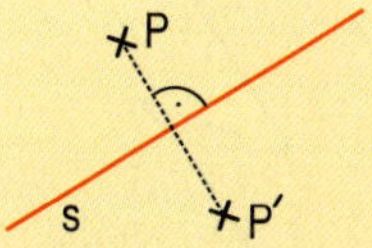

Spiegelachse s

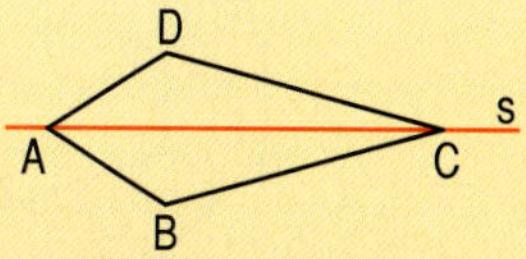

Symmetrieachse s

DIAGNOSETEST

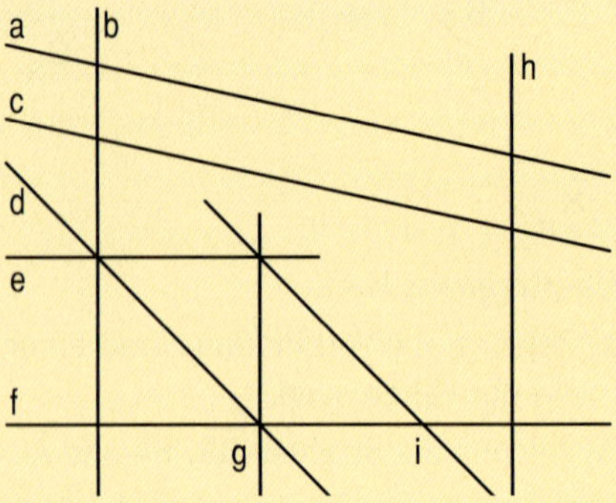

1. a) Gib je zwei zueinander senkrechte Linien an. Notiere: ■ ⊥ ■ und ■ ⊥ ■

b) Gib je zwei zueinander parallele Linien an. Notiere: ■ ‖ ■ und ■ ‖ ■

2. Markiere auf Papier fünf Punkte A, B, C, D, E mit einem Kreuz x. Zeichne anschließend die Strecke $\overline{AB}$, die Gerade CD und den Strahl $\overline{BE}$.

3. Zeichne ein Rechteck, 6 cm lang und 4 cm hoch.

4. Wie viele Geraden, Strecken und Strahlen erkennst du? Notiere sie.

a) 

b) 

5. Übertrage ins Heft und zeichne alle Symmetrieachsen ein, die es gibt.

a) 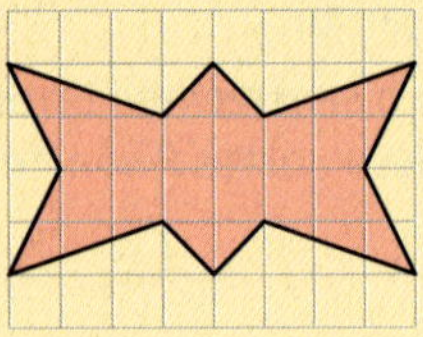

b) 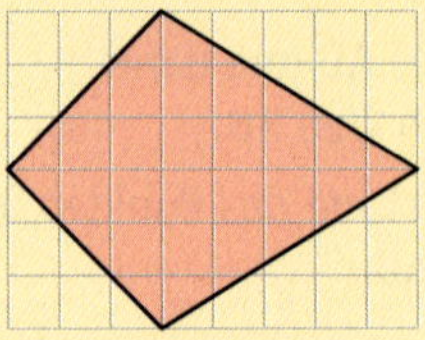

Wähle weitere 5 Aufgaben aus

1. Zeichne und beschrifte drei Geraden a, b, c mit folgenden Eigenschaften:

a) $a \parallel b$ und $a \perp c$ b) $a \perp b$ und $b \parallel c$

2. Zeichne zwei parallele Geraden mit dem Abstand 4 cm. Zeichne in den entstandenen Streifen ein Parallelogramm und eine Raute.

3. Zeichne ein Quadrat, dessen Diagonalen 4 cm lang sind.

4. Trage die Punkte in ein Quadratgitter ein. Zeichne das angegebene Viereck und ergänze die fehlenden Werte.

a) Rechteck: A(3|2) B(9|2) C(9|6) D(|) b) Parallelogramm: A(5|3) B(13|3) C(|) D(1|9)

5. Sebastian soll als Hausaufgabe ein Rechteck und ein Parallelogramm zeichnen. Er lacht: „Das schaffe ich mit nur einer Figur!" Warum hat Sebastian Recht?

6. Übertrage ins Heft und spiegele an der Geraden s.

a) 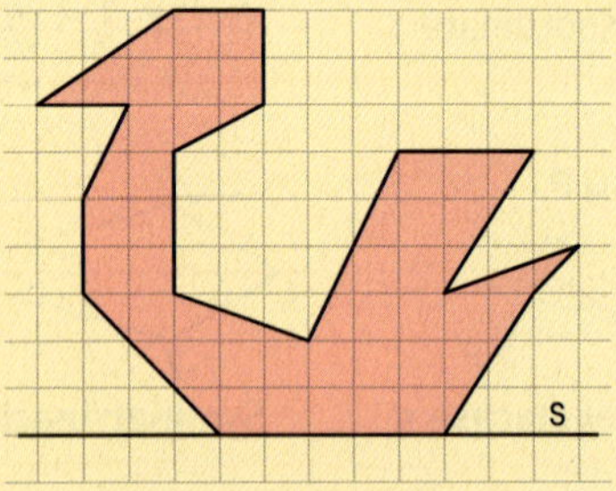

b) 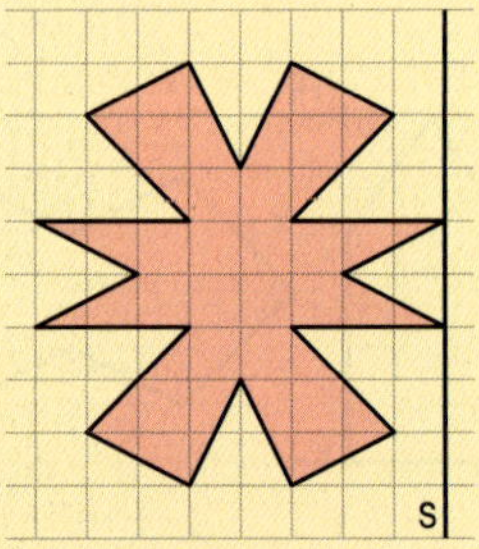

6

Größen

Elle
Spanne
Fingerbreite
Fuß
Klafter

DEUTSCHER REKORD
0307,500 kg
EUROPAREKORD
0320,000 kg
WELTREKORD
0320,000 kg
Stand 2004
Klasse bis 85 kg

Fichtenscheibe, Stammhöhe 3m, Zillis 1818-1992

Geld

Das war alles in meinem Sparschwein.
100 Cent = 1 €

Aufgaben

1. Wie viel Euro sind das zusammen?

a) 7 Münzen zu 2 € b) 4 Scheine zu 5 € c) 20 Münzen zu 50 Cent
d) 5 Münzen zu 50 Cent e) 13 Münzen zu 2 € f) 15 Münzen zu 10 Cent
g) 3 Scheine zu 500 € h) 6 Scheine zu 20 € i) 3 Scheine zu 20 €

6 Münzen zu 2 €

6 · 2 € = 12,00 €
7 · 50 Cent = 3,50 €

7 Münzen zu 50 Cent

2. Esther zahlt mit einem 10-€-Schein. Wie viel bekommt sie zurück?
a) 7,50 € b) 4,20 € c) 3,80 € d) 8,68 € e) 7,32 € f) 9,05 €

3. a) Andreas hat 50 €. Was kann er dafür alles kaufen?
b) Er entscheidet sich für das T-Shirt und die Hose.
Wie viel muss er zahlen? Wie viel Geld bleibt ihm übrig?

4. Berechne die Summe.

a)	b)	c)	d)
18 €	17 €	25,00 €	105,75 €
89 €	213 €	8,25 €	39,15 €
11 €	429 €	12,65 €	207,50 €

5.

Jan zahlt mit einem 10-€-Schein. Wie viel zahlt er? Wie viel bekommt er zurück?

6. Wie viel Euro sind es ungefähr? Überschlage mit gerundeten Beträgen.
a) 69 € + 19 € + 99 €
b) 123 € + 59 € + 49 €
c) 109,90 € + 17,99 € + 89,80 € + 10,55 €
d) 99,80 € + 58,75 € + 19,90 € + 5,29 €

7. a) 15 · 2 € + 9 €
20 · 5 € + 25 €
b) 6 · 13 € + 2 · 5 €
8 · 12 € + 6 · 7 €
c) 2 · 3,50 € + 5 · 1,20 €
4 · 2,25 € + 8 · 1,50 €

8. Von 1 000 000 € träumt fast jeder einmal. Wie viele Scheine wären es bei
a) nur 100-€-Scheinen; b) nur 50-€-Scheinen; c) nur 5-€-Scheinen?

LVL

Einkaufen im Supermarkt

2 · 3,49 € = [redacted]

2 · 3,50 € = 7,00 €
– 2 · 1 Cent = 2 Cent
6,98 €

Dein Vorteil:
3,49 € gleich 3,50 € minus 1 Cent.

1. Ulla kauft einen Blumenkohl und zwei Netze Paprika-Mix.
a) Wie viel muss sie bezahlen?
b) Sie zahlt mit einem 10-€-Schein. Wie viel Geld bekommt sie zurück?

2. Wie viel kosten
a) 4 Melonen,
b) 3 Beutel Brokkoli,
c) 6 Blumenkohl?

Angebote der Woche:

Waschpulver
(1 kg): **3,99 €**
Sparpaket (3 kg): **11,98 €**

Mineralwasser (ohne Pfand)
Kasten (12 Flaschen): **3,38 €**
Einzelflasche: **0,39 €**

Schokolade
100-g-Tafel: **0,49 €**
75-g-Tafel: **0,39 €**

3. Vergleiche Preis und Menge für
a) Waschpulver,
b) Mineralwasser,
c) Schokolade.

3 Pakete Butter
4 l Milch
2 Joghurt
1 Netz Paprika-Mix
1 kg Waschpulver

4. Martins Einkaufszettel:
a) Überschlage: Reichen 10 €?
b) Berechne den Preis.
c) Martin zahlt mit einem 20-€-Schein, wie viel erhält er zurück?

5. Arno hat genau 3 €. Wie viel kann er einkaufen?
a) Pakete Butter b) Vollmilch
c) Buttermilch d) Joghurt

6. Überlege, diskutiere mit anderen, begründe: Warum enden so viele Preise mit 9?

Längen schätzen und messen

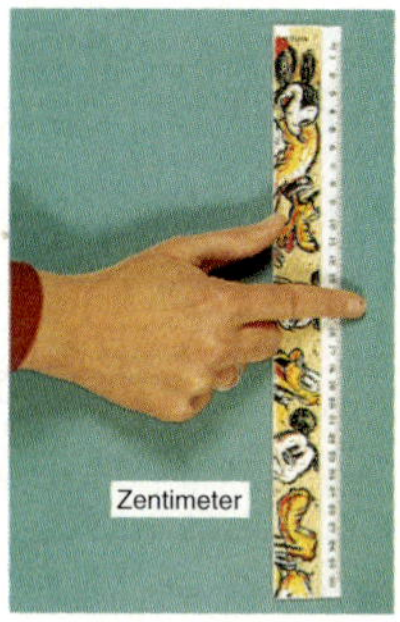

Messen heißt Vergleichen mit einer Einheit.

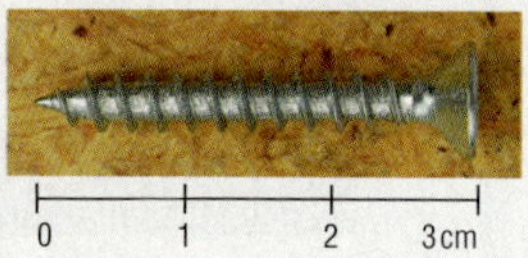

Maßzahl **3 cm** Einheit

Aufgaben

1. Früher wurde viel mit den Körpermaßen Spanne und Elle gemessen.
a) Vergleiche deine Spanne mit der Höhe deines Gesichts und mit der Länge deiner Elle.
b) Schätze deine Spanne und Elle in Zentimeter. Miss anschließend mit einem Zentimeterband.

2. a) Marcus Elle ist 33 cm lang. Mit ihr misst er die Höhe der Wand: 12 Ellen. Wie viel cm oder m sind das?
b) Torsten misst dieselbe Länge: 11 Ellen. Wie lang ist seine Elle?

3. a) Monikas Spanne ist 15 cm lang. Mit ihr misst sie die Länge des Tisches: 14 Spannen: Wie viel cm sind das?
b) Yvonne misst dieselbe Länge: 15 Spannen. Wie lang ist ihre Spanne?

LVL **4.** Olis Vater sagt: „Unsere Straße ist 80 Schritte lang." Oli sagt: „Nein, es sind 120 Schritte." Erkläre, warum beide Recht haben können. Die Straße ist 60 m lang.

5. Ein Stockwerk eines Hauses ist ungefähr 3 m hoch. Schätze die Höhe des Hochhauses und des Baumes.

6. Ein Neubau für eine Bank wird errichtet, insgesamt 50 Stockwerke, das unterste doppelt so hoch (= 6 m) wie die anderen. Wie hoch wird das Gebäude ungefähr?

7. Autos (Pkws) sind ungefähr 5 m lang. Schätze damit:
a) Wie viele Autos stehen in einem 3 km langen Stau auf einer zweispurigen Autobahn?
b) Wie lang ist ein Stau mit 5 000 Autos?

Messen und Umwandeln

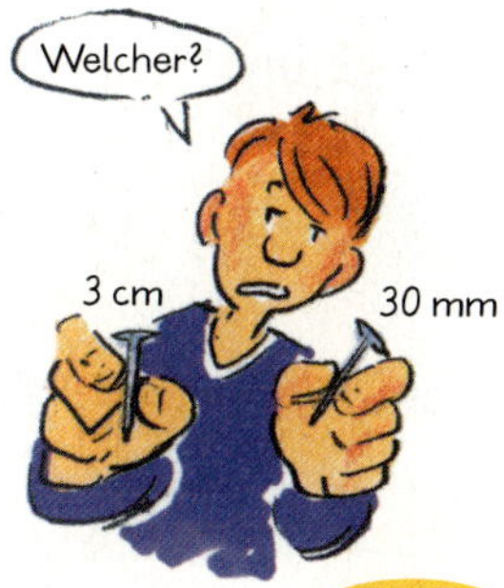

1 km = 1 000 m   1 m = 10 dm   1 dm = 10 cm   1 cm = 10 mm

TIPP
Umrechnungszahl 10.

Aufgaben

1. Ordne die passende Länge zu.

a) Türhöhe   b) Stuhlbreite   c) Handballdurchmesser
d) Türbreite   e) Marathonstrecke   f) Lokomotivlänge
g) Stadionrunde   h) Zündholzlänge   i) Wespenstachel
j) Autolänge   k) Mt. Everest-Höhe   l) Triathlon-Schwimmen

42 195 m   45 mm   3 mm   95 cm   5 m   5 dm   23 m   400 m   8 848 m   2 m   17 cm   3 800 m

2. Wie viel Millimeter sind es?

a) 5 cm   b) 7 cm   c) 2 dm   d) 10 cm   e) 13 cm   f) $\frac{1}{2}$ cm

3. Wie viel Zentimeter und Millimeter sind es? Schreibe so: 12 mm = 1 cm 2 mm.

a) 15 mm   b) 43 mm   c) 68 mm   d) 100 mm   e) 175 mm   f) 228 mm

4. Wie viel Millimeter sind es?

a) 3 cm 4 mm   b) 7 cm 3 mm   c) 5 cm 8 mm   d) 10 cm 3 mm   e) 12 cm 5 mm   f) 21 cm 8 mm

5. Wie viel Zentimeter sind es?

a) 2 m
7 m   b) 6 dm
3 dm   c) 12 m
25 m   d) $1\frac{1}{2}$ m
$\frac{1}{4}$ m   e) 4 m 12 cm
6 m 30 cm   f) 6 m 8 dm
12 m 4 dm

TIPP
1 m = 10 dm = 100 cm

6. Wie viel Meter und Zentimeter sind es?

a) 250 cm
315 cm   b) 207 cm
412 cm   c) 317 cm
468 cm   d) 860 cm
583 cm   e) 745 cm
103 cm   f) 1 000 cm
1 400 cm

7. Wie viel Meter sind es?

a) 3 km   b) 7 km   c) 15 km   d) $\frac{1}{4}$ km   e) 5 km 250 m   f) 7 km 355 m

8. Wie viel Kilometer und Meter sind es?

a) 1 500 m   b) 3 700 m   c) 8 240 m   d) 4 025 m   e) 12 400 m   f) 100 000 m

9. Automaße werden im Verkaufsprospekt in Millimetern angegeben.
Wie viel Meter, Zentimeter und Millimeter ist das Auto

a) lang   b) breit   c) hoch?

Länge:	4 020 mm
Breite:	1 578 mm
Höhe:	1 441 mm

Kommaschreibweise

cm	mm		
10	5		10,5 cm = 10 cm 5 mm = 105 mm

m		cm	
0	3	5	0,35 m = 0 m 35 cm = 35 cm

km			m	
12	5	0	0	12,5 km = 12 km 500 m = 12 500 m

Aufgaben

1. Wie viel Zentimeter sind es? Schreibe mit Komma.
a) 25 mm b) 73 mm c) 56 mm d) 98 mm e) 121 mm f) 3 mm

2. Wie viel Millimeter sind es?
a) 3,2 cm b) 0,7 cm c) 5,3 cm d) 8,6 cm e) 11,2 cm f) 15,3 cm

3. Für Kinder ist die Kleidergröße gleich Körperlänge in cm.
a) Esthers Vater weiß, dass sie 1,46 m groß ist. Er möchte ihr eine Jacke kaufen. Welche Größe muss er wählen?
b) Für Esthers Bruder Jan wird eine Hose in Größe 128 gekauft. Wie groß ist Jan, wenn die Hose genau passt?

4. Wie viel Zentimeter sind es?
a) 1,75 m b) 0,53 m c) 2,35 m d) 3,70 m

5. Wie viel Meter sind es? Schreibe mit Komma.
a) 127 cm b) 168 cm c) 258 cm d) 83 cm

6. Wie viel Meter sind es?
a) 1,8 km b) 1,25 km c) 0,7 km d) 4,5 km e) 10,3 km f) 12,7 km

7. Wie viel Kilometer sind es? Schreibe mit Komma.
a) 3 500 m b) 800 m c) 1 600 m d) 1 750 m e) 8 700 m f) 12 300 m

8. Wie viel ganze Kilometer sind es ungefähr? Runde.

a)	b)	c)	d)
1,3 km	3,7 km	3,4 km	48,3 km
1,8 km	2,9 km	1,6 km	70,6 km
4,5 km	2,2 km	9,9 km	119,8 km

TIPP
Bei 0, 1, 2, 3, 4 abrunden, sonst aufrunden.

9. Wie viel ganze Meter sind es ungefähr? Runde.
a) 1,20 m b) 2,85 m c) 2,48 m d) 9,75 m e) 10,83 m f) 8,57 m g) 6,39 m

Rechnen mit Längenmaßen

Das Rechnen mit Längenmaßen in Kommaschreibweise erfolgt schrittweise:

① Umwandeln in eine kleinere Einheit, ohne Komma
② Rechnen ohne Komma
③ Umwandeln in die ursprüngliche Einheit

3,84 m − 1,73 m	=	384 cm − 173 cm	=	211 cm	=	2,11 m
	①		②		③	
1,6 km · 4	=	1 600 m · 4	=	6 400 m	=	6,4 km

Aufgaben

1. a) 2,60 m + 1,50 m; 1,75 m + 0,80 m b) 4,83 m − 2,58 m; 5,35 m − 1,75 m c) 6,24 m + 2,49 m; 7,27 m − 2,84 m d) 3,34 m − 1,99 m; 5,64 m + 2,58 m

2. a) 1,30 m · 7; 8,45 m · 8 b) 12,75 m · 5; 18,25 m · 9 c) 15,75 m : 3; 18,20 m : 4 d) 38,10 m : 6; 6,35 m · 7

3. a) 15,4 cm + 6,8 cm; 32,7 cm + 8,1 cm b) 42,3 cm + 28,7 cm; 29,4 cm + 38,9 cm c) 48,6 cm − 24,5 cm; 67,2 cm − 21,9 cm d) 35,6 cm − 27,6 cm; 42,3 cm − 18,9 cm

4. a) 12,4 km + 4,8 km; 18,6 km − 4,3 km b) 23,4 km − 9,9 km; 53,2 km + 19,8 km c) 8,4 km : 3; 4,3 km · 5 d) 24,720 km : 6; 13,125 km · 4

5. Ein 3,50 m breites Regal wird durch ein Anbauteil um 75 cm verbreitert. Wie viel Meter ist die neue Regalbreite?

3,50 m + 75 cm
= 350 cm + 75 cm
…

6. Der Radweg von Marlach zum Kloster Schöntal ist 9,4 km lang, davon sind 7,8 km geteert. Wie lang ist die nicht geteerte Strecke?

7. a) 12,7 km + 0,9 km; 9,4 km − 2,7 km b) 24,25 m − 2,75 m; 16,25 m + 7,85 m c) 2,5 km − 0,8 km; 8,3 km + 1,7 km d) 4,65 m + 2,28 m; 7,42 m − 3,91 m

8. Wie viele 75 cm breite Regale passen an eine 6 m lange Wand?

6 m : 75 cm
= 600 cm : 75 cm
= …

9. a) 3,2 m : 80 cm; 4,9 m : 70 cm b) 6,25 m : 125 cm; 1,25 m : 25 cm c) 4,2 km : 600 m; 5,4 km : 450 m

Vermischte Aufgaben

LVL **1.** An der Kirche in Schwäbisch Hall ist eine „Norm-Elle“ in der Mauer zum Marktplatz.

a) Wozu brauchte man sie? Jeder Mensch hat doch eine Elle am eigenen Körper. Überlege, vertritt und begründe deine Meinung gegenüber anderen.

b) Die Norm-Elle ist 610 mm lang. Wie viel Zentimeter sind das? Schreibe mit Komma.

c) Wie viel Meter sind 4 Ellen (= 1 Klafter)?

2. Im Alten Testament (1. Buch Mose, 7) steht, wie Noah seine Arche bauen sollte: „Dreihundert Ellen sei die Länge, fünfzig Ellen die Breite und dreißig Ellen die Höhe.“ Wie groß sind die Abmessungen der Arche in Meter? Rechne mit dem gerundeten Wert 1 Elle ≈ 0,44 m (1 Elle = 0,444 m im alten Testament).

3. Wandle um: Kilometer in Meter und umgekehrt Meter in Kilometer.

a) 3,5 km b) 9,8 km c) $1\frac{1}{4}$ km d) 5 700 m e) 8 400 m f) 600 m

4. Wandle um: Meter in Zentimeter und umgekehrt.

a) 1,80 m b) 8,10 m c) $13\frac{1}{2}$ m d) 390 cm e) 275 cm f) 85 cm

5. Die Länge von Schrauben wird in Millimeter angegeben. Wandle um: Zentimeter in Millimeter und umgekehrt.

a) 4,5 cm b) 12,7 cm c) 63 mm d) 248 mm

6. Wie viel Zentimeter fehlen am ganzen Meter?

a) 70 cm b) 29 cm c) 63 cm d) 0,47 m e) 0,23 m f) 0,5 m

7. Wie viel Meter fehlen am ganzen Kilometer?

a) 400 m b) 350 m c) 486 m d) 0,7 km e) 0,350 km f) 0,5 km

8. Ordne die Längen nach der Größe, beginne mit der kleinsten.

a) 250 cm 205 cm 199 cm 25 cm

b) 325 m 3,52 m $\frac{1}{2}$ m 4,1 m

c) 4 km 300 m 4,6 km 3 900 m $4\frac{1}{2}$ km

d) 6,3 km 3 600 m 6,090 km 6,9 km

9. Runde auf ganze Zentimeter.

a) 8,6 cm b) 12,3 cm c) 38,4 cm d) 24,7 cm e) 14,9 cm f) 19,8 cm

10. Runde auf ganze Meter.

a) 24,70 m b) 7,42 m c) 9,91 m d) 12,92 m e) 19,47 m f) 74,50 m

11. Matthias und Katrin laufen auf einer 1 km langen Strecke um die Wette. Als Matthias 675 m zurückgelegt hat, fehlen Katrin noch 318 m bis zum Ziel. Wer führt mit wie viel Metern?

LVL **12.**

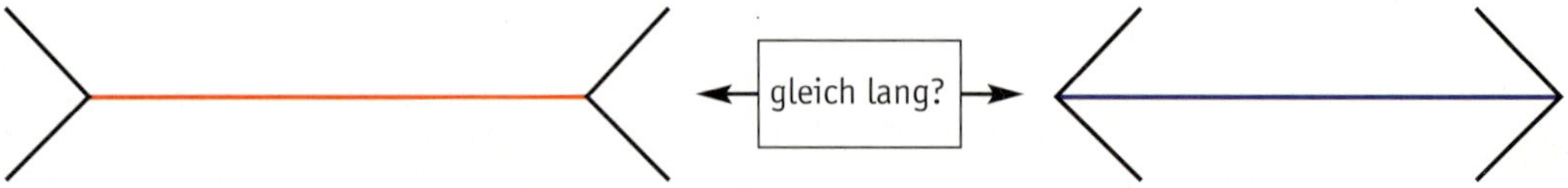

13.

a) Jeder Wagen des Zuges ist 26,80 m lang, die Lokomotive 16,64 m. Wie lang ist der Zug?

b) Jeder Wagen hat 124 Sitzplätze. Wie viele hat der ganze Zug?

c) Wie viele Pkws mit 5 Sitzplätzen haben ungefähr dieselbe Anzahl Plätze wie der Zug?

14. a) 24,7 m + 18,6 m
24,7 m − 18,6 m

b) 14,25 m + 8,55 m
8,94 m − 4,63 m

c) 56,70 m + 26,20 m
42,80 m − 18,30 m

d) 16,78 m + 19,64 m
22,64 m − 19,49 m

15. Der Flur in Tamaras Schule ist mit Platten ausgelegt. Tamara zählt für die Länge des Flures 32 Platten. Jede Platte ist 4 dm lang. Berechne die Länge in Meter.

16. a) 0,6 m · 24
1,59 m : 3

b) 0,960 km : 8
10,5 km · 6

c) 22,7 cm · 9
50,4 cm : 9

d) 5,40 m · 12
45,60 m : 12

17. Vier gleich hohe Steinquader wurden zu einer Säule aufeinander gesetzt. Diese Säule ist insgesamt 2,48 m hoch. Wie hoch sind die einzelnen Steinquader?

18. Die Marathonstrecke ist 42,195 km lang.

a) Runde die Streckenlänge auf ganze km.

b) Wie viele Stadionrunden (400 m) ergeben ungefähr die Länge des Marathons?

c) Beim Wandern schaffst du 5 km in einer Stunde. Wie lange wärst du ungefähr auf der Marathonstrecke unterwegs?

d) Vergleiche die Marathonstrecke mit der Länge deines Schulweges.

19. Bei einem Radrennen werden 20 Runden gefahren, jede 7,2 km lang.

a) Wie lang ist die Gesamtstrecke des Rennens?

b) Du schaffst etwa 20 km in einer Stunde. Wie lange etwa wärst du auf der Strecke?

c) Rennfahrer fahren etwa 40 km pro Stunde. Wie lange ungefähr dauert das Rennen?

20. Wasser ist aufs Blatt gespritzt und hat einiges verwischt. Kannst du es ergänzen?

a) 7,2 3 m − [redacted] = 6,0 8 m

b) [redacted] + 2,7 3 m = 5,4 8 m

c) 1 2,6 m : [redacted] = 0,6 m

d) 3,1[redacted] m + 2,7[redacted] m = 5,8 8 m

e) 2[redacted] m · 9 = [redacted] 1,6 m

f) [redacted],2 m : [redacted] 4 = 2[redacted] m

21. Wie viel Kilometer sind 1 Million Millimeter? Wie lange brauchst du um so weit zu laufen?

LVL **22.** Stelle jeweils eine Frage, notiere und präsentiere deinen Lösungsweg.

a) Karsten sprang bei den Bundesjugendspielen 20 cm weiter als Andreas. Ihre beiden Weiten betrugen zusammen 7,40 m.

b) Silke ist 3 cm größer als Carla. Monika ist 3 cm kleiner als Silke. Alle drei zusammen sind 4,44 m groß.

Masse*

1 Tonne (1 t)

1 Kilogramm (1 kg)

1 Gramm (1 g)

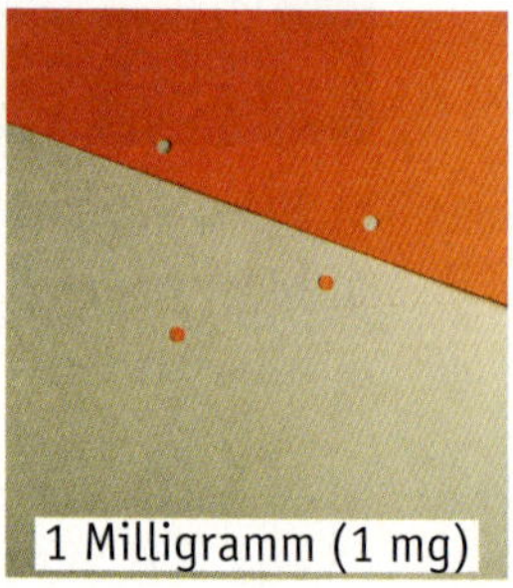
1 Milligramm (1 mg)

1 t = 1000 kg   1 kg = 1000 g   1 g = 1000 mg

Maßzahl **12 kg** Einheit

TIPP Umrechnungszahl 1000.

Aufgaben

LVL **1.**

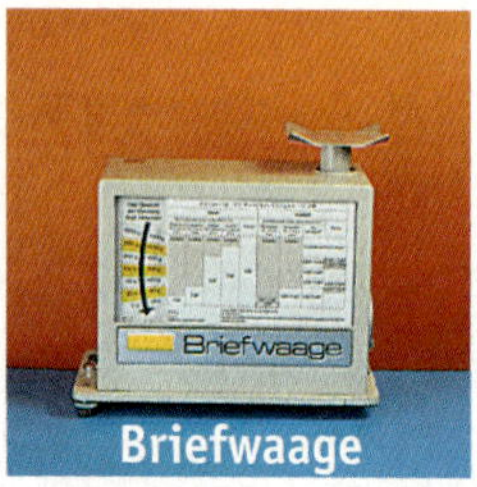

Briefwaage

Küchenwaage

Personenwaage

Großwaage

Mit welcher Waage würdest du das wiegen?

a) Packung Mehl b) Minibus c) dich selbst d) Schulheft
e) Schulbuch f) Waschmaschine g) 1 Esslöffel Zucker h) gepackter Koffer

2. Wie viel wiegt das? Ordne die Massen richtig zu.

a) Brötchen b) 2-Euro-Stück c) Literflasche Sprudel
d) Füller e) Turnschuh f) Staubsauger

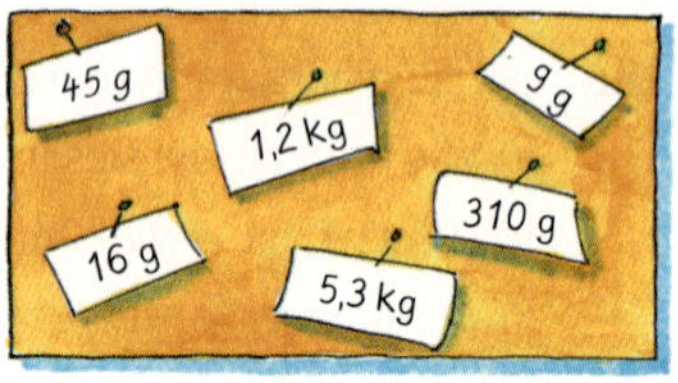

3. Mit welcher Maßeinheit würdest du die Masse angeben?

a) Lkw-Ladung b) Fernsehgerät c) Brotlaib d) Tortenstück

LVL **4.** 1 Liter Wasser wiegt 1 kg. Erkläre anderen den Messvorgang.

LVL **5.** Was kannst du leichter tragen: 1 Kilo Blei oder 1 Kilo Styropor?

LVL **6.**

Ordne danach, wer mehr wiegt, vom Leichtesten zum Schwersten.

*) In der Umgangssprache wird dafür häufig das Wort „Gewicht“ verwendet.

7. Wie viel Gramm sind das?

a) 3 kg b) 5 kg c) 10 kg d) $\frac{1}{2}$ kg e) 2 kg 515 g f) 11 kg 300 g

8. Wie viel Kilogramm und Gramm sind das?

a) 1 300 g b) 2 700 g c) 2 870 g d) 10 700 g e) 3 050 g f) 10 100 g

9. Brote werden gewogen. Wie viel Gramm wiegen sie mehr oder weniger als 1 kg?

a) 1 085 g b) 995 g c) 1 055 g d) 935 g e) 967 g f) 1 034 g

10. a) Wiegen die Zutaten für Teufelsküsse insgesamt mehr oder weniger als 1 kg?

LVL b) Werden die fertigen Teufelsküsse genauso viel wiegen? Überlege und begründe deine Antwort.

Teufelsküsse

250 g Butter
100 g Puderzucker
100 g Schokolade (gerieben)
50 g Mehl
250 g Speisestärke

Butter und Zucker schaumig rühren, Schokolade, Mehl und Speisestärke dazu. Kleine Kugeln auf ein Blech setzen und für 10 min in den 190 °C warmen Backofen schieben.

11. Ergänze zum ganzen Kilogramm.

a) 600 g; 790 g b) 840 g; 480 g c) 873 g; 948 g

12. Wie viel Kilogramm sind es ungefähr? Runde.

a) 2 730 g; 3 280 g b) 7 230 g; 8 610 g c) 12 470 g; 12 560 g d) 5 493 g; 6 712 g

2 480 g ≈ 2 000 g ≈ 2 kg
2 503 g ≈ 3 000 g ≈ 3 kg

13. Durch unterschiedliche Ausstattung wiegt dasselbe Automodell unterschiedlich viel. Um wie viel Kilogramm wird 1 Tonne unter- oder überschritten?

a) 945 kg b) 1 055 kg c) 982 kg d) 1 087 kg e) 1 109 kg f) 973 kg

14. Wie viel Kilogramm fehlen für eine ganze Tonne?

a) 800 kg b) 753 kg c) 418 kg d) 707 kg e) 897 kg f) 697 kg

15. Wie viel Kilogramm sind es?

a) 12 t b) 43 t c) $\frac{1}{4}$ t d) 9 t 370 kg e) 17 t 500 kg f) 6 t 60 kg

16. Wie viel Tonnen und Kilogramm sind es?

a) 4 320 kg b) 9 430 kg c) 7 510 kg d) 12 080 kg e) 11 910 kg f) 19 640 kg

17. Wie viel Tonnen sind es ungefähr? Runde auf ganze Tonnen.

a) 7 820 kg b) 7 420 kg c) 9 390 kg d) 10 671 kg e) 9 495 kg f) 17 522 kg

18.

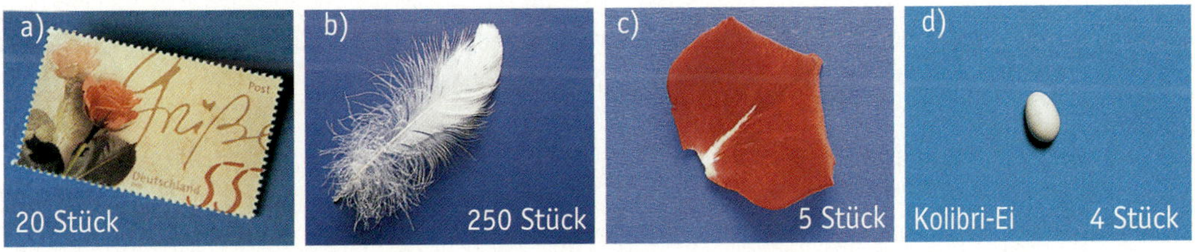

Die angegebene Stückzahl wiegt 1 g. Wie viel Milligramm wiegt jedes einzelne Stück?

LVL **19.** Ein Ei wiegt 25 g und ein halbes Ei. Wie viel Gramm wiegt das Ei?

LVL **20.** Die volle Flasche wiegt 1200 g, die leere ist 200 g leichter als der Inhalt. Wie viel wiegt der Inhalt?

Kommaschreibweise

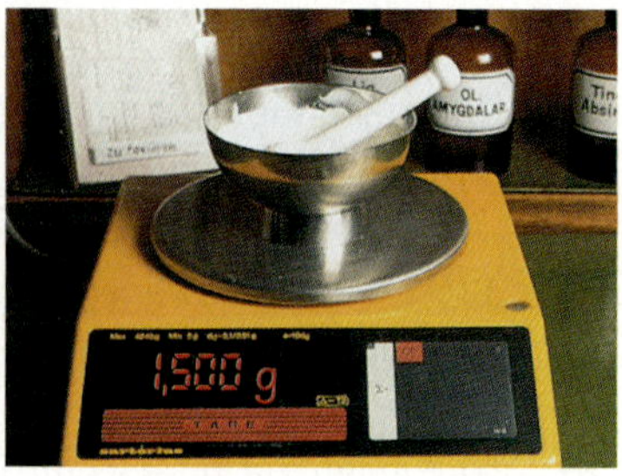

7,5 t = 7 t 500 kg

t	kg		
7	5	0	0

= 7 500 kg

2,450 kg = 2 kg 450 g

kg	g		
2	4	5	0

= 2 450 g

1,031 g = 1 g 31 mg

g	mg		
1	0	3	1

= 1031 mg

Aufgaben

1. Bei ihrer Geburt wog Annika 3,1 kg. Wie viel Gramm sind das mehr als 3 Kilogramm?

2. Wie viel Gramm sind es?
a) 2,700 kg b) 4,900 kg c) 3,250 kg d) 2,843 kg e) 5,5 kg f) 12,4 kg

3. Wie viel Kilogramm sind es? Schreibe mit Komma.
a) 4 300 g b) 6 700 g c) 6 070 g d) 4 273 g e) 5 645 g f) 980 g

4. Wie viel Gramm fehlen zum nächsten vollen Kilogramm?
a) 4,300 kg b) 2,750 kg c) 6,850 kg d) 3,125 kg e) 6,4 kg f) 2,8 kg

5. Wie viel Kilogramm sind es ungefähr? Runde auf ganze kg.
a) 2,7 kg, 1,2 kg b) 4,350 kg, 0,782 kg c) 4,4 kg, 3,8 kg d) 12,580 kg, 10,490 kg e) 5,730 kg, 3,295 kg

3,488 kg ≈ 3 kg
3,5 kg ≈ 4 kg

6. Ordne die Massenangaben nach der Größe, beginne mit der Kleinsten. Wie heißt das Lösungswort?

1,5 kg	2,5 kg	2,050 kg	1 950 g	0,270 kg	2,1 kg	2 900 g
E	E	T	N	Z	N	R

7. Wie viel Kilogramm darf ein Fahrzeug höchstens wiegen, wenn es über dieses Schild hinaus fahren will?

8. Wie viel Kilogramm sind es?
a) 7,5 t b) 13,4 t c) 6,725 t d) 7,480 t e) 15,8 t

9. Wie viel Tonnen sind es? Schreibe mit Komma.
a) 5 300 kg b) 7450 kg c) 8 764 kg d) 14 300 kg e) 21 500 kg f) 3 650 kg

10. Wie viel Tonnen sind es ungefähr? Runde auf ganze Tonnen.
a) 6,7 t b) 7,3 t c) 4,250 t d) 3 400 kg e) 4 650 kg f) 7 480 kg

Rechnen mit Massen

1,8 kg + 0,5 kg	=	1 800 g + 500 g	=	2 300 g	=	2,3 kg
	①		②		③	
1,8 kg · 4	=	1 800 g · 4	=	7 200 g	=	7,2 kg

TIPP
① Umrechnen in kleinere Einheit
② Rechnen ohne Komma
③ Umrechnen in ursprüngliche Einheit

Aufgaben

1. Bei ihrer Geburt wog Judith 2,9 kg, drei Monate später 5,2 kg. Wie viel hat sie zugenommen?

2. a) 4,3 kg + 2,5 kg b) 3,4 kg + 8,7 kg c) 5,1 kg – 3,6 kg d) 7,4 kg – 5,2 kg
e) 2,450 kg + 3,570 kg f) 4,250 kg – 2,559 kg g) 1,783 kg + 0,460 kg h) 2,570 kg – 1,380 kg

3. a) 2,8 kg + 400 g b) 7,3 kg – 800 g c) 4,6 kg + 750 g d) 3,5 kg – 700 g
e) 2,370 kg + 850 g f) 1,520 kg – 670 g g) 0,920 kg – 450 g h) 3,280 kg + 640 g

4. Ein Tierpark hat vier Löwen. Jeder erhält täglich 7,5 kg Fleisch als Futter.
a) Wie viel ist das täglich für alle vier?
b) Wie viel kg sind es im Monat (= 30 Tage)?
c) Wie viel Tonnen sind es im Jahr?

5. a) 7,2 kg · 12 b) 12,3 kg · 8
c) 4,8 kg : 8 d) 18,2 kg : 14

6. a) 7,3 kg · 4 b) 31,6 kg · 9 c) 24,6 kg · 10 d) 7,350 kg · 8
e) 2,4 kg : 6 f) 16,8 kg : 7 g) 1,016 kg : 8 h) 10,8 kg : 12

7. Kerstin kauft im Supermarkt 12 Dosen, jede wiegt 300 g. Wie viel Kilogramm hat Kerstin zu tragen?

LVL **8.** Die Samstagszeitung wiegt 370 g. Bernd muss 147 Zeitungen austragen. Soll er das Fahrrad mitnehmen? Überlege auch mit anderen, begründe deine Antwort.

9. Wie viele 125-g-Schokoladenhasen lassen sich aus 10 kg Schokomasse herstellen?

10. Mit 40 g ist der Zwergfalke der leichteste Raubvogel und der Condor mit 10 kg der schwerste. Wie viele Zwergfalken wiegen zusammen so viel wie ein Condor?

11. Eine Kiste mit sechs gefüllten Saftflaschen wiegt 8,3 kg. Die Kiste allein wiegt 800 g. Wie viel wiegt eine einzelne (volle) Saftflasche?

12. Eine Flasche Mineralwasser wiegt 1,3 kg, in einem Kasten sind 12 Flaschen. Der Kasten alleine wiegt 700 g. Passen zwei Kisten auf einen Fahrradanhänger für max. 40 kg?

13. Erik packt den Schulranzen. Mit Inhalt sollte er höchstens den zehnten Teil von Eriks Körpergewicht (42 kg) wiegen.

Zeit: Tag, Stunde, Minute, Sekunde

1 Tag = 24 Stunden (h) 1 Stunde = 60 Minuten (min) 1 Minute = 60 Sekunden (s)

Aufgaben

1. Schätze, wie lange es dauert. Ordne die Zeitangaben richtig zu.

ein Ei kochen	ein Fußballspiel	Klingelton	3 s	365 Tage	2 h 10 min
Sommerferien	Marathonlauf	ein Jahr	45 Tage	5 min	1 h 30 min

2. Dominik zählt seinen Pulsschlag: in einer Minute 75 Schläge. Wie oft schlägt dein Herz in 1 min?

LVL **3.** Versuche, genau 1 min lang die Augen zu schließen. Stoppe die Zeit. Wie viele Sekunden hast du zu kurz oder zu lange die Augen geschlossen? Vergleiche mit anderen.

4. Wie viele Stunden sind es? a) 2 Tage b) 4 Tage c) 5 Tage d) $1\frac{1}{2}$ Tage

5. Wandle in Minuten um.
a) 2 h b) 3 h c) 5 h d) 10 h e) 12 h f) $\frac{1}{4}$ h

6. Wie viele Sekunden sind es? a) 2 min b) 10 min c) 30 min d) $\frac{1}{3}$ min

7. Rechne um in die angegebene Zeiteinheit.
a) 3 Tage 8 h (in h) b) 2 h 15 min (in min) c) 105 s (in min und s)
d) 1 min 45 s (in s) e) 4 Tage 4 h (in h) f) 135 min (in h und min)

2 Tage 7 h
= 2 · 24 h + 7 h
= 55 h

8. Ordne, beginne mit der kürzesten Dauer. Wie heißt das Lösungswort?

a)
- 20 min R
- 1 h U
- $\frac{1}{2}$ h D
- 45 min N
- 85 min G
- 1 h 15 min N
- 1000 s O

b)
- 36 h Z
- 4 Tage 5 h T
- 50 h I
- 2 Tage E
- 100 Tage G
- 10 Tage U
- 1000 h N

9. In einer Eieruhr läuft der Sand 5 min lang. Wie oft musst du sie umdrehen in
a) 5 min; b) 25 min; c) 1 h; d) einer halben Stunde; e) 3 Viertelstunden?

LVL **10.** Überlege auch mit anderen, ob das stimmt: 1 Jahr, das sind viel mehr als 2 Millionen Sekunden.

Anfang, Dauer, Ende

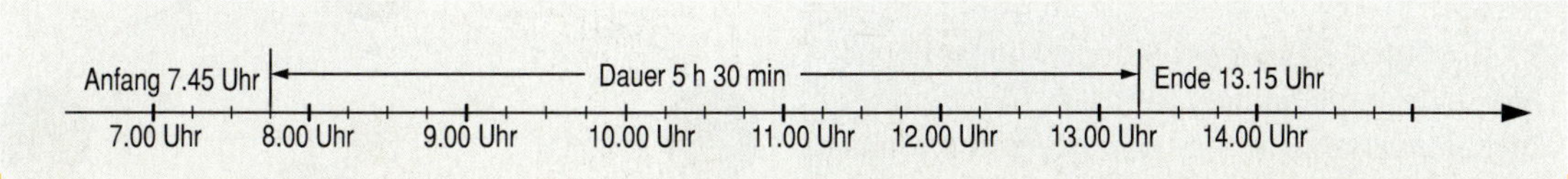

Aufgaben

1. Vanessa hört die Zeitansage: „Es ist sieben Uhr zwanzig." Um 8 Uhr muss sie in der Schule sein.

2. Wie viele Minuten sind es bis zur nächsten vollen Stunde?
a) 7.35 Uhr b) 10.42 Uhr c) 11.08 Uhr d) 25 Minuten nach 10 Uhr e) Viertel vor 9 Uhr

3. Eine Unterrichtsstunde dauert 45 Minuten. Wann endet sie beim angegebenen Anfang?
a) 8.00 Uhr b) 8.10 Uhr c) 7.55 Uhr d) 11.35 Uhr e) 12.20 Uhr f) 11.45 Uhr

4. Vom Hauptbahnhof fährt die Straßenbahn von 7.10 Uhr bis 9.10 Uhr alle 20 Minuten.
a) Wann fahren die Bahnen in dieser Zeit? b) Wie viele Bahnen fahren in dieser Zeit?

5. Wann endet die Veranstaltung?

Beginn	a) 15.00	b) 9.00 Uhr	c) 15.30 Uhr	d) 17.45 Uhr	e) 20.10 Uhr
Dauer	90 min	2 h 15 min	3 h 45 min	2 h 50 min	$3\frac{1}{2}$ h

6. Ein Film endet um 17.30 Uhr. Er dauerte 70 Minuten. Wann hat er angefangen?

7. Antonio ist 3 h 50 min mit dem Fahrrad gefahren. Wann ist er gestartet bei Ankunft um
a) 16 Uhr; b) 12.55 Uhr; c) 9.15 Uhr; d) Viertel vor 10 Uhr; e) Viertel nach 11 Uhr?

8. Lies die Zeitpunkte ab. Wie lange dauert es jeweils von einem Zeitpunkt bis zum nächsten?

9. Wie lange dauert es?
a) von 8.15 Uhr bis 12.30 Uhr
b) von halb acht morgens bis acht Uhr abends
c) von 9.55 Uhr bis 20.05 Uhr
d) von sieben Uhr abends bis acht Uhr morgens

10. Berechne die fehlenden Werte

Anfang	a) 8.15 Uhr	b)	c) 9.25 Uhr	d)	e) 12.05 Uhr	f) 0.12 Uhr
Dauer	1 h 20 min	2 h 10 min		100 min	10 h 55 min	
Ende		10.00 Uhr	11.45 Uhr	13.10 Uhr		23.50 Uhr

LVL **11.** Auf einer Uhr mit 12-Stunden-Anzeige ist es genau 1.00 Uhr.
a) Wie spät ist es nach 100 Stunden auf dieser Uhr?
b) Welche Uhrzeiten könnte wohl eine Digitaluhr mit 24-Stunden-Anzeige anzeigen?
c) Kann es Zeigeruhren mit 24-Stunden-Anzeige geben?

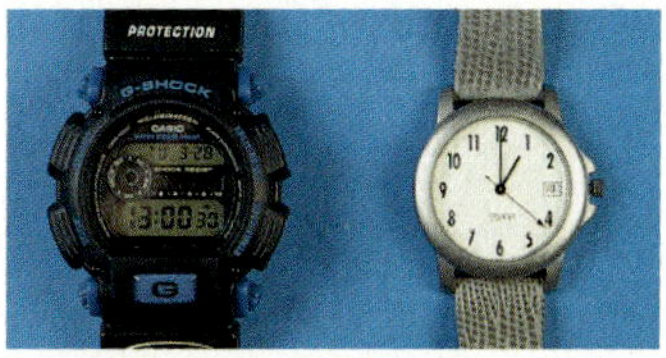

Tag, Monat, Jahr

In 365 Tagen und rund 6 Stunden umkreist die Erde einmal die Sonne.
Im Kalenderjahr rechnet man mit ganzen Tagen:
1 Jahr = 365 Tage 1 Schaltjahr = 366 Tage
1 Jahr = 12 Monate

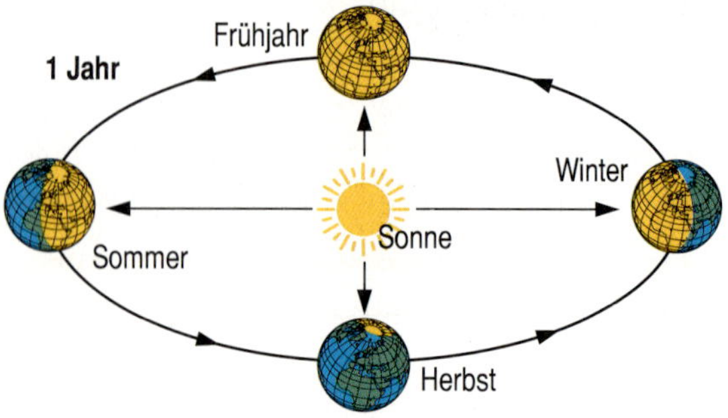

Aufgaben

1. Säugetiere brauchen unterschiedlich lange, bis sie erwachsen sind. Wie viele Monate sind es?
a) Orang-Utan: 7 Jahre b) Schimpanse: 10 Jahre c) Rind: $1\frac{1}{2}$ Jahre

2. Andrea feiert ihren 12. Geburtstag.
a) Wie viele Monate ist sie alt? b) Wie viele Monate dauert es noch, bis sie 18 ist?

3. Wie viele Monate sind es? a) 4 Jahre b) 4 J. 10 M. c) 5 J. 5 M. d) zwei Jahre und ein halbes

4. Wandle um in Jahre und Monate. a) 60 Monate b) 100 Monate c) 1 000 Monate

5. Das Bild zeigt, wie lange die Planeten unserer Sonne für einen Umlauf brauchen.
a) Der Merkur dreht sich in einem Jahr viermal um die Sonne. Wie viele Tage bleiben übrig?
b) Wie oft umrundet die Venus in einem Jahr die Sonne? Wie viele Tage bleiben übrig?
c) Der Mars braucht fast 2 Jahre für einen Umlauf. Wie viele Tage fehlen an 2 Jahren?

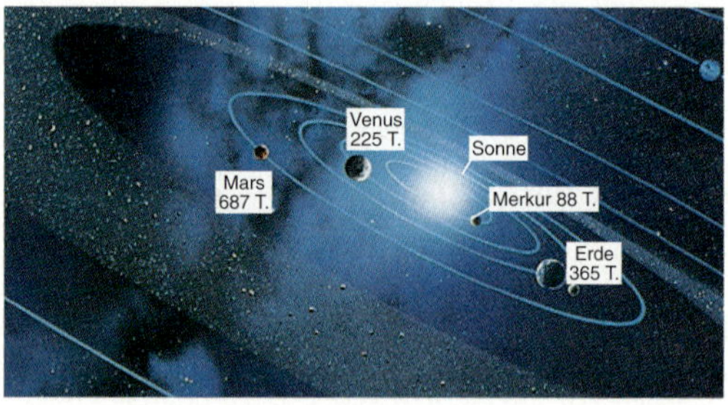

6. Eine Woche hat 7 Tage. Wie viele Wochen hat ein Jahr? Wie viele Wochen hat ein Schaltjahr?

7. Der nebenstehende Kalender gilt für das Jahr 2006. Auf welchen Wochentag fällt der 1. Januar im Jahr 2006, im Jahr 2007, im Jahr 2008?

8. Manche Monate haben nur 30 Tage. Welche sind es?

9. Wie viele Tage liegen dazwischen?
a) 1. Jan. – 20. Feb. b) 13. März – 12 Juni
c) 25. Mai – 6. Juli d) 2. Aug. – 22. Nov.
e) 10. Sept. – 24. Dez. f) 19. Juni – 3. Nov.

LVL 10. Berühmte Frauen: In welchem Alter sind sie gestorben? Erkläre deine Ergebnisse.
① Clara Schumann * 13. 9.1819 † 20. 5.1896
② Marie Curie * 7.11.1867 † 4. 7.1934
③ Lise Meitner * 7.11.1878 † 27.10.1968

	Januar	Februar	März
MO	2 9 16 23 30	6 13 20 27	6 13 20 27
DI	3 10 17 24 31	7 14 21 28	7 14 21 28
MI	4 11 18 25	1 8 15 22	1 8 15 22 29
DO	5 12 19 26	2 9 16 23	2 9 16 23 30
FR	6 13 20 27	3 10 17 24	3 10 17 24 31
SA	7 14 21 28	4 11 18 25	4 11 18 25
SO	1 8 15 22 29	5 12 19 26	5 12 19 26

	April	Mai	Juni
MO	3 10 17 24	1 8 15 22 29	5 12 19 26
DI	4 11 18 25	2 9 16 23 30	6 13 20 27
MI	5 12 19 26	3 10 17 24 31	7 14 21 28
DO	6 13 20 27	4 11 18 25	1 8 15 22 29
FR	7 14 21 28	5 12 19 26	2 9 16 23 30
SA	1 8 15 22 29	6 13 20 27	3 10 17 24
SO	2 9 16 23 30	7 14 21 28	4 11 18 25

	Juli	August	September
MO	3 10 17 24 31	7 14 21 28	4 11 18 25
DI	4 11 18 25	1 8 15 22 29	5 12 19 26
MI	5 12 19 26	2 9 16 23 30	6 13 20 27
DO	6 13 20 27	3 10 17 24 31	7 14 21 28
FR	7 14 21 28	4 11 18 25	1 8 15 22 29
SA	1 8 15 22 29	5 12 19 26	2 9 16 23 30
SO	2 9 16 23 30	6 13 20 27	3 10 17 24

	Oktober	November	Dezember
MO	2 9 16 23 30	6 13 20 27	4 11 18 25
DI	3 10 17 24 31	7 14 21 28	5 12 19 26
MI	4 11 18 25	1 8 15 22 29	6 13 20 27
DO	5 12 19 26	2 9 16 23 30	7 14 21 28
FR	6 13 20 27	3 10 17 24	1 8 15 22 29
SA	7 14 21 28	4 11 18 25	2 9 16 23 30
SO	1 8 15 22 29	5 12 19 26	3 10 17 24 31

Vermischte Aufgaben

1. Welche Zeitspanne dauert ungefähr so lange? Ordne den gerundeten Wert zu.

1 h 35 min ≈ $1\frac{1}{2}$ h

genaue Zeitspanne	gerundete Dauer
2 h 37 min 125 s 1 000 Tage 100 Wochen 100 Tage 1 h 55 min 33 min 10 s 1 000 s	2 min 17 min $\frac{1}{2}$ h 2 h $2\frac{1}{2}$ h 3 Monate 2 Jahre 3 Jahre

2. Sind 12 Jahre mehr als 3 600 Tage oder sogar mehr als 4 800 Tage?

3. Die Vorräte einer Höhlenexpedition reichen noch für 60 Stunden. Wie viele Tage und Stunden kann die Expedition noch ohne Hilfe von außen auskommen?

LVL **4.**

Stundenplan von Jan

Zeit	Montag	Dienstag	Mittwoch	Donnerstag	Freitag
7.55 – 8.40	Deutsch	Mathematik	Religion	Mathematik	Sport
8.40 – 9.25	Biologie	Mathematik	Religion	Deutsch	Sport
9.45 – 10.30	Englisch	Englisch	Englisch	Englisch	Mathematik
10.30 – 11.15	Mathematik	Geschichte	Deutsch	Erdkunde	Deutsch
11.35 – 12.20	Kunst	Deutsch	Musik	Biologie	Geschichte
12.20 – 13.05	Kunst	Erdkunde	Physik	Verfügungsstd.	

a) Wie viele Unterrichtsstunden hat Jan in einer Woche? Wie viele Zeitstunden und Minuten sind es?

b) Wie viele Stunden und Minuten hat Jan pro Woche Mathematik (Sport)?

c) Stelle selbst drei weitere Fragen und beantworte sie.

LVL **5.** Arbeite mit dem Auszug aus dem Fahrplan Osnabrück – Frankfurt.

a) Wann ist der erste Zug in Frankfurt?

b) Bei zwei der angegebenen Züge muss man nicht umsteigen. Wann fahren diese ab?

c) Herr Schulz nimmt den Zug um 10.38 Uhr. Wo muss er umsteigen?
Wie viel Minuten Aufenthalt hat er insgesamt?
Wie lange dauert die Fahrt?

d) Stelle selbst drei weitere Fragen und beantworte sie.

Osnabrück Hbf → Frankfurt /Main) Hbf

Ab	Zug	An	Umsteigen	Ab	Zug	An	Dauer	Verkehrstage
8:06	ICE 2545 ☕	9:18	Hannover Hbf	9:42	ICE 73 🍴	**12:00**	3:54	täglich
8:38	EC 103 🍴	10:49 11:50	Köln Hbf Frankfurt (M) Flughafen Fernbf	10:54 12:02	ICE 105 ☕ ICE 29 🍴	**12:14**	3:36	Mo
8:38	EC 101 🍴	10:49 11:50	Köln Hbf Frankfurt (M) Flughafen Fernbf	10:54 12:02	ICE 105 ☕ ICE 29 🍴	**12:14**	3:36	Di – Sa
8:38	EC 103 🍴	12:38	Mainz Hbf	12:43	IC 2227	**13:14**	4:36	Mo
8:38	EC 101 🍴	12:38	Mainz Hbf	12:43	IC 2227	**13:14**	4:36	Di – Sa
9:38	EC 23 🍴	11:44 12:50	Köln Hbf Frankfurt (M) Flughafen Fernbf	11:54 13:02	ICE 517 ☕ IC 2227	**13:14**	3:36	täglich
9:38	EC 23 🍴					**14:14**	4:36	täglich
10:12	IC 141 ☕	11:17	Hannover Hbf	11:42	ICE 75 🍴	**14:00**	3:48	täglich
10:38	IC 2303 ☕	11:33 13:50	Dortmund Hbf Frankfurt (M) Flughafen Fernbf	11:37 14:02	ICE 507 ☕ EC 23 🍴	**14:14**	3:36	täglich
11:38	IC 2027 ☕	13:44 14:50	Köln Hbf Frankfurt (M) Flughafen Fernbf	13:54 15:02	ICE 519 ☕ IC 2229	**15:12**	3:34	Mo – Sa
11:38	IC 2027 ☕					**16:14**	4:36	Mo – Sa
12:04	IC 2547 ☕	13:18	Hannover Hbf	13:42	ICE 77 🍴	**16:00**	3:56	täglich

6. Frau Schmitz arbeitet an drei Tagen in der Woche. Sie hat 18 Urlaubstage im Jahr.
Wie viele Wochen kann sie Urlaub machen?

7. 22. Dezember, 12 Uhr: Die Ferien haben begonnen und Inga freut sich auf Heiligabend.
Wie viele Stunden sind es noch bis zum 24. Dezember 18.00 Uhr?

8. Mark ist am 2. April 1996 geboren. Wie alt ist er am 5.3.2005 (1.5.2006, 31.12.2006, 1.1.2007)?

a) Berechne das Alter in vollen Jahren.

b) Berechne das Alter in Jahren und vollen Monaten.

Bleib FIT!

Die Ergebnisse der Aufgaben 1 bis 8 ergeben drei Sehenswürdigkeiten in Hannover.

1. Berechne.

a) 145,29 € + 23,59 € = ■ €

b) 27,98 € + 13,69 € – 8,82 € = ■ €

c) 35,25 € + 23,75 € – 13,97 € = ■ €

2. Berechne.

a) 112 · 36

b) 96 · 21

c) 48 · 37

3. Berechne.

a) 1 239 : 3

b) 1636 : 4

c) 5 472 : 12

4. Beim Fußballspiel wurden 648 Karten zu 8,60 € und 324 Schülerkarten zum halben Preis verkauft.

a) Wie viele Karten wurden verkauft?

b) Wie viel Euro wurden dabei eingenommen?

5. Welche Figur besitzt zwei gleich lange Diagonalen, die zueinander senkrecht sind?
Quadrat (10)
Rechteck (20)

6. Lässt sich aus diesem Netz ein Würfel falten?

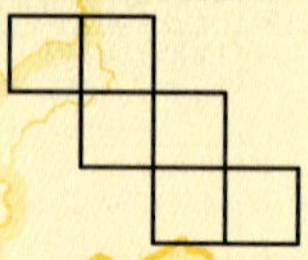

ja (30) nein (40)

7. Was stimmt?

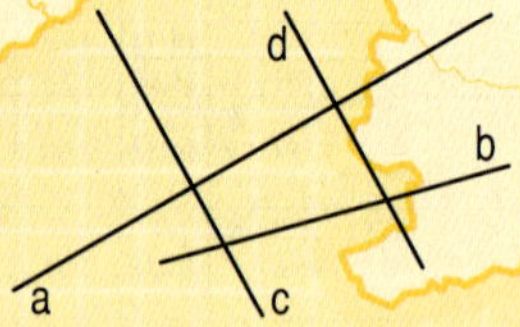

a ⊥ b (12) a ⊥ c (22) c ∥ d (32) b ∥ a (42)

8. Runde.

a) 2 398 auf Zehner

b) 44 560 auf Tausender

c) 5 649 auf Hunderter

d) 6 550 auf Tausender

10	A
20	I
22	T
30	D
32	H
32,85	A
40	F
42	F
45,03	N
49	W
178,88	O
168,88	N
409	E
413	P
456	R
972	S
1 115	G
1 776	O
2 016	S
2 390	K
2 400	A
2 842	F
4 032	A
5 600	L
5 700	B
6 000	R
6 966	T
7 000	E
8 359,20	C
45 000	L

LVL

Sport

1. Bei großen Fußballspielen, die frühzeitig ausverkauft sind, bezahlen Fans stark erhöhte Preise für Eintrittskarten. Herr Bastian hat im Vorverkauf 6 Karten für je 38 € gekauft. Welchen Verdienst hat er, wenn sich genug Käufer auf seine Anzeige melden?

2. Die bisher meisten Zuschauer in der Fußballbundesliga hatte das Spiel Hertha BSC gegen den 1. FC Köln (1:0). 88 074 Menschen kamen am 26. September 1969 ins Berliner Olympiastadion. Die wenigsten Zuschauer hatte das Spiel Rot-Weiß Oberhausen gegen Kickers Offenbach mit 1 352 in der Saison 1972/73. Berechne den Unterschied.

3. Bei der Fußballweltmeisterschaft 2002 in Korea/Japan sahen durchschnittlich 42 680 Zuschauer jedes der 64 Spiele. Wie viele waren es in allen Spielen zusammen?

4. Kurz nach dem Start eines Triathlons sind noch alle Starter dicht zusammen. Zuerst werden 3,8 km geschwommen, dann 180 km mit dem Rad gefahren und am Schluss 42,195 km gelaufen. Berechne die Gesamtstrecke.

5. 25 Chemnitzer verbesserten 1992 den acht Jahre alten Rekord im 100-km-Flossenschwimmen gleich um eine Stunde, 42 Minuten und 54 Sekunden und schwammen 14 Stunden, 12 Minuten und 47 Sekunden. Wie lautete der alte Rekord?

6. Der älteste Olympiasieger war der amerikanische Bobfahrer Jay O'Brian mit 48 Jahren und 357 Tagen. Er gewann 1932 in Lake Placid. 35 Jahre und 272 Tage jünger war Kim Yoon-Mi, die 1994 in Lillehammer der erfolgreichen südkoreanischen 3 000-m-Shorttrack-Staffel, einem Eisschnelllaufwettbewerb, angehörte. Wie alt war Kim Yoon-Mi, die jüngste Olympiasiegerin?

7. Beim Boxen dauert eine Runde 3 Minuten, die Pause dazwischen dauert eine Minute. Am 21. Juni 1932 boxte Max Schmeling gegen Jack Sharkey in New York um die Weltmeisterschaft. Der Boxkampf begann um 22.09 Uhr. Er ging über die volle Zahl von 15 Runden.

8. In der Zeit um 1900 dauerten Boxkämpfe so lange, bis ein Kämpfer nicht mehr weiterboxen konnte. Der längste Kampf begann am 6.4.1893 um 21.15 Uhr. Eine Meldung im Guinness-Buch der Rekorde von 1993 besagt, dass dieser Kampf mit Pausen 449 Minuten dauerte.

LVL **Merkwürdige Rekorde**

1.

Das ist das längste Auto der Welt. Es ist 30,48 m lang und rollt auf 26 Rädern durch Kalifornien (USA). Das Auto hat sogar einen Hubschrauberlandeplatz und einen Swimmingpool.

a) Das Auto kann in zwei gleich lange Teile zerlegt werden. Wie lang ist dann jedes der beiden Autos?

b) Das Auto ist genau so lang wie 8 Kleinwagen derselben Marke. Wie lang ist jeder?

2. 1991 wurde in Erfurt eine 1638 m lange Thüringer Bratwurst hergestellt. Eine „normale" Bratwurst ist ungefähr 24 cm lang.
Schätze zunächst, in wie viele normale Bratwürste die „Erfurter Bratwurst" hätte zerlegt werden können.
Rechne dann genau.

3. Diese Burg wurde 1991 in Bocholt aus 162 000 Bierdeckeln erbaut. Stelle dir vor, man hätte alle Bierdeckel (Dicke 2 mm) zu einem Turm übereinander gestapelt.

a) Schätze zunächst, ob der Turm ungefähr die Höhe eines Klassenzimmers (3,25 m), die Höhe eines Leuchtturmes (33 m) oder die Höhe des Pariser Eiffelturmes (321 m) hätte.

b) Berechne genau die Höhe des Turms.

Rechnen mit Tabellen

1. Svenja hat mit ihren Eltern entlang der Donau eine 5-tägige Fahrradtour unternommen, dabei hat sie fast jeden Tag den Tachostand notiert.

a) Übertrage die Tabelle in dein Heft und berechne für jeden Tag die gefahrenen Kilometer.

b) Wie lang war die Radtour insgesamt?

	Kilometerstand bei		Tagesstrecke in km
	Abfahrt	Ankunft	
Montag	295 km	333 km	
Dienstag	333 km		
Mittwoch	375 km	420 km	
Donnerstag			
Freitag	466 km	518 km	

2.

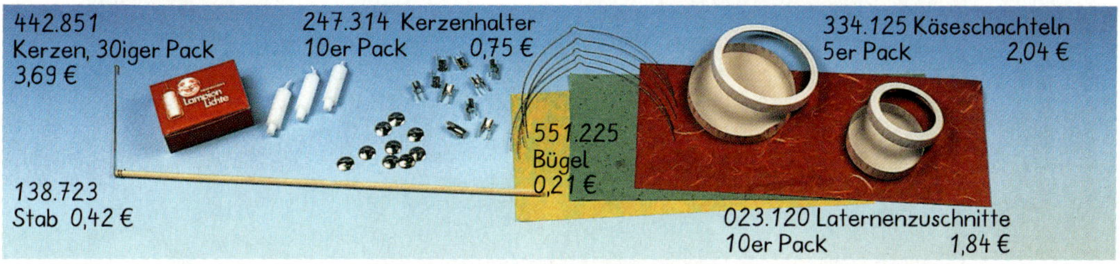

Frau Solms möchte mit ihrer Klasse, 30 Schülerinnen und Schülern, Laternen basteln.

a) Übertrage die angefangene Tabelle in dein Heft.

b) Trage ein, wie viel Stück bzw. Packungen sie von den einzelnen Artikeln bestellen muss.

c) Berechne jeweils den Gesamtpreis und vervollständige die Tabelle.

d) Wie hoch ist der Rechnungsbetrag?

Bestellnummer	Menge	Einheit	Artikelname	Einzelpreis	Gesamtpreis
334.125	6	Pack	Käseschachtel	2,04 €	

LVL **3.** Das Gewicht des Schulranzens von Schülerinnen und Schülern soll höchstens den 10ten Teil ihres Körpergewichtes betragen. Sechs Freunde haben folgende Werte gemessen:

	Sina	Max	Tim	Marlyn	Sead	Fynn
Körpergewicht in kg	44	38	46	41	39	45
Gewicht Ranzen in kg	5,3	4,6	4,2	3,9	5,1	5,1

a) Erstelle eine Tabelle nach folgendem Muster.

Name	Körpergewicht in		10ter Teil	Gewicht Ranzen	„Übergewicht"	„Untergewicht"
	kg	g	in g	in g	in g	in g
Sina	44	44 000	4 400	5 300		

b) Führt Untersuchungen in eurer Klasse durch und stellt die Ergebnisse in einer Tabelle übersichtlich dar.

LVL **4.**

Janis hat in der vergangenen Woche notiert, wann er jeweils seine Hausaufgaben erledigt hat. Lege eine Tabelle an und berechne Janis Arbeitszeit für die einzelnen Wochentage und seine Wochenarbeitszeit.

LVL

Neue Trikots für die Schulmannschaft

Macht Vorschläge, wie wir uns einkleiden sollen!

Flamenco

Trikot	27,– €
Hose	26,– €
Stutzen	6,– €
Handschuhe	24,95 €

Shark

Trikot	29,– €
Hose	40,– €
Stutzen	6,– €
Handschuhe	39,95 €

Madrid

Setpreis 459,– €

Trikot	20,– €
Short	16,– €
Stutzen	5,– €

Set besteht aus:
14 Trikots
14 Shorts
14 Paar Stutzen

Porto

Setpreis 622,– €

Trikot	26,– €
Short	22,– €
Stutzen	7,50 €

1. Wie viel sind es in der kleineren Einheit?
a) 7 cm 3 mm b) 2 m 72 cm c) 4 km 820 m

2. Schreibe mit Komma in der größeren Einheit.
a) 64 mm b) 175 cm c) 8 700 m
123 mm 238 cm 1 140 m

3. Schreibe ohne Komma in der kleineren Einheit.
a) 4,2 cm b) 4,58 m c) 3,7 km
8,7 cm 10,70 m 4,250 km

4. a) Von $6\frac{1}{2}$ m Geländer sind 2,70 m montiert.
b) 5,70 m Zaun werden um 3,50 m verlängert.

5. Franz fährt eine 7,4 km lange Strecke 6-mal.

6. Bei einem 50-km-Lauf ist die Rundstrecke 8-mal zu laufen. Wie lang ist eine Runde?

7. Wie viele der kleineren Einheiten sind es?
a) 4 kg 250 g b) 2 kg 50 g c) 3 t 400 kg

8. Schreibe mit Komma in der größeren Einheit.
a) 3 720 g b) 5 180 g c) 12 700 kg

9. Schreibe ohne Komma in der kleineren Einheit.
a) 4,630 kg b) 1,5 kg c) $5\frac{1}{2}$ t

10. a) Udos Fahrrad wiegt 14,8 kg, das Gepäck wiegt 5,4 kg. Wie schwer ist alles zusammen?
b) Mit Inhalt wiegt der Koffer 19,2 kg, ohne Inhalt wiegt er 3,4 kg.

11. Die volle Dose wiegt 0,975 kg, die leere 0,830 kg.

12. a) Wie schwer sind 12 Platten, jede mit 3,6 kg?
b) 8 Personen teilen sich 5 kg Honig.

13. a) 5 Jahre = ▒ Monate b) 4 Tage 6 h = ▒ h
c) 2 h = ▒ min d) 3 h 15 min = ▒ min
e) $4\frac{1}{3}$ min = ▒ s f) 2 min 45 s = ▒ s
g) 720 min = ▒ h h) 480 s = ▒ min

14.

	a)	b)	c)	d)
Anfang	8.15 Uhr	12.30 Uhr	9.45 Uhr	
Dauer			2 h 10 min	4 h 30 min
Ende	10.30 Uhr	17.15 Uhr		18.15 Uhr

15. Bald ist deine Einschulung 5 Jahre her. Wie viele Monate sind das, wie viele Tage?

Längen, Einheiten
1 km = 1 000 m 1 m = 10 dm = 100 cm
1 dm = 10 cm 1 cm = 10 mm

Kommaschreibweise bei Längen

km	m		
12	5	0	0

12,5 km = 12 km 500 m = 12 500 m

m	cm	
2	3	5

2,35 m = 2 m 35 cm = 235 cm

Rechnen in drei Schritten
① Umwandeln in eine kleinere Einheit
② Rechnen ohne Komma
③ Umwandeln in die ursprüngliche Einheit
3,84 m + 1,73 m = 384 cm + 173 cm
= 557 cm = 5,57 m
1,6 km · 4 = 1 600 m · 4 = 6 400 m = 6,4 km

Massen, Einheiten
1 t = 1 000 kg 1 kg = 1 000 g 1 g = 1 000 mg

Kommaschreibweise bei Massen

kg	g		
2	4	5	0

2,450 kg = 2 kg 450 g = 2450 g

Rechnen in drei Schritten: ① ② ③
1,8 kg + 0,5 kg $\overset{①}{=}$ 1 800 g + 500 g
$\overset{②}{=}$ 2 300 g $\overset{③}{=}$ 2,3 kg
1,8 kg · 4 $\overset{①}{=}$ 1 800 g · 4 $\overset{②}{=}$ 7 200 g $\overset{③}{=}$ 7,2 kg

Zeiten, Einheiten 1 Jahr = 365 Tage
1 Tag = 24 h 1 h = 60 min 1 min = 60 s

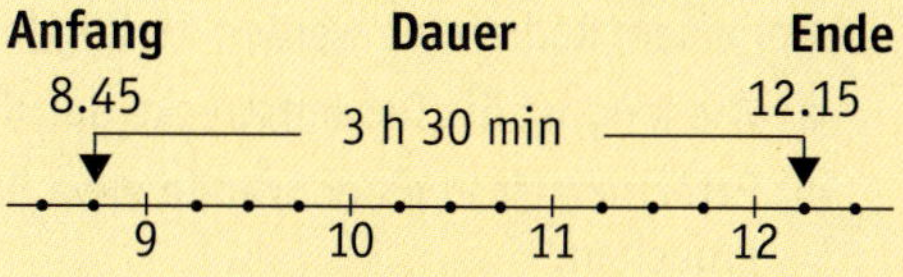

1 Jahr = 12 Monate
= 365 Tage

DIAGNOSETEST

1. Frau Sprint kauft eine Packung Cornflakes zu 3,15 € und eine Flasche Spülmittel zu 1,97 €. Wie viel Euro muss sie bezahlen?

2. Schreibe mit Komma in der größeren Einheit. a) 3 cm 7 mm b) 1 km 130 m

3. Schreibe ohne Komma in der nächstkleineren Einheit a) 7,350 kg b) 2,050 t

4. Rechne in die angegebene Einheit um. a) 4 h = ▢ min b) 3 Tage 4 h = ▢ h

5. a) Wie viel Kilogramm wiegt der Hund? b) Wie viel Kilometer ist Jan gefahren?

Wähle weitere 5 Aufgaben aus

1. Eine Dose Hundefutter kostet normalerweise 1,78 €. Im Sonderangebot wird die Dose für 1,59 € angeboten.

a) Wie viel Euro zahlt man beim Normalpreis beim Einkauf von 6 Dosen?

b) Wie viel Euro spart man, wenn man die gleiche Menge im Sonderangebot einkauft?

2. Berechne. a) 77,2 kg : 4 b) 0,257 t · 8

3. Ein Pkw ist 1,48 m hoch. Es wird ein Fahrradträger montiert, der das Auto mit Fahrrädern um 88 cm erhöht. Darf man mit Fahrrädern auf dem Dach in ein Parkhaus einfahren, bei dem die Einfahrt auf 2,10 m begrenzt ist?

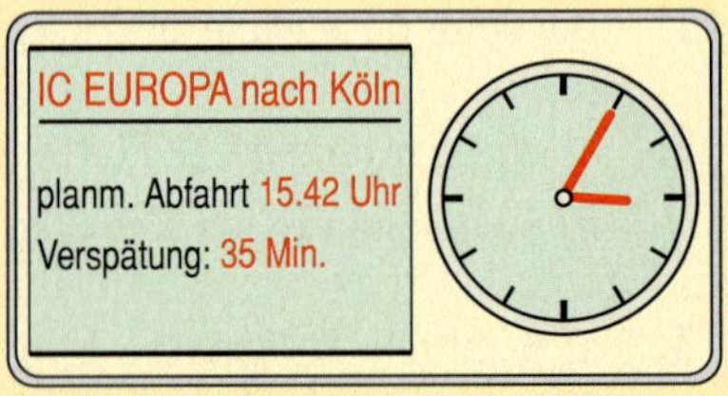

4. a) Wie lange dauert es bis zur planmäßigen Abfahrt?

b) Wie viel Zeit vergeht bis zur verspäteten Abfahrt?

5. Timos Schultag beginnt um 7.40 Uhr und endet um 13.05 Uhr.

a) Wie viel Zeit verbringt er täglich in der Schule?

b) Wie viele Stunden sind das in einer Woche (Mo. – Fr.)?

6. Bei einem Radrennen werden 15 Runden gefahren, jede 9,4 km lang.

a) Wie lang ist die Gesamtstrecke des Rennens?

b) Peter schafft in einer Stunde etwa 35 km. Wie lange würde er ungefähr für das Rennen brauchen?

7. Schreibe die wichtigen Informationen auf und löse die Aufgabe:
Peter ist 12 Jahre alt. Seine Schule ist 1,3 km von seiner Wohnung entfernt. Morgens verlässt er pünktlich um 7.30 Uhr das Haus. Im letzten Schuljahr ist Peter an 190 Tagen zur Schule geradelt. Wie viel Kilometer hat er dabei zurückgelegt?

7

Umfang und Flächeninhalt

1 Quadratmeter
(1m²)
1 m
1 m

Das Spielfeld soll vollständig mit Matten ausgelegt werden.
Wie viele Matten sollen wir denn holen?
12 m
8 m
1 m
2 m

Zerlegen und Vergleichen von Flächen

Lisa zerschneidet ein rechteckiges Stück Papier und legt es anschließend so zusammen, dass sie den Anfangsbuchstaben ihres Namens erhält. Vergleiche die Fläche des Buchstabens mit der Fläche des Rechtecks.

Flächen von unterschiedlicher Form sind gleich groß, wenn man sie aus gleich großen Teilflächen zusammensetzen kann.

Lege aus allen Teilflächen des Rechtecks ein Quadrat, sodass Rechteck und Quadrat dieselbe Größe haben.

Aufgaben

1. Zeichne ein Rechteck mit den Maßen 8 cm und 4 cm auf Karopapier. Zerschneide es so geschickt in Teilflächen, dass du mit ihnen den Buchstaben **F** legen kannst.

2. a) Jan bastelt im Werkunterricht eine Schachtel und möchte den Deckel mit Moosgummi bekleben. Die Lehrerin gibt ihm zwei gleich große rechteckige Stücke in grün und blau mit den Maßen 4 cm und 8 cm. Kann Jan daraus sein Muster herstellen? Zeichne dazu die zwei Rechtecke in dein Heft oder auf Tonpapier und zerlege sie. Überprüfe dann mithilfe von Jans Musterzeichnung.

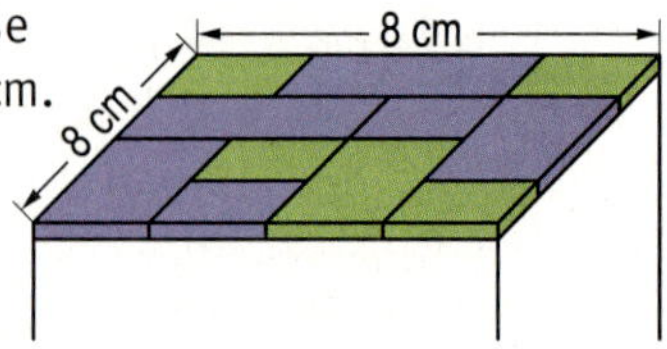

LVL b) Gibt es noch andere Muster, die sich aus den beiden rechteckigen Stücken zu einem Quadrat legen lassen? Überlege, zerlege und präsentiere dein Ergebnis den anderen.

LVL **3.** Welche Druckbuchstaben kannst du in deinem Heft mithilfe der Kästchen zeichnen und zerlegen, sodass sie sich zu einem gleich großen Rechteck neu zusammensetzen lassen?

Parkettieren

LVL **1.** Familie Schmidt hat die Fußbodenbeläge in den Kinderzimmern erneuert. Die Zimmer von Stefan, Sabine und Hella sind mit Korkfliesen ausgelegt worden. Stefan sagt: „Sabine hat es gut. Sie hat am meisten Platz in ihrem Zimmer." Sprich mit deinem Tischnachbarn über Stefans Äußerung und begründe deine Stellungnahme.

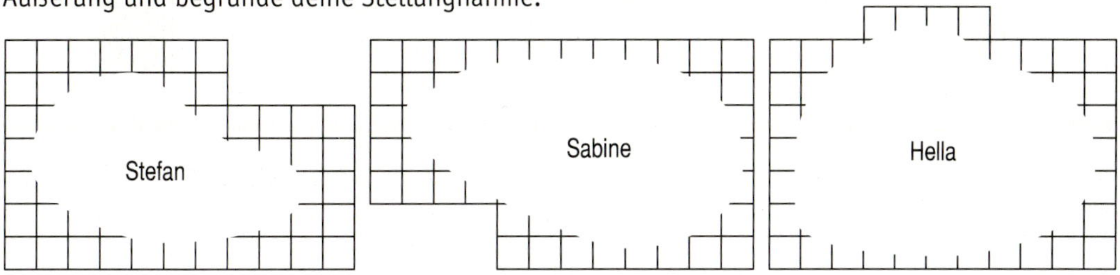

2. Zeichne das angefangene Muster in dein Heft und setze es bis zum Heftrand fort. Vergleiche jeweils die rote und die grüne Fläche miteinander.

a) 
b) 
c) 

3. Familie Fischer hat damit begonnen, ihren Balkon zu fliesen. Der Balkon ist 2 m breit und 4 m lang. Die Fliesen sind quadratisch (50 cm x 50 cm).

a) Zeichne den Balkon im Maßstab 1 : 100 (1 cm für 1 m).

b) Zeichne die Fliesen im selben Maßstab ein. Wie viele Fliesen braucht man?

c) Zeichne einen Balkon, der doppelt so lang und doppelt so breit ist. Wie viele Fliesen braucht man?

LVL **4.** Mittlerweile hat die Sophie-Scholl-Schule 16 Klassen. Dafür ist der bisherige Schulhof zu klein. Für einen neuen Schulhof werden die Grundstücke I und II angeboten.

a) Entnimm die Maße aus der Zeichnung und zeichne das Gelände genauso in dein Heft.

b) Unten rechts ist eingezeichnet, wie viel Platz eine Klasse benötigt. Zerlege den bisherigen Schulhof und die beiden Grundstücke in Quadrate dieser Größe.

c) Welches Grundstück sollte man kaufen? Begründe deine Meinung.

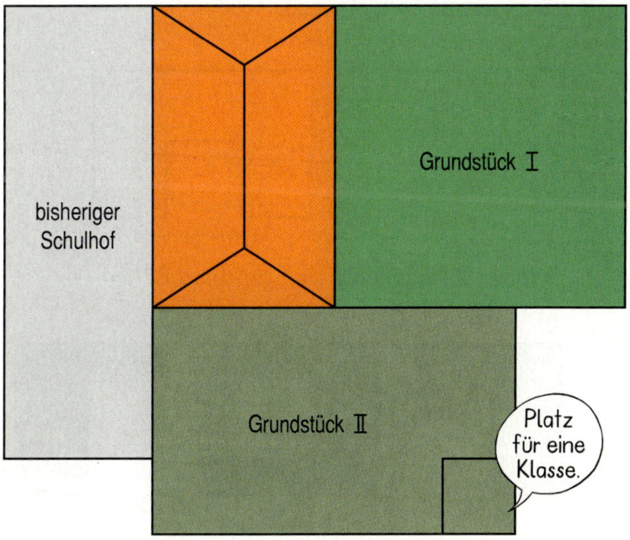

Parkettieren mit Quadratzentimetern

Ein Quadrat mit einer Seitenlänge von 1 cm hat den Flächeninhalt 1 cm² (1 Quadratzentimeter).
Es wird als Maßquadrat für die Flächenmessung benutzt.

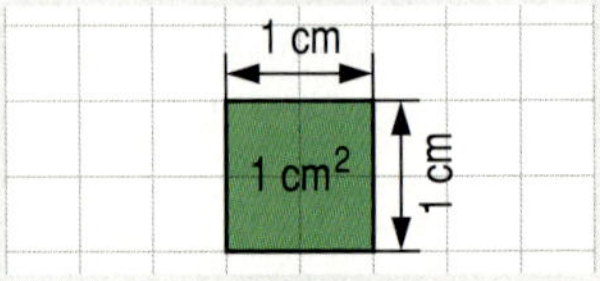

Gib den Flächeninhalt in cm² an.

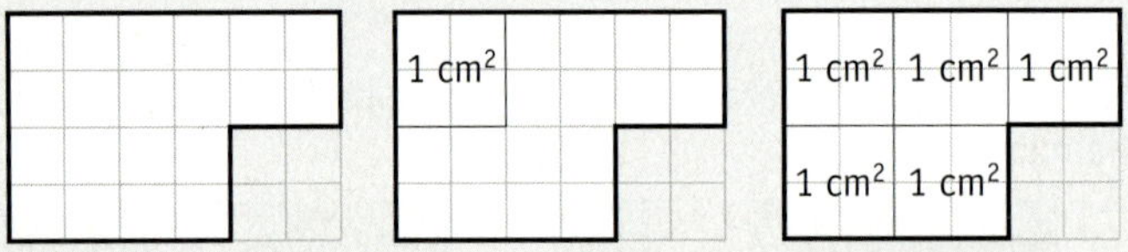

Maßeinheit

Der Flächeninhalt ist 5 cm².

Maßzahl

Aufgaben

1. Gib den Inhalt der Fläche in cm² an.

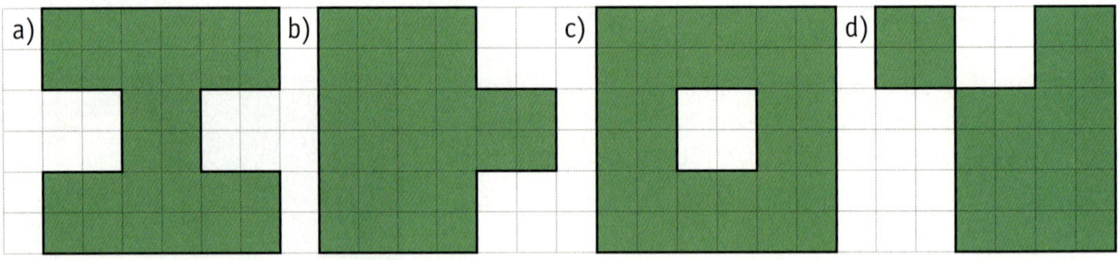

2. Zeichne jedes Mal ein Quadrat mit 10 cm Seitenlänge und färbe die angegebene Fläche ein.
a) 70 cm² b) 30 cm² c) 10 cm² d) 25 cm² e) 65 cm²

LVL **3.** Zeichne die Figur ab und fülle sie mit Maßquadraten (1 cm²) aus. Vergleiche und diskutiere verschiedene Lösungswege.

a) b) c)

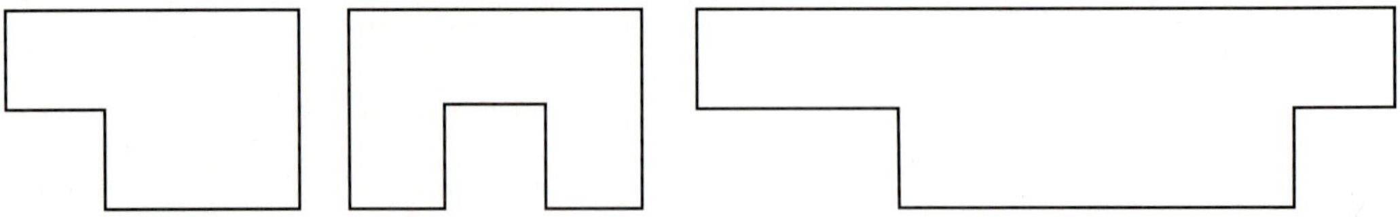

4. Welche Flächeninhalte sind gleich groß?

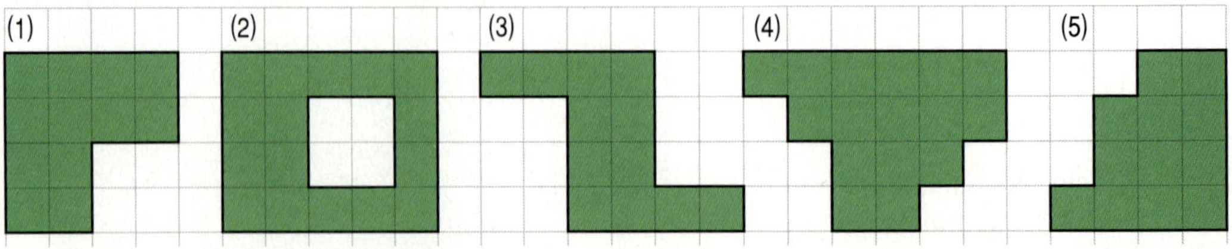

Flächeninhalt des Rechtecks

5 cm lang und 3 cm breit.
1 Streifen hat 5 cm² Flächeninhalt.
3 Streifen sind es, also 3 · 5 cm² Flächeninhalt.
Jch rechne einfach 3 cm · 5 cm.

Flächeninhalt (A) des Rechtecks: Länge · Breite

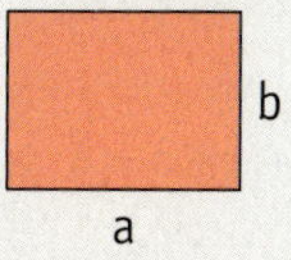

$A = a \cdot b$

Beispiel: $a = 4$ cm $b = 3$ cm
$A = 4\text{ cm} \cdot 3\text{ cm}$
$A = 12\text{ cm}^2$

Flächeninhalt des Quadrats

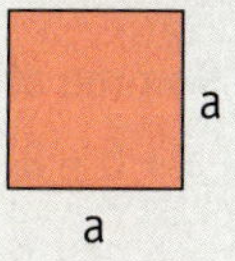

$A = a \cdot a$

Beispiel: $a = 3$ cm
$A = 3\text{ cm} \cdot 3\text{ cm}$
$A = 9\text{ cm}^2$

Aufgaben

1. Zeichne das Rechteck und berechne seinen Flächeninhalt. Unterteile die Fläche zur Kontrolle in Quadratzentimeter.

a) 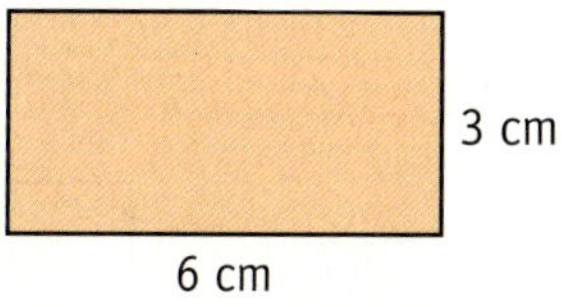
3 cm
6 cm

b) 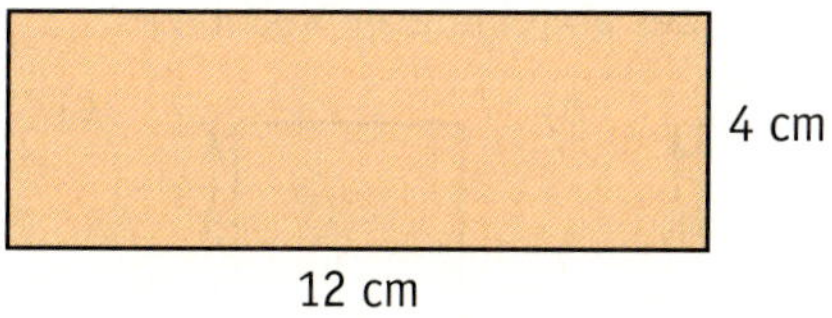
4 cm
12 cm

c) 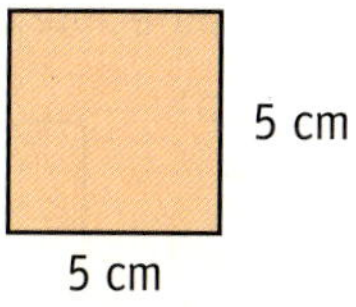

2. Berechne den Flächeninhalt des Rechtecks. Wenn es dir hilft, fertige eine Zeichnung an.

a) Länge 7 cm und Breite 3 cm b) Länge 8 cm und Breite 4 cm c) Länge 2 cm und Breite 10 cm
d) Länge 6 cm und Breite 5 cm e) Länge 9 cm und Breite 1 cm f) Länge 4 cm und Breite 5 cm

3. Berechne den Flächeninhalt des Rechtecks.

	a)	b)	c)	d)	e)	f)
Länge	12 cm	34 cm	19 cm	25 cm	86 cm	54 cm
Breite	7 cm	27 cm	48 cm	17 cm	9 cm	31 cm

LVL **4.** Peter: „Mein Rechteck hat zwei Seiten von 11 cm und zwei Seiten von 8 cm. Leider weiß ich nicht, was die Länge und was die Breite ist. Dann kann ich den Flächeninhalt nicht berechnen."
– Was sagst du dazu?

5. Berechne den Flächeninhalt des Quadrats mit der angegebenen Seitenlänge. Für die ersten Aufgaben kannst du dir eine Zeichnung als Hilfe anfertigen.

a) 6 cm b) 3 cm c) 10 cm d) 5 cm e) 8 cm
f) 18 cm g) 27 cm h) 14 cm i) 34 cm j) 67 cm

6. Berechne den Flächeninhalt des Rechtecks mit den angegebenen Seitenlängen.

a) $a = 5$ cm, $b = 4$ cm
b) $a = 6$ cm, $b = 6$ cm
c) $a = 9$ cm, $b = 7$ cm
d) $a = 14$ cm, $b = 11$ cm
e) $a = 24$ cm, $b = 18$ cm
f) $a = 20$ cm, $b = 20$ cm

Umfang des Rechtecks

Umfang (u) des Rechtecks: Summe aller Seitenlängen

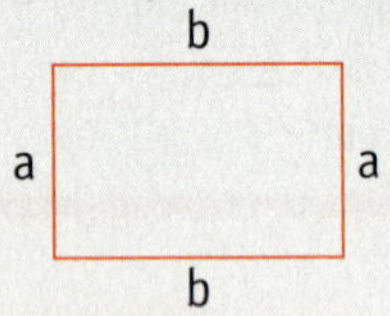

$u = a + b + a + b = 2 \cdot a + 2 \cdot b$

Beispiel: $a = 4$ cm, $b = 5$ cm
$u = 2 \cdot 4$ cm $+ 2 \cdot 5$ cm
$u = 18$ cm

Quadrat

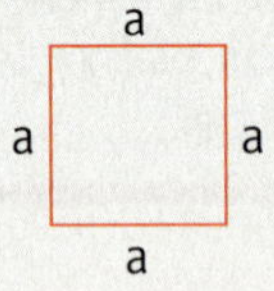

$u = a + a + a + a = 4 \cdot a$

Beispiel: $a = 3$ cm
$u = 4 \cdot 3$ cm
$u = 12$ cm

Aufgaben

1. Berechne den Umfang des abgebildeten Rechtecks.

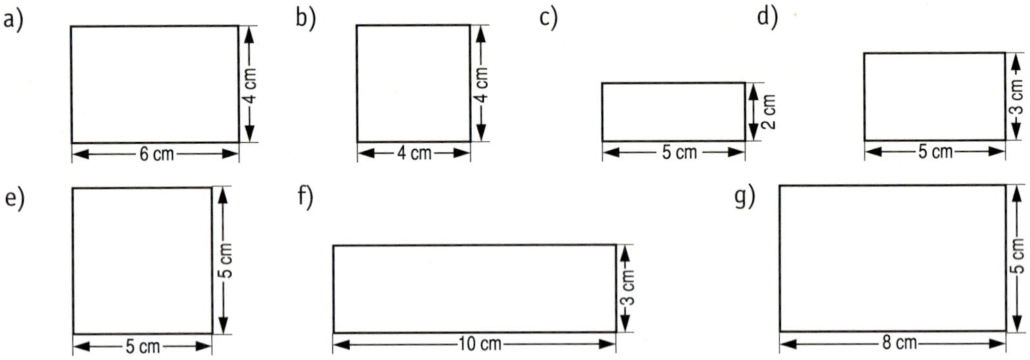

2. Berechne den Umfang des Rechtecks. Vielleicht hilft dir zu Anfang eine Skizze.

	a)	b)	c)	d)	e)	f)
Länge a	8 cm	15 cm	38 cm	72 cm	16,5 cm	26,5 cm
Breite b	7 cm	10 cm	59 cm	16 cm	20 cm	58,5 cm

3. Berechne den Umfang des Rechtecks mit den angegebenen Seitenlängen.

a) $a = 16$ cm $b = 10$ cm b) $a = 24$ cm $b = 18$ cm c) $a = 42$ cm $b = 33$ cm

4. Berechne den Umfang des Quadrats mit der angegebenen Seitenlänge.

a) $a = 9$ cm b) $a = 14$ cm c) $a = 22$ cm d) $a = 48$ cm e) $a = 56$ cm f) $a = 62{,}5$ cm

LVL **5.** Berate dich mit anderen und stelle dein Ergebnis dar: Welche Rechtecke sind mit dem angegebenen Flächeninhalt und Umfang möglich, und wie sehen sie aus?

① $A = 24\ cm^2$, $u = 22$ cm ② $A = 48\ cm^2$, $u = 24$ cm ③ $A = 36\ cm^2$, $u = 26$ cm

Vermischte Aufgaben

1. Ordne die passenden Flächeninhalte zu.

2. Bestimme den Umfang durch Ausmessen und Ausrechnen.

a) von deinem Mathematikbuch
b) von deinem Rechenheft
c) vom Poster deines Lieblingspopstars
d) von einem Stück Schokolade

3. Berechne den Umfang und den Flächeninhalt des Quadrates mit der angegebenen Seitenlänge.

a) 8 cm b) 12 cm c) 7 cm d) 20 cm e) 15 cm f) 9 cm g) 100 cm

4. Frau Hotop, Herr Ekkart und Frau Sommer müssen ihre Schrebergärten einzäunen, da das angebaute Gemüse auch den Kaninchen schmeckt. Welcher Schrebergarten hat den längsten Zaun?

5. Der Hase Otto fühlt sich in seinem rechteckigen Gehege mit einer Länge von 2 m und einer Breite von 1 m nicht mehr wohl. Tobi verlängert alle Seiten um 1 m. Fertige eine Skizze an.

a) Um wie viel ändert sich der Umfang des Geheges?
b) Das Wievielfache der Fläche hat Otto nun zur Verfügung?

LVL **6.** Frau Kunze hat ihren drei Kindern die abgebildeten Grundstücke geschenkt. Stelle drei Fragen und berechne die Lösungen.

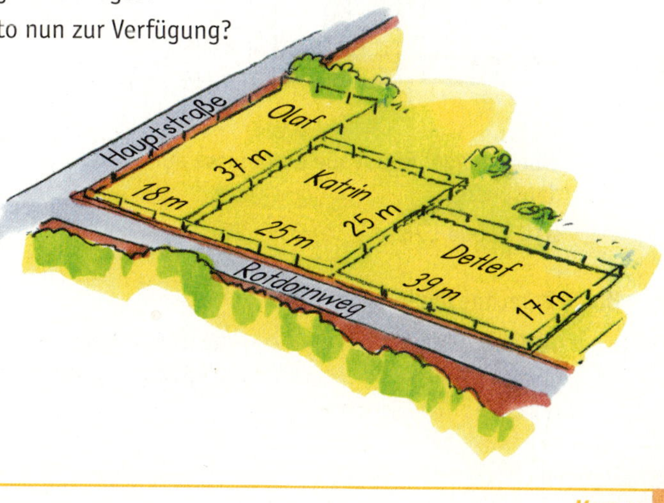

LVL **7.** Ein Rechteck hat 24 cm² Flächeninhalt. Welche Länge und Breite kann es haben? Es gibt mehrere Möglichkeiten. Zeichne zwei davon und präsentiere sie den anderen. Berechne auch jeweils den Umfang.

Bleib FIT!

Die Ergebnisse der Aufgaben 1 bis 8 ergeben drei Landschaften in Niedersachsen.

1. Rechne in die angegebene Einheit um.
a) 4 Tage 6 Std = ■ h (Stunden)
b) 3 Std 35 min = ■ min
c) 1 875 g = ■ kg
d) 3 m 4 dm = ■ cm

2. Wie viel m sind es?
a) 2,87 m + 0,95 m
b) 12,75 m – 8,87 m
c) 725 m + 1,3 km

3. Berechne.
a) 332 · 27
b) 167 · 23
c) 235 · 58

4. Ein Sportgeschäft kauft 30 Paar Turnschuhe zum Gesamtpreis von 2 340 €. Wie viel € kostet ein Paar Turnschuhe für das Sportgeschäft?

5. Berechne die fehlenden Werte.

Anfang	9.20 Uhr	7.45 Uhr	■.■ Uhr
Dauer	■ h ■ min	■ h ■ min	3 h 15 min
Ende	11.45 Uhr	12.05 Uhr	18.00 Uhr

6. Wie oft gibt es die Note 2, wie oft die Note 4, wie oft die 5?

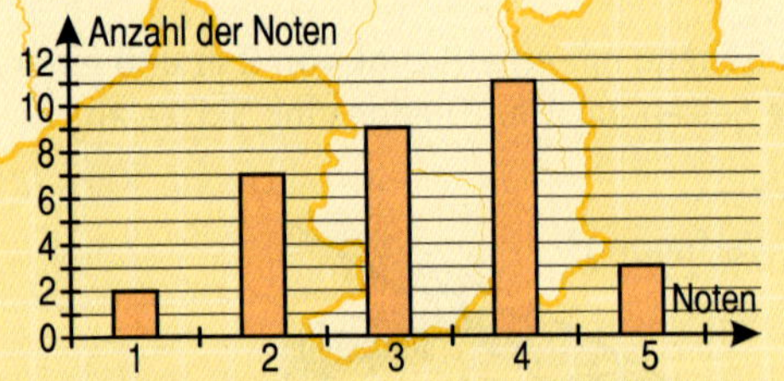

7. Überschlage. Runde die Ergebnisse auf Tausender.
a) 157 000 : 78
b) 215 · 58

8. Berechne die fehlende Zahl.
a) 442 : ■ = 17
b) ■ : 26 = 38
c) ■ : 47 = 23
d) 225 : ■ = 15

1,875 R
3 E
2 N
3,88 M
3,82 A
4 W
7 R
11 B
14 S
15 D
18,75 G
20 E
25 D
26 L
45 E
78 A
102 H
215 A
250 G
340 Z
738 T
988 A
1 081 N
1 082 U
2 000 R
2 025 M
3 841 R
8 964 E
12 000 G
13 630 L
13 670 T

Flächenmaße dm^2, cm^2, mm^2

Wie viele Maßquadrate von $1\,cm^2$ sind in einem Streifen enthalten?

Wie viele Streifen hat das Quadrat mit der Seitenlänge von 10 cm?

Wie viele Maßquadrate von $1\,cm^2$ passen also in dieses Quadrat?

Wie viele kleine Maßquadrate (mm^2) passen in das Quadrat mit der Seitenlänge von 1 cm = 10 mm?

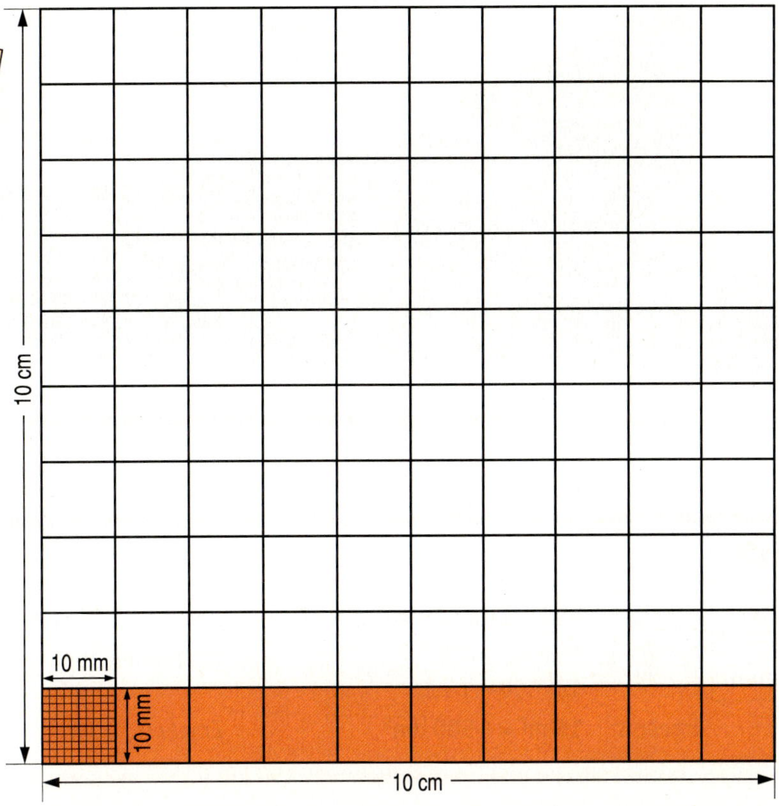

$1\,dm^2 = 100\,cm^2$ (Quadratdezimeter)

$1\,cm^2 = 100\,mm^2$ (Quadratzentimeter) (Quadratmillimeter)

$1\,dm^2 = 10\,000\,mm^2$

TIPP Vom Größeren zum Kleineren: **malnehmen.**

Aufgabe:	**Wandle um: $13\,dm^2$ in cm^2**
Rechnung:	$1\,dm^2 = 100\,cm^2$
	$13 \cdot 100 = 1\,300$
Ergebnis:	**$13\,dm^2 = 1\,300\,cm^2$**

Aufgabe:	**Wandle um: $24\,000\,mm^2$ in cm^2**
Rechnung:	$100\,mm^2 = 1\,cm^2$
	$24\,000 : 100 = 240$
Ergebnis:	**$24\,000\,mm^2 = 240\,cm^2$**

TIPP Vom Kleineren zum Größeren: **teilen.**

Aufgaben

LVL **1.** Welche Einheit erscheint für die folgenden Flächen jeweils am geeignetsten: dm^2, cm^2 oder mm^2? Überlege und vertritt deine Meinung in der Klasse.

Atlas | Postkarte | Stecknadelkopf | Briefmarke | Mücke | Telefonbuch

2.
a) $6\,dm^2 = ■\,cm^2$; $12\,dm^2 = ■\,cm^2$
b) $5\,cm^2 = ■\,mm^2$; $82\,cm^2 = ■\,mm^2$
c) $67\,dm^2 = ■\,cm^2$; $78\,cm^2 = ■\,mm^2$
d) $7\,cm^2 = ■\,mm^2$; $11\,dm^2 = ■\,cm^2$
e) $200\,cm^2 = ■\,dm^2$; $7\,500\,cm^2 = ■\,dm^2$
f) $600\,mm^2 = ■\,cm^2$; $2\,800\,mm^2 = ■\,cm^2$
g) $300\,mm^2 = ■\,cm^2$; $900\,cm^2 = ■\,dm^2$
h) $9\,800\,cm^2 = ■\,dm^2$; $6\,400\,mm^2 = ■\,cm^2$

Flächenmaß m^2

100 cm lang, 100 cm breit, das sind viele Quadratzentimeter.
Die Klapptafel ist 1 m lang und 1 m breit, also genau einen Quadratmeter groß.
Das sind übrigens genau 100 dm².

Quadratmeter: **$1\ m^2 = 100\ dm^2 = 10\,000\ cm^2$**

TIPP
Umwandeln in die kleinere Einheit: **malnehmen.**

Aufgabe: **Wandle um: $15\ m^2$ in dm^2**
Rechnung: $1\ m^2 = 100\ dm^2$
$15 \cdot 100 = 1\,500$
Ergebnis: **$15\ m^2 = 1\,500\ dm^2$**

Aufgabe: **Wandle um: $700\ dm^2$ in m^2**
Rechnung: $100\ dm^2 = 1\ m^2$
$700 : 100 = 7$
Ergebnis: **$700\ dm^2 = 7\ m^2$**

TIPP
Umwandeln in die größere Einheit: **teilen.**

Aufgaben

LVL **1.** Welche Fläche ist größer als $1\ m^2$? Überlege mit anderen und begründe.
a) Garagentor b) Autodach c) Computerbildschirm d) Schreibtischplatte
e) Englischbuch f) Zeichenblock g) Klassenzimmertür h) Badetuch

2. Ordne die Flächenmaße zu.

3. Wandle in die angegebene Einheit um.
a) $7\ m^2 = \square\ dm^2$; $15\ cm^2 = \square\ mm^2$
b) $4\ dm^2 = \square\ cm^2$; $26\ dm^2 = \square\ cm^2$
c) $500\ dm^2 = \square\ m^2$; $6\,000\ cm^2 = \square\ dm^2$
d) $30\,000\ mm^2 = \square\ cm^2$; $5\,400\ dm^2 = \square\ m^2$

4. a) $600\ mm^2 = \square\ cm^2$; $2\,600\ cm^2 = \square\ dm^2$
b) $41\,000\ dm^2 = \square\ m^2$; $7\,000\ mm^2 = \square\ cm^2$
c) $81\ dm^2 = \square\ cm^2$; $4\ m^2 = \square\ dm^2$
d) $120\ dm^2 = \square\ mm^2$; $73\ m^2 = \square\ cm^2$

LVL **5.** Überlege, diskutiere mit anderen, begründe.
Die Klassenlehrerin der 5a stellt den Schülerinnen und Schülern die Aufgabe der Woche:
„Ist unser Klassenraum 5 Millionen mm^2 oder 54 Millionen mm^2 oder $520\,000\ mm^2$ groß?"

LVL **6.** Zeichne ein Quadrat mit dem Inhalt $1\ dm^2$ und dann ein Quadrat mit dem Inhalt $\frac{1}{2}\ dm^2$.

Vermischte Aufgaben

LVL **1.** Wie groß ist der Flächeninhalt ungefähr? Vergleiche dein Ergebnis mit anderen.

2. a) Wie viele Maßquadrate von 1 dm^2 braucht man um 1 m^2 auszulegen?
b) Wie viele Maßquadrate von 1 cm^2 braucht man um 1 m^2 auszulegen?
c) Wie viele Maßquadrate von 1 mm^2 braucht man um 1 cm^2 auszulegen?

3. a) 100 Quadratzentimeter sind zu einem Quadrat gelegt. Gib die Seitenlänge an.
b) 10 000 Quadratmillimeter sind zu einem Quadrat gelegt. Wie lang ist die Seitenlänge dieses Quadrates?

4. Wandle in die angegebene Flächeneinheit um.

a) 7 cm^2 = ▒ mm^2	b) 300 dm^2 = ▒ m^2	c) 12 m^2 = ▒ dm^2
d) 24 m^2 = ▒ dm^2	e) 1 600 cm^2 = ▒ dm^2	f) 9 cm^2 = ▒ mm^2
g) 380 dm^2 = ▒ cm^2	h) 9 700 mm^2 = ▒ cm^2	i) 87 dm^2 = ▒ cm^2

5. Wandle in Quadratmillimeter um.

a) 1 cm^2	b) 12 cm^2	c) 76 cm^2	d) $\frac{1}{2}$ cm^2	e) $5\frac{1}{2}$ cm^2
9 cm^2	15 cm^2	69 cm^2	$2\frac{1}{2}$ cm^2	$7\frac{1}{2}$ cm^2

50 mm^2 = $\frac{1}{2}$ cm^2

6. a) Frau Schmidt möchte den Fußboden ihres 3 m langen und 2 m breiten Badezimmers neu fliesen. Sie kauft quadratische Fliesen ein, jede ist 1 dm^2 groß. Wie viele Fliesen braucht Frau Schmidt?
b) Wie viele quadratische Fliesen der Größe 1 dm^2 werden benötigt, um eine Wandfläche von 4 m Länge und 1,50 m Breite zu überdecken?

7. a) Bestimme den Flächeninhalt in mm^2 und in cm^2.

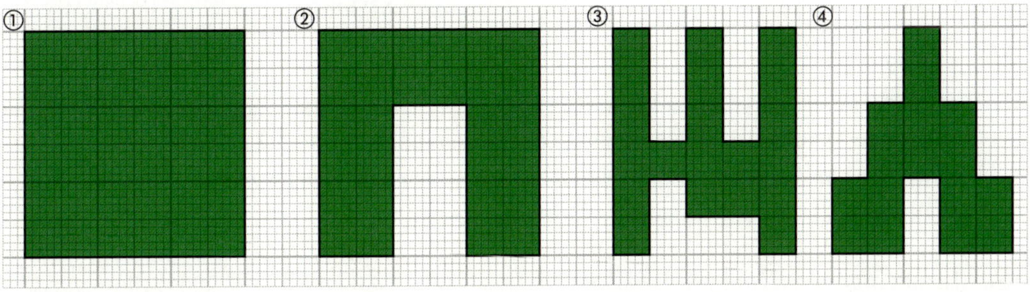

LVL b) Zeichne zwei weitere Muster in dein Heft und bestimme den Flächeninhalt in mm^2 und cm^2.

8. Die Villa Kunterbunt hat sechs verschiedene Fenstertypen. Dies sind die Maße für Länge und Breite:

80 cm x 90 cm; 40 cm x 90 cm
160 cm x 90 cm; 80 cm x 180 cm
100 cm x 150 cm; 40 cm x 180 cm

a) Berechne die Glasflächen in cm^2 und wandle das Ergebnis in dm^2 um.

b) Berechne den Umfang des Holzrahmens in m für jeden Fenstertyp.

c) Fertige eine Tabelle mit Spalten für Länge, Breite, Fläche und Umfang an. Vergleiche die Zeilen miteinander.

9. Nach dem letzten Regen entschließt sich Pippi Langstrumpf das Dach neu decken zu lassen. Wie viel m^2 ist es groß? Ziehe dabei von der gesamten Dachfläche 4 m^2 für die dreieckige Gaube ab.

10. Der Balkon hat eine Fläche von 5 m^2 und eine Breite von 2 m. Passt das Pferd mit einer Länge von 2,20 m unter den Balkon?

11. Gegeben sind Länge (a) und Breite (b) eines Rechtecks. Berechne Umfang und Flächeninhalt.

a) a = 8 cm, b = 12 cm b) a = 13 m, b = 5 m c) a = 9 mm, b = 7 mm d) a = 34 m, b = 15 m

12. a) Ein Rechteck ist 8 cm lang und hat einen Umfang von 26 cm. Wie breit ist es und welchen Flächeninhalt hat es?

b) Ein Rechteck ist 5 cm breit und hat einen Umfang von 32 cm. Wie lang ist es und welchen Flächeninhalt hat es?

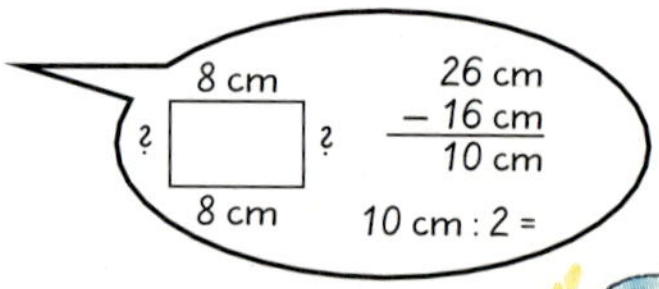

13. Frau Lampe joggt jeden Morgen. Ihre Laufstrecke (rot) beträgt 2 km.

a) Heute ist sie gerade 400 m gelaufen, da sieht sie einen Hund. Wie weit ist er noch entfernt?

b) Berechne die Fläche der Tannenschonung, die Frau Lampe jeden Morgen umrundet.

c) Auf 1 m^2 stehen 6 Tannen. Wie viele Tannen befinden sich auf der gesamten Fläche?

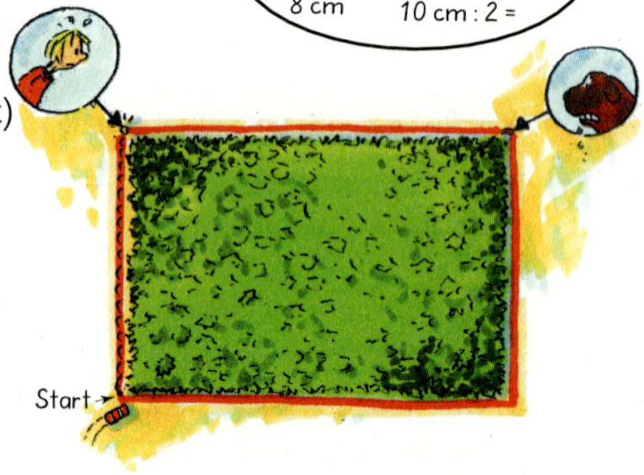

LVL **14.** Auf einem 13 m langen und 18 m breiten Grundstück soll ein neuer Spielplatz errichtet werden. Er soll zwei Eingänge von 1,50 m Breite erhalten. Der Rest wird eingezäunt. Der Sandkasten soll 48 m^2 groß werden. Für 3 Spielgeräte benötigt man je 3 m x 4 m Platz, für ein Klettergerüst 5 m x 7 m.

a) Zeichne den Spielplatz verkleinert (1 cm für 1 m). Wo die Eingänge, der Sandkasten, und die Spielgeräte und das Klettergerüst liegen sollen, darfst du selbst entscheiden.

b) Welche Abmessungen sind für den Sandkasten möglich, welche wären sinnvoll?

c) Überlege dir weitere Fragen und berechne die Lösung.

LVL **15.** Familie Werner möchte den Fußboden im Flur (Länge 1,80 m; Breite 1,50 m) fliesen lassen. Die ausgesuchten Fliesen haben eine Größe von 30 cm x 30 cm. 10 Fliesen kosten 23 €. Stelle drei Fragen und berechne die Lösungen.

Die Klasse 5d gestaltet ihren Klassenraum neu

LVL

Die Schülerinnen und Schüler der Klasse 5d möchten mithilfe ihrer Eltern und ihrer Klassenlehrerin den Klassenraum renovieren.

1. Die Wände sollen neu gestrichen werden. Dazu muss die Gesamtfläche ermittelt werden. Bedenke, dass Türen und Fenster nicht gestrichen werden. Auch die Tafel wird nicht abgebaut. Die Heizkörper sind neu, aber die Wand hinter ihnen wird gestrichen. Übertrage die Tabelle in dein Heft und berechne die einzelnen Flächeninhalte. Überlege dann, welche Flächen addiert und welche subtrahiert werden müssen.

	1. Wand	Tafel	2. Wand	Fenster	3. Wand	Tür	4. Wand
Länge	6 m						
Breite	3 m						
Flächeninhalt							

2. Nun wird ermittelt, wie viel Farbe eingekauft werden muss und wie teuer die Farbe ist.

TIPP

Weiter geht's!
1. Wandfläche – Tafelfläche
+ 2. Wandfläche – 4 · ▭
+ ▭ – ▭ + ▭ = Gesamtfläche

3. Um dem Klassenraum etwas mehr Farbe zu geben, sollen bunte Leisten an den Deckenkanten angebracht werden. Wie viel m Leisten werden gebraucht?

4. Für die geplante Leseecke, die 3 m x 2 m groß werden soll, wollen Julias Eltern einen Teppichrest zur Verfügung stellen. Zwei Reste stehen zur Auswahl: ein 7 m² großes rechteckiges Stück (eine Seite 3,50 m) und ein 7,5 m² großes rechteckiges Stück (eine Seite 4 m). Welcher Rest wäre geeignet?

LVL

Tierhaltung

Aus der Gesetzesvorschrift für Hundehalter:

Die Grundfläche des Zwingers muss der Zahl und Art der gehaltenen Hunde angepasst sein. Die Mindestbreite des Zwingers muss der Körperlänge des Hundes entsprechen. Für einen mittelgroßen, über 20 kg schweren Hund ist eine Grundfläche von mindestens 6 m^2 erforderlich; für jeden weiteren in demselben Zwinger gehaltenen Hund sind der Grundfläche 3 m^2 hinzuzurechnen.

1. Bevor du die Fragen a) bis d) beantwortest, lege dir eine Tabelle an, wie du es auf Seite 76 gelernt hast. Dann beantworte die Fragen.

a) Wie breit muss der Zwinger für einen 1 m langen Hund mindestens sein?

b) Wie viel Quadratmeter Grundfläche muss der Zwinger für einen 25 kg schweren Hund mindestens haben?

c) Wie viel Quadratmeter Grundfläche muss der Zwinger für zwei Hunde (beide schwerer als 20 kg) mindestens haben?

d) Wie viel Quadratmeter Grundfläche muss der Zwinger für drei über 20 kg schwere Hunde mindestens haben?

Wichtig für Frage a)	Wichtig für Frage b)	Wichtig für Frage ...
Die Mindestbreite des Zwingers muss der Körperlänge des Hundes entsprechen, ...	Für einen mittelgroßen, ...	

2. a) Zeichne zwei Möglichkeiten auf, wie der Zwinger für einen 1 m langen Hund aussehen könnte. (Maßstab 1 : 100, d. h. 1 cm entspricht 1 m).

b) Zeichne zwei Möglichkeiten auf, wie der Zwinger für drei Hunde aussehen könnte.

c) Überschlage, wie viel Platz in deinem Klassenzimmer für einen Schüler zur Verfügung steht. Vergleiche mit der „Hundezwingerverordnung“ und diskutiere mit deinem Nachbarn.

3. Jannik hat ein Kaninchen geschenkt bekommen. Er weiß, dass ein Kaninchen mindestens 20 dm^2, besser aber 40 dm^2 Platz im Käfig haben sollte.

a) Welche der angebotenen Käfige kommen in Frage?

b) In seinem Zimmer hat Jannik zwischen dem Schreibtisch und dem Schrank genau 65 cm Platz für einen Käfig. Welche Käfige könnte er kaufen?

c) Für welchen Käfig soll er sich entscheiden? Begründe deine Meinung.

1. Nenne Gegenstände, die ungefähr 1 m^2 groß sind (z. B. Schreibtischplatte).

2. Gib den Inhalt der Fläche in cm^2 an.

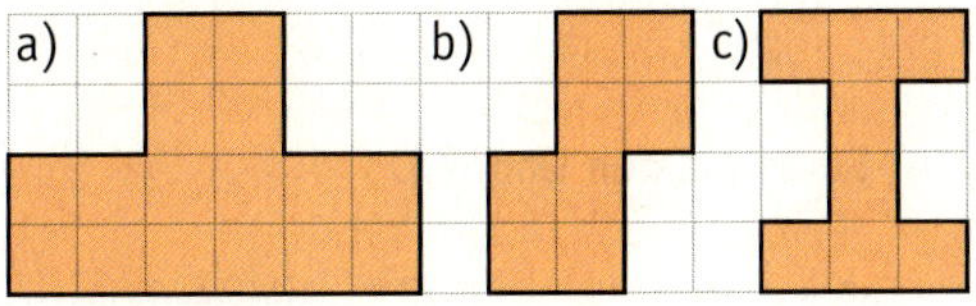

3. Gib die Flächeninhalte in cm^2 an.

a)	b)	c)
1 dm^2	300 mm^2	56 dm^2
21 dm^2	2 500 mm^2	200 mm^2
$7\frac{1}{2}$ dm^2	50 mm^2	$25\frac{1}{2}$ dm^2

4. Berechne den Flächeninhalt des Rechtecks.

a) Länge 15 cm, Breite 12 cm
b) Länge 28 cm, Breite 56 cm

5. Berechne die fehlende Seitenlänge des Rechtecks. Notiere dazu deinen Rechenweg.

a) A = 36 cm^2, Länge 6 cm
b) A = 135 cm^2, Breite 5 cm

6. Ein rechteckiger Handspiegel hat die Maße 12 cm und 9 cm. Wie groß ist die Fläche?

7. Ein Grundstück ist 30 m lang und 20 m breit. Gib den Flächeninhalt an.

8. Berechne den Umfang der beiden Rechtecke.

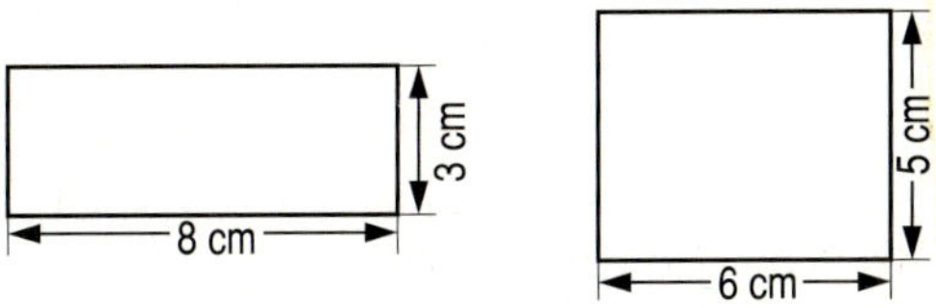

9. Wie groß ist die fehlende Seitenlänge des Rechtecks? Notiere dazu deinen Rechenweg.

a) u = 38 cm, Länge 12 cm
b) u = 95 cm, Breite 13 cm

10. Berechne Seitenlänge oder Umfang des Quadrates.

a) a = 8 cm
b) a = 24 cm
c) u = 24 cm
d) u = 128 cm

11. Berechne u und A des Rechtecks.

a) Länge 25 cm, Breite 4 cm
b) Länge 48 cm, Breite 16 cm

Ein Quadrat mit einer Seitenlänge von 1 m hat den Flächeninhalt 1 m^2 **(1 Quadratmeter).**

Flächenmaße für kleine Flächen

1 m^2 = 100 dm^2

1 dm^2 = 100 cm^2

1 cm^2 = 100 mm^2

1 mm^2.

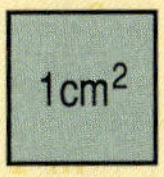

Flächeninhalt A eines Rechtecks:

A = Länge · Breite   A = a · b

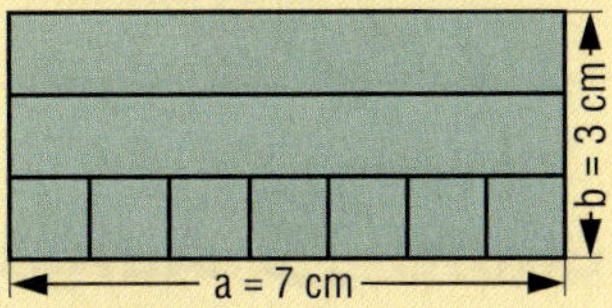

A = 7 cm · 3 cm
A = 21 cm^2

Flächeninhalt A eines Quadrates:

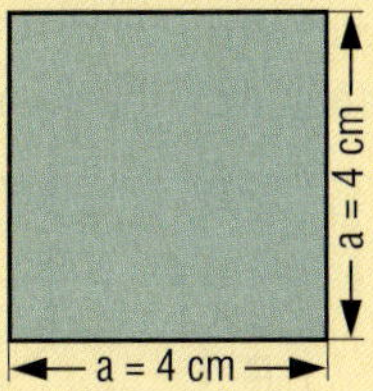

A = a · a
A = 4 cm · 4 cm
A = 16 cm^2

Umfang u eines Rechtecks:

u = Summe aller Seitenlängen

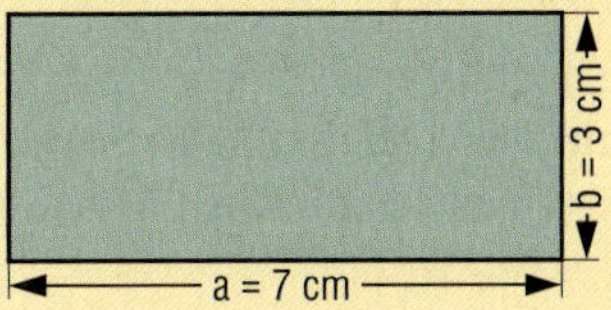

u = a + b + a + b = 2 · a + 2 · b
u = 7 cm + 3 cm + 7 cm + 3 cm
u = 20 cm

Umfang u eines Quadrates:

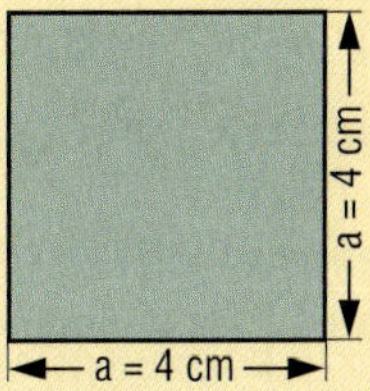

u = a + a + a + a
a = 4 · a

u = 4 · 4 cm
u = 16 cm

1. Ordne den Gegenständen den passenden Flächeninhalt zu:
Englischbuch – CD-Hülle – Badetuch – Briefmarke – Fernsehbildschirm
6 cm^2 – 340 cm^2 – 24 dm^2 – 2 m^2 – 175 cm^2

2. Ein Rechteck ist 6 cm lang und 4 cm breit.
a) Berechne den Flächeninhalt. b) Berechne den Umfang.

3. Bestimme den Flächeninhalt der abgebildeten Figur in cm^2.

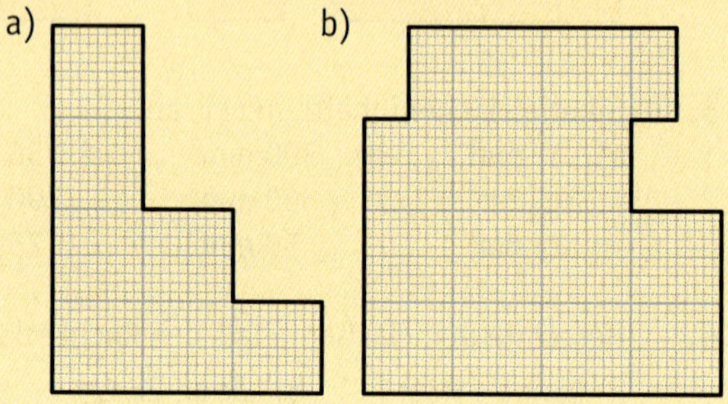

4. Rechne um:
a) 20 cm^2 = ▒ mm^2 b) 10 m^2 = ▒ dm^2

5. Rechne in die nächstgrößere Einheit um:
a) 300 dm^2 b) 25 000 mm^2

Wähle weitere 5 Aufgaben aus

1. Zeichne zwei verschiedene Rechtecke, die beide einen Flächeninhalt von 18 cm^2 haben.

2. Welche Flächen haben den gleichen Flächeninhalt?

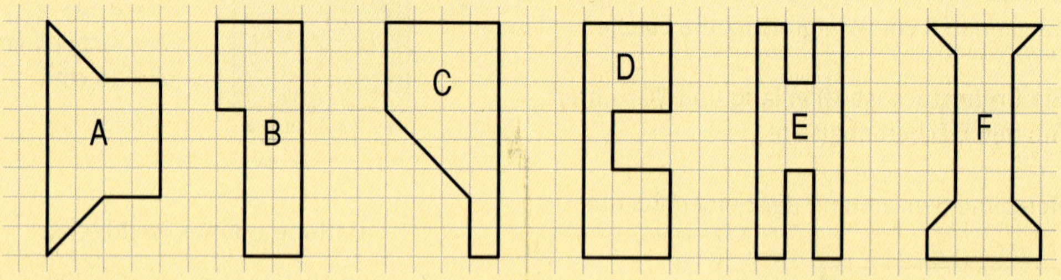

3. Zeichne die Grundfläche (den Boden) des Kaninchenkäfigs. (Maßstab 1 : 10). Welche Fläche soll laut Gesetz ein Kaninchen zur Verfügung haben?

4. Wie viel Gitterdraht braucht man für die 4 Seiten des Kaninchenkäfigs? Wie viel Quadratmeter Sperrholz braucht man für den Deckel des Käfigs?

Aus einer Tierzeitschrift:
Kaninchen haben einen starken Bewegungsdrang. Deshalb ist für zwei Zwergkaninchen eine Mindestgröße des Käfigs von 120 cm x 80 cm vorgeschrieben. Die Höhe darf nicht unter 50 cm sein. Außerdem muss der Käfig einen Deckel haben, da Kaninchen problemlos 70 cm hohe Hindernisse überspringen können.

5. Herr Schleicher hat seinen drei Kindern Stefan, Michael und Christina drei Grundstücke geschenkt.
a) Welches Grundstück hat die größte Fläche?
b) Welches Grundstück hat den größten Umfang?

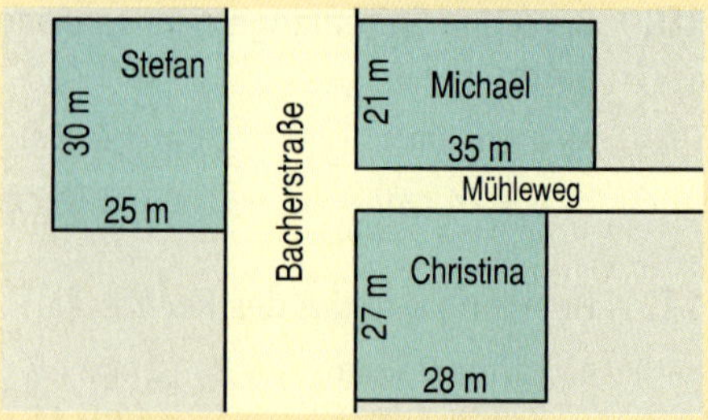

6. Herr Lütje fertigt einen 2 m^2 großen Teppich. Auf 1 dm^2 passen 182 Knoten. Wie viele Knoten muss er insgesamt knüpfen?

8

Brüche

Stamm-
brüche!
1/6
Die Hälfte rot,
ein Drittel
grün ...
Viertel und
Achtel sind
leicht!
Ich schaffe auch
Drittel und
Sechstel!
Fünftel
und
Zehntel ...?

Stammbrüche

Zerlegung in **Halbe**

$\frac{1}{2}$ (ein halb); z. B. 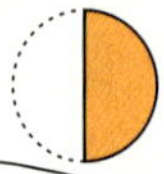

Ein Zweitel wäre ja logischer. Sagt man aber nicht.

Zerlegung in **Drittel**

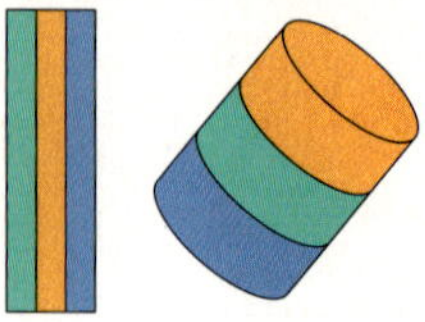

$\frac{1}{3}$ (ein Drittel); z. B. 

Zerlegung in **Fünftel**

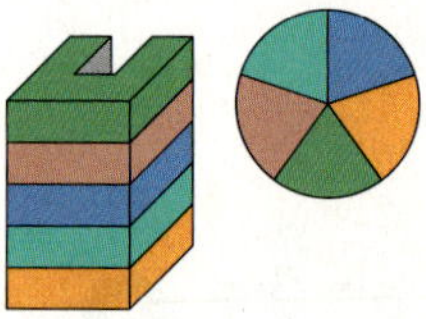

$\frac{1}{5}$ (ein Fünftel); z. B. 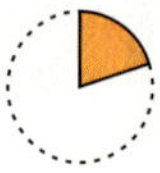

$\frac{1}{2}$ (ein halb), $\frac{1}{3}$ (ein Drittel), $\frac{1}{4}$ (ein Viertel) usw. heißen **Stammbrüche.**
$\frac{1}{2}$ von einem Ganzen ist die Hälfte, $\frac{1}{3}$ von einem Ganzen ist der dritte Teil usw.

Aufgaben

1. Schreibe im Heft auf, welcher Bruchteil jeweils gefärbt ist.

a) b) c) d) e) f) g) h)

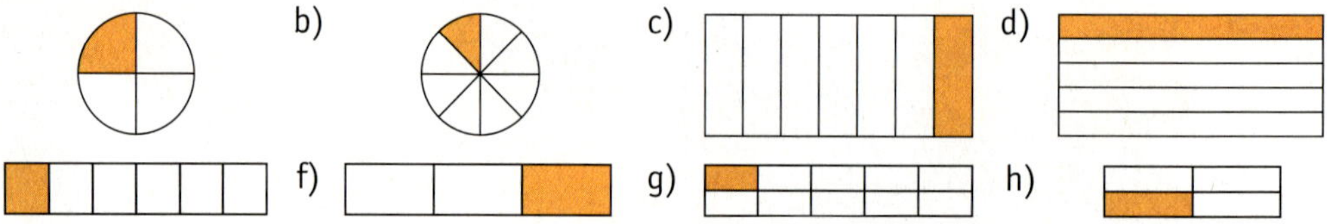

2. Falte ein rechteckiges Blatt Papier in 3 gleiche Teile.

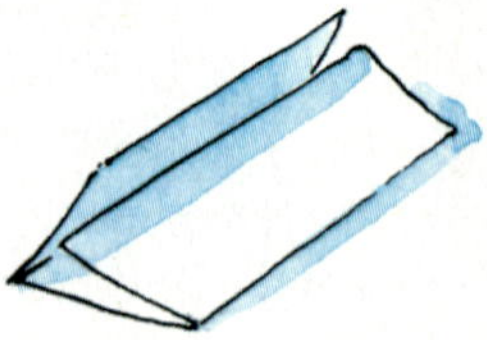

3. Falte mit einem rechteckigen Blatt Papier folgende Bruchteile.
a) $\frac{1}{2}$ b) $\frac{1}{4}$ c) $\frac{1}{8}$ d) $\frac{1}{6}$ e) $\frac{1}{12}$ f) $\frac{1}{10}$

4. Zeichne jeweils einen 12 cm langen und 1 cm breiten Streifen und färbe mit zwei Farben.
a) $\frac{1}{2}$ und $\frac{1}{4}$ b) $\frac{1}{3}$ und $\frac{1}{6}$ c) $\frac{1}{6}$ und $\frac{1}{12}$ d) $\frac{1}{3}$ und $\frac{1}{4}$ e) $\frac{1}{4}$ und $\frac{1}{6}$

5. Zeichne und färbe wie im Beispiel.
a) $\frac{1}{2}$ von 8 cm b) $\frac{1}{3}$ von 3 cm c) $\frac{1}{5}$ von 10 cm
d) $\frac{1}{4}$ von 8 cm e) $\frac{1}{2}$ von 5 cm f) $\frac{1}{6}$ von 6 cm
g) $\frac{1}{4}$ von 10 cm h) $\frac{1}{3}$ von 9 cm i) $\frac{1}{10}$ von 5 cm

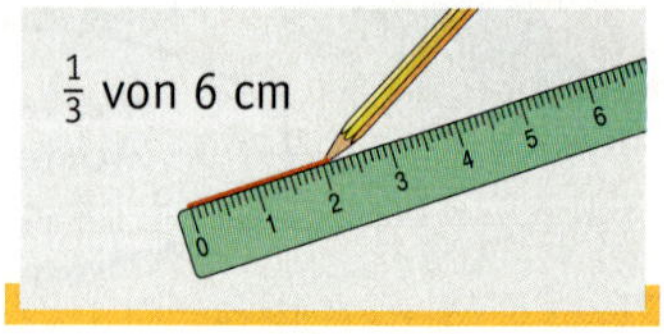

6. Notiere im Heft, welche Stammbrüche dargestellt sind. Ordne sie der Größe nach, beginne mit dem kleinsten Stammbruch.

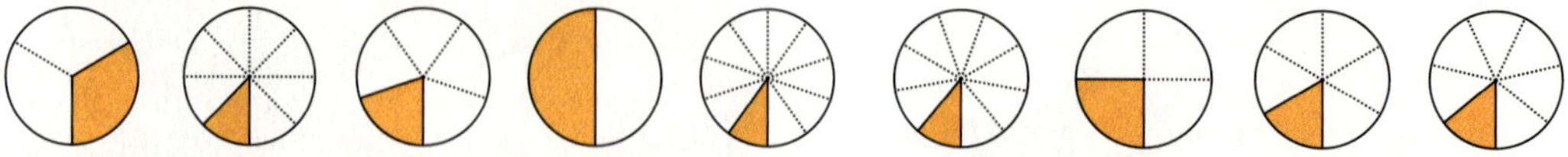

Mit Stammbrüchen rechneten schon vor fast 4000 Jahren die Ägypter. Für $\frac{1}{3}$ schrieben sie z. B. 

Berechnungen mit Stammbrüchen

(1) $\frac{1}{3}$ von 60 Kindern
= 60 Kinder : 3
= 20 Kinder

(2) $\frac{1}{5}$ von 800 €
= 800 € : 5
= 160 €

(3) $\frac{1}{4}$ von einer Stunde
= $\frac{1}{4}$ von 60 Minuten
= 60 Minuten : 4
= 15 Minuten

Aufgaben

1. a) $\frac{1}{4}$ von 20 Kindern b) $\frac{1}{3}$ von 36 € c) $\frac{1}{5}$ von 100 € d) $\frac{1}{2}$ von 18 Büchern
e) $\frac{1}{6}$ von 24 Tassen f) $\frac{1}{8}$ von 40 km g) $\frac{1}{3}$ von 90 m h) $\frac{1}{7}$ von 14 kg
i) $\frac{1}{4}$ von 120 l j) $\frac{1}{10}$ von 130 g k) $\frac{1}{3}$ von 270 € l) $\frac{1}{5}$ von 250 Tagen

LVL **2.** Die Klasse 5a hat 30 Schülerinnen und Schüler. Schreibe Fragen auf und beantworte sie.
a) Die Kinder sind je zur Hälfte ($\frac{1}{2}$) Mädchen bzw. Jungen.
b) Es fehlt $\frac{1}{10}$ der Kinder wegen Grippe.
c) $\frac{1}{5}$ der Kinder kommt mit einem Bus zur Schule. $\frac{1}{3}$ der Kinder kommt zu Fuß.

3. Wie viele Minuten sind es? Denke daran: Eine Stunde dauert 60 Minuten.
a) $\frac{1}{4}$ von einer Stunde b) $\frac{1}{5}$ von einer Stunde c) $\frac{1}{12}$ von einer Stunde d) $\frac{1}{6}$ von einer Stunde
e) $\frac{1}{10}$ von einer Stunde f) $\frac{1}{2}$ von einer Stunde g) $\frac{1}{20}$ von einer Stunde h) $\frac{1}{15}$ von einer Stunde

LVL **4.** In Andreas Klasse sind 24 Kinder. Schreibe Fragen auf und beantworte sie.
a) $\frac{1}{3}$ der Kinder sind Jungen.
b) Ein Sechstel kommt mit dem Bus zur Schule.
c) Jedes vierte Kind kann schwimmen.
d) Von jeweils 5 Kindern ist eines ausländisch.

5. Die Kosten für das Wellenbad sind gestiegen. Der Stadtrat berät eine Erhöhung des Eintrittsgeldes.
a) Wie teuer ist der Eintritt bei einer Erhöhung um ein Drittel?
b) Wie teuer ist der Eintritt bei einer Erhöhung um ein Viertel?
c) Was ist mehr: $\frac{1}{4}$ oder $\frac{1}{3}$ von 6 €?

6. a) Was ist mehr: $\frac{1}{5}$ von 100 € oder $\frac{1}{10}$ von 100 €?
b) Was ist mehr: $\frac{1}{5}$ von 100 € oder $\frac{1}{10}$ von 1000 €?

LVL **7.** Katrin möchte das Computerspiel kaufen. Sie notiert:
- Preis des Computerspiels 60 €.
- $\frac{1}{10}$ des Betrages habe ich gespart.
- Meine Eltern geben $\frac{1}{3}$ des Betrages dazu.
- Die Großeltern spendieren $\frac{1}{4}$ des Betrages.
- Tante Edeltraut schenkt mir $\frac{1}{6}$ des Betrages.

a) Wie viel Geld hat Katrin gespart?
b) Stelle weitere Fragen und beantworte sie.

Erkennen und Herstellen von Bruchteilen

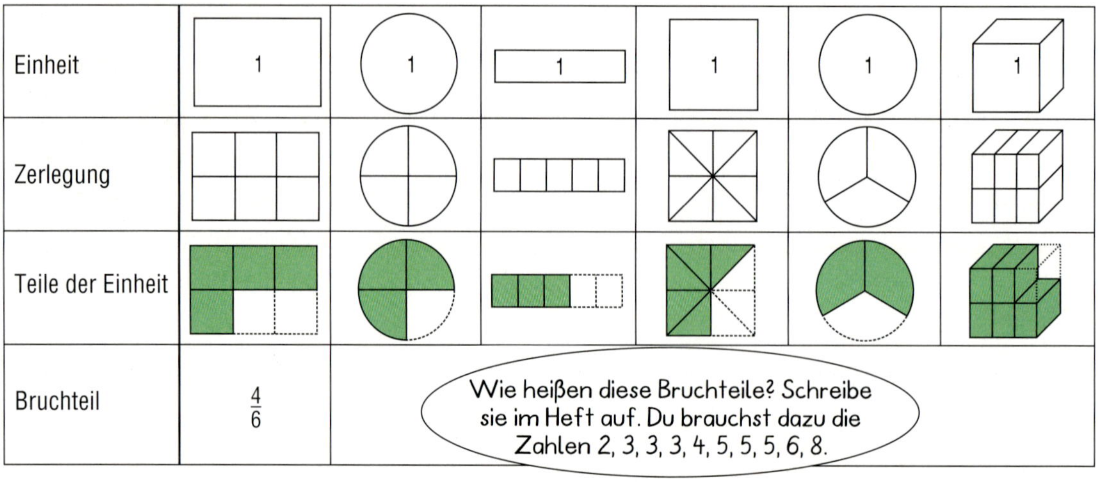
Einheit
1
Zerlegung
Teile der Einheit
Bruchteil
$\frac{4}{6}$
Wie heißen diese Bruchteile? Schreibe sie im Heft auf. Du brauchst dazu die Zahlen 2, 3, 3, 3, 4, 5, 5, 5, 6, 8.

Das Ganze wird in so viele gleiche Teile zerlegt, wie der **Nenner** angibt. Dann nimmt man so viele Teile, wie der **Zähler** angibt.

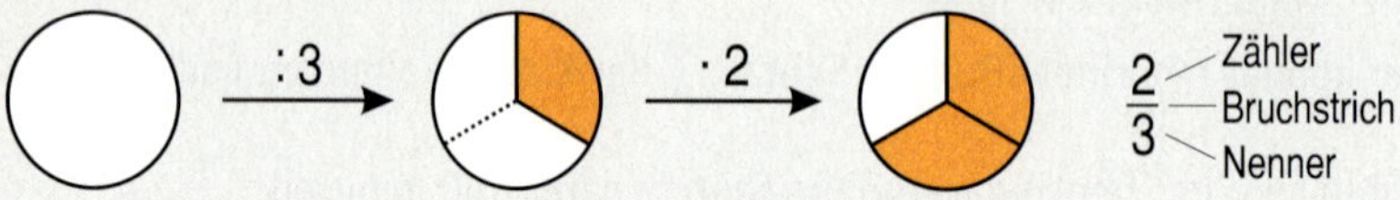
: 3
· 2
$\frac{2}{3}$
Zähler
Bruchstrich
Nenner

Aufgaben

Zähler zählt Teile. Nenner benennt die Teilstücke.

1. Welcher Bruchteil der Torte ist gegessen, welcher ist noch übrig?

a) b) c) d)

2. Welcher Bruchteil des Lutschers („Lollies") ist orange, welcher Teil ist weiß?

a) b) c) d) e) f)

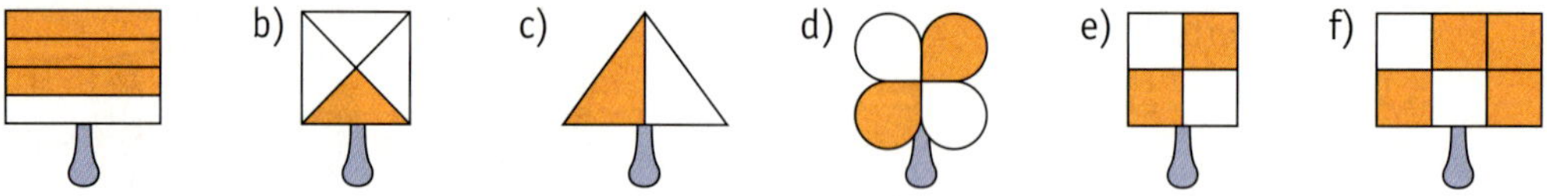

LVL **3.** Wähle selbst einen Bruch und entwirf dazu eine passend gefärbte rechteckige oder kreisrunde Pizza. Lass deinen Entwurf vom Sitznachbarn kontrollieren.

4. Welcher Bruchteil des großen Rechtecks ist es?

a) weiße Fläche b) grüne Fläche
c) schraffierte Fläche d) punktierte Fläche

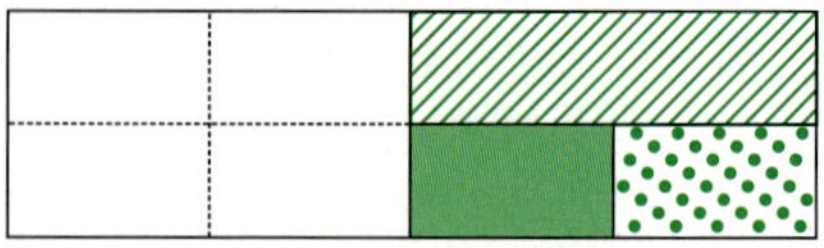

LVL **5.** Zwei Väter und zwei Söhne teilen sich einen Liter Orangensaft. Jeder bekommt ein Glas, das mit $\frac{1}{3}\,l$ gefüllt ist. Wie ist das möglich?

6.

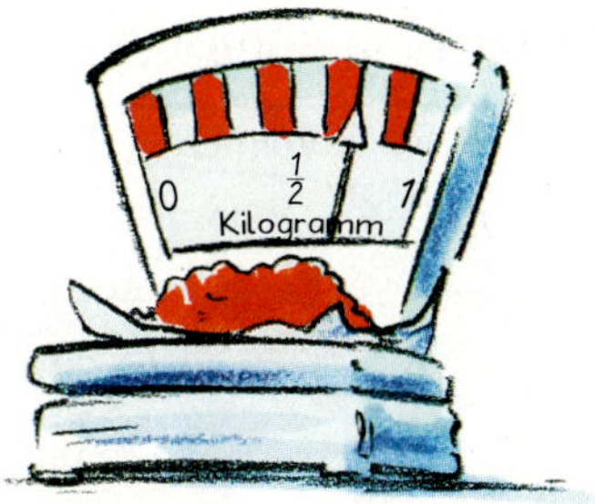

a) Welcher Bruchteil einer Stunde ist vergangen?

b) Wie viel Liter Wasser befinden sich in dem Messbecher?

c) Wie viel Kilogramm wurden abgewogen? Wie viel Gramm?

7. Gib den Anteil als Bruch an.

	a)	b)	c)	d)
Einheit	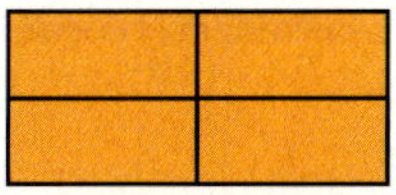	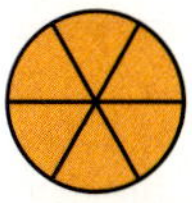		
Bruchteil	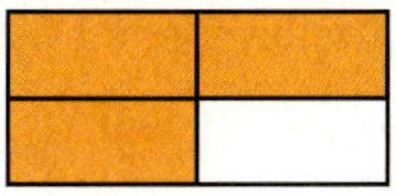	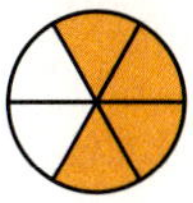		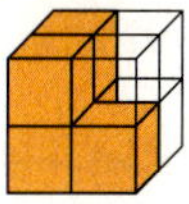

8. Großes Käferrennen! Um 8 Uhr ist jeder Käfer am Fuß seiner Messlatte gestartet. Hier ist der Stand um 8.10 Uhr abgebildet.

a) Welchen Bruchteil der Latte haben die Käfer jeweils geschafft?

b) Wie liegen sie im Rennen? Stelle eine Rangliste für die fünf Käfer auf.

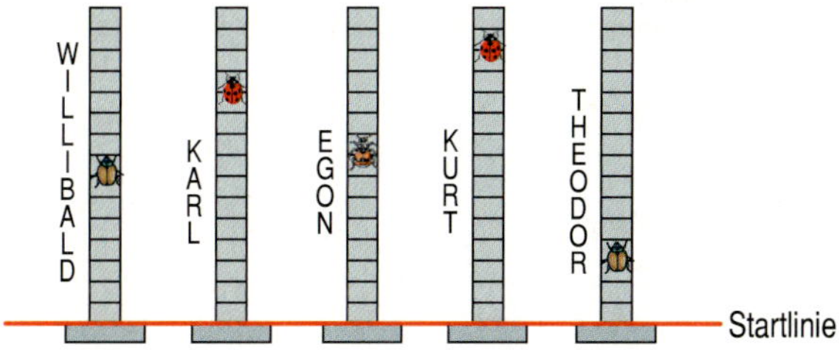

9. Übertrage das Rechteck auf Karopapier und färbe den Bruchteil.

a) $\frac{3}{10}$ 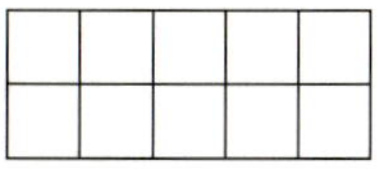

b) $\frac{1}{2}$ 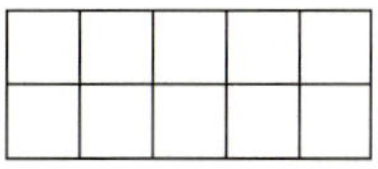

c) $\frac{2}{5}$ 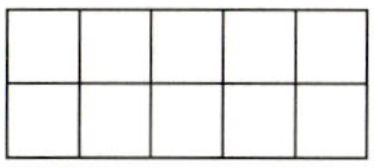

d) $\frac{7}{12}$ 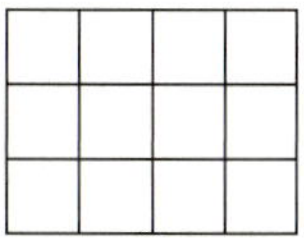

e) $\frac{2}{3}$ 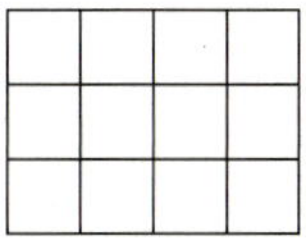

f) $\frac{3}{4}$ 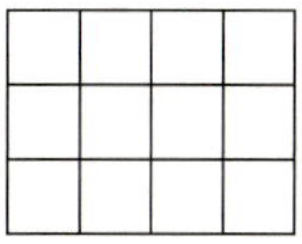

10. Zeichne jeweils einen Streifen von 60 mm Länge und färbe den Bruchteil.

a) $\frac{1}{2}$ b) $\frac{5}{6}$ c) $\frac{2}{3}$ d) $\frac{1}{4}$ 3) $\frac{3}{10}$ f) $\frac{4}{5}$

LVL **11.** Fußballfeld: Die äußeren weißen Linien um ein Tor schließen den Strafraum ein. Wird hier ein Stürmer gefoult, gibt es einen Elfmeter.

a) Welchen Bruchteil vom ganzen Spielfeld nimmt ein Strafraum ein?

b) Welcher Bruchteil des Spielfeldes liegt außerhalb beider Strafräume?

Hinweis: Die Punktlinien helfen dir.

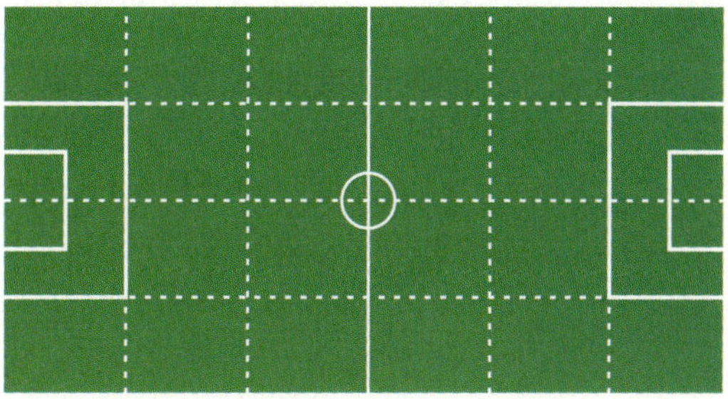

Berechnen von Bruchteilen

Man berechnet **Bruchteile** von einer **Größe** so:
(1) Man **dividiert** die Größe **durch** den **Nenner**. (2) Man **multipliziert** das Ergebnis **mit** dem **Zähler.**

Aufgabe: Berechne $\frac{5}{6}$ von 42 kg.

Schreibweise mit **Pfeilen (Operatoren):**

$42\text{ kg} \xrightarrow{\cdot \frac{5}{6}} 35\text{ kg}$

$42\text{ kg} \xrightarrow{:6} 7\text{ kg} \xrightarrow{\cdot 5} 35\text{ kg}$

Schreibweise mit **Gleichheitszeichen:**

$42\text{ kg} : 6 = 7\text{ kg}$

$7\text{ kg} \cdot 5 = 35\text{ kg}$

Zuerst dividieren, dann multiplizieren.

$\frac{5}{6}$ von 42 kg sind 35 kg.

Aufgaben

1. a) $\frac{3}{4}$ von 20 € b) $\frac{1}{3}$ von 72 h c) $\frac{4}{7}$ von 14 m d) $\frac{5}{6}$ von 24 Schülern
e) $\frac{3}{5}$ von 90 kg f) $\frac{5}{8}$ von 240 € g) $\frac{3}{10}$ von 80 h h) $\frac{7}{9}$ von 126 Flaschen

2. a) Zwei Drittel von sechzig Minuten b) Drei Fünftel von fünfzehn Kilogramm
c) Zwei Sechstel von dreißig Kindern d) Sieben Zwölftel von sechzig Nüssen

3. a) $28\text{ kg} \xrightarrow{\cdot \frac{3}{4}}$ ■ b) $24\text{ cm} \xrightarrow{\cdot \frac{5}{6}}$ ■ c) $70\text{ kg} \xrightarrow{\cdot \frac{7}{10}}$ ■
d) $45\text{ €} \xrightarrow{\cdot \frac{5}{9}}$ ■ e) $30\text{ t} \xrightarrow{\cdot \frac{2}{3}}$ ■ f) $64\text{ m} \xrightarrow{\cdot \frac{5}{8}}$ ■

$20\text{ €} \xrightarrow{\cdot \frac{3}{4}}$ ■ heißt $\frac{3}{4}$ von 20 € = ■

4. a) $40\text{ kg} \xrightarrow{\cdot \frac{2}{5}}$ ■ b) $28\text{ m} \xrightarrow{\cdot \frac{4}{7}}$ ■ c) $24\text{ €} \xrightarrow{\cdot \frac{3}{8}}$ ■ d) $36\text{ g} \xrightarrow{\cdot \frac{5}{12}}$ ■
e) $32\text{ €} \xrightarrow{\cdot \frac{7}{8}}$ ■ f) $35\text{ cm} \xrightarrow{\cdot \frac{4}{5}}$ ■ g) $48\text{ kg} \xrightarrow{\cdot \frac{7}{12}}$ ■ h) $32\text{ m} \xrightarrow{\cdot \frac{1}{4}}$ ■

5. a) $\frac{5}{7}$ von 21 m b) $\frac{5}{8}$ von 16 cm c) $50\text{ g} \xrightarrow{\cdot \frac{6}{25}}$ ■ d) $80\text{ cm} \xrightarrow{\cdot \frac{3}{8}}$ ■

6. Sabine ist Auszubildende im dritten Lehrjahr. Abgebildet siehst du ihr monatliches Gehalt.
a) $\frac{2}{10}$ gibt sie ihrer Mutter für Wohnen und Essen.
b) $\frac{3}{8}$ gibt Sabine für Garderobe aus.
c) $\frac{1}{4}$ spart sie für besondere Wünsche.
d) Wie viel Euro bleiben Sabine?

Umwandeln in kleinere Maßeinheiten

Ich soll $\frac{3}{5}$ von 1 m² berechnen!?
1 m² = 100 dm²
$\frac{3}{5}$ m² = $\frac{3}{5}$ von 100 dm²

Bruchteile von Größen kann man oft erst berechnen, wenn man die Größen in kleinere Einheiten umwandelt.

$\frac{3}{5}\ m^2 = \frac{3}{5}$ von $100\ dm^2$
$100\ dm^2 \xrightarrow{:5} 20\ dm^2 \xrightarrow{\cdot 3} 60\ dm^2$

Aufgaben

1. Gib die Masse in Gramm (g) an. Beachte: 1 kg = 1 000 g.
a) $\frac{2}{5}$ kg b) $\frac{3}{10}$ kg c) $\frac{8}{10}$ kg d) $\frac{11}{20}$ kg e) $\frac{19}{100}$ kg f) $\frac{7}{50}$ kg

$\frac{3}{5}$ kg = $\frac{3}{5}$ von 1 000 g = 600 g

2. Gib den Rauminhalt in Liter (l) an. Beachte: 1 hl = 100 l.
a) $\frac{3}{4}$ hl b) $\frac{4}{5}$ hl c) $\frac{9}{10}$ hl d) $\frac{3}{25}$ hl e) $\frac{11}{25}$ hl f) $\frac{19}{50}$ hl

$\frac{1}{4}$ hl = $\frac{1}{4}$ von 100 l = 25 l

3. Gib in der nächst kleineren Längen- oder Flächeneinheit an.
a) $\frac{1}{2}$ m b) $\frac{4}{5}$ m c) $\frac{7}{10}$ m d) $\frac{9}{20}$ m
e) $\frac{3}{100}$ km f) $\frac{7}{50}$ km g) $\frac{13}{25}$ km h) $\frac{29}{500}$ km
i) $\frac{1}{4}$ m² j) $\frac{4}{5}$ m² k) $\frac{9}{10}$ m² l) $\frac{17}{20}$ m²
m) $\frac{1}{5}$ m² n) $\frac{7}{50}$ m² o) $\frac{9}{1000}$ m² p) $\frac{31}{500}$ m²

TIPP

1 m	= 10 dm
1 m²	= 100 dm²
1 m	= 100 cm
1 m²	= 10 000 cm²

Ganz wichtig!

4. Gib die Dauer in Minuten (min) an. Beachte: 1 h = 60 min.
a) $\frac{1}{2}$ h, $\frac{2}{2}$ h b) $\frac{1}{3}$ h, $\frac{2}{3}$ h c) $\frac{1}{4}$ h, $\frac{3}{4}$ h d) $\frac{1}{5}$ h, $\frac{4}{5}$ h e) $\frac{1}{6}$ h, $\frac{5}{6}$ h f) $\frac{1}{10}$ h, $\frac{7}{10}$ h

5. Gib den Bruchteil einer Minute in Sekunden (s) an. Beachte: 1 min = 60 s.
a) $\frac{2}{3}$ min, $\frac{1}{4}$ min b) $\frac{2}{5}$ min, $\frac{3}{5}$ min c) $\frac{1}{6}$ min, $\frac{3}{10}$ min d) $\frac{1}{5}$ min, $\frac{3}{4}$ min e) $\frac{9}{10}$ min, $\frac{5}{12}$ min f) $\frac{4}{15}$ min, $\frac{7}{20}$ min

6. Schreibe als Bruch mit der Maßeinheit Meter (m).
a) 50 cm b) 10 cm c) 25 cm d) 75 cm e) 90 cm f) 1 cm

7. Schreibe als Bruchteil einer Stunde (h).
a) 30 min b) 20 min c) 10 min d) 5 min e) 2 min f) 7 min

8. Schreibe als Bruchteil von 1 kg: a) 1 g b) 500 g c) 70 g d) 107 g

LVL **Bruchteile auf dem Nagelbrett**

Wozu ein Nagelbrett bauen?
Damit wir Bruchteile darstellen können.

Du brauchst:
- quadratische Holzplatte (Seitenlänge ca. 14 cm) 2 cm dick
- Karopapier (10 cm lang und 10 cm breit) unterteilt in Kästchen von 1 cm x 1 cm
- Nägel (1,5 cm lang) mit breitem Kopf
- Gummibänder in Rot und Blau (verschiedene Größen)
- Klebstoff
- Hammer

100 Kästchen, brauchen wir dafür auch 100 Nägel?
Nein, es sind gewiss mehr als 100 Nägel.

„Rot" umrandet das Ganze.
Und „Blau" umrandet den Anteil.

Aufgaben

LVL

1. a) Das rote Gummiband soll 100 Kästchen umschließen. Das ist jetzt das „Ganze“.
Stelle folgende Bruchteile dar: $\frac{1}{2}$; $\frac{1}{4}$; $\frac{3}{4}$; $\frac{2}{5}$; $\frac{4}{5}$; $\frac{3}{10}$; $\frac{7}{10}$.

b) Welche Bruchteile kannst du noch herstellen? Finde mindestens drei weitere.

2.

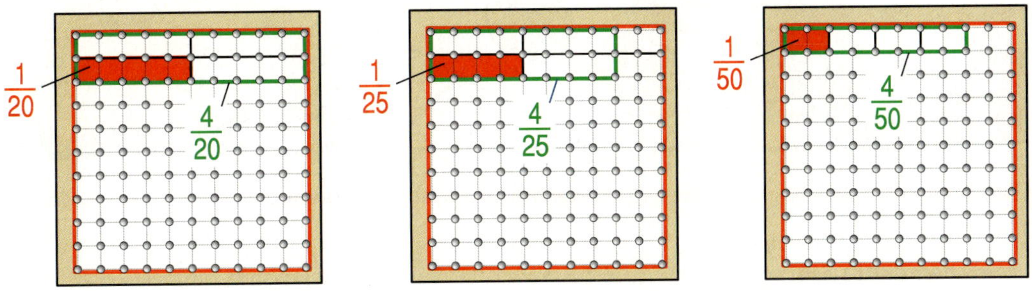

Das rote Gummiband umspannt wieder 100 Kästchen, das ist das „Ganze“.

a) Stelle die Bruchteile $\frac{4}{20}$, $\frac{4}{25}$, und $\frac{4}{50}$ auch auf deinem Nagelbrett her.

b) Wie viele Kästchen muss das grüne Gummiband jeweils umschließen bei $\frac{9}{20}$; $\frac{12}{20}$; $\frac{7}{25}$; $\frac{5}{50}$?

c) Stelle deinem Nachbarn weitere Aufgaben und überprüfe die Ergebnisse.

3. Umspannt das blaue Gummiband wirklich den angegebenen Bruchteil?

a)

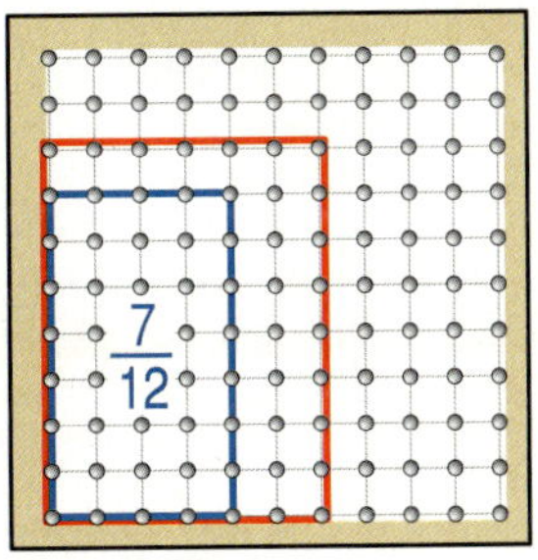

b)

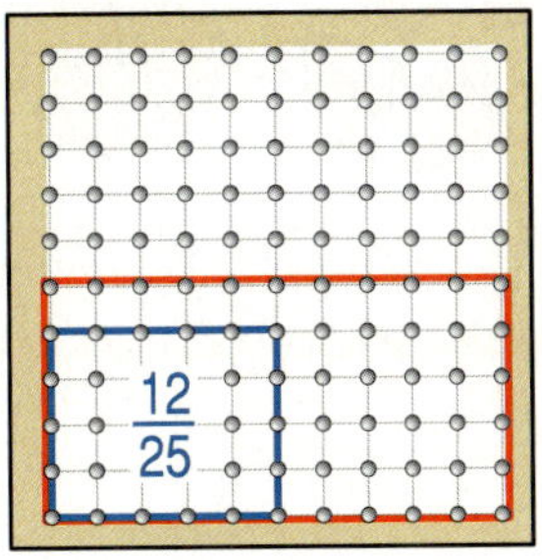

c)

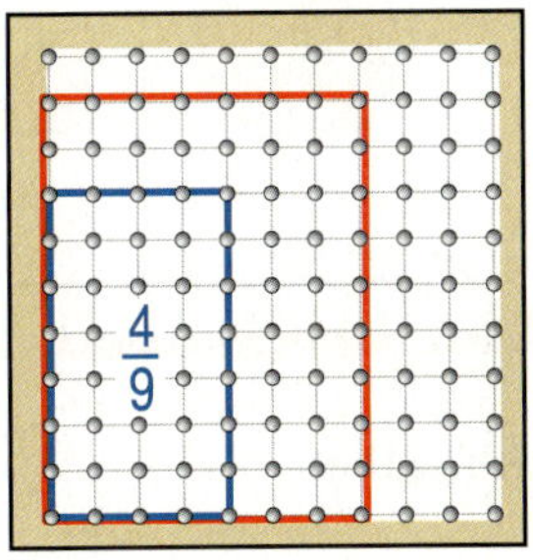

4. Das rote Gummiband soll 56 Kästchen umschließen, 8 in der Höhe und 7 in der Breite. Das ist jetzt das „Ganze“. Spanne nun das blaue Gummiband so, dass es folgende Bruchteile umschließt:
$\frac{1}{2}$; $\frac{1}{4}$; $\frac{3}{4}$; $\frac{4}{4}$; $\frac{1}{7}$; $\frac{2}{7}$; $\frac{4}{7}$; $\frac{1}{8}$; $\frac{5}{8}$; $\frac{8}{8}$; $\frac{1}{56}$; $\frac{56}{56}$.
Lass jedes Mal deinen Nachbarn kontrollieren.

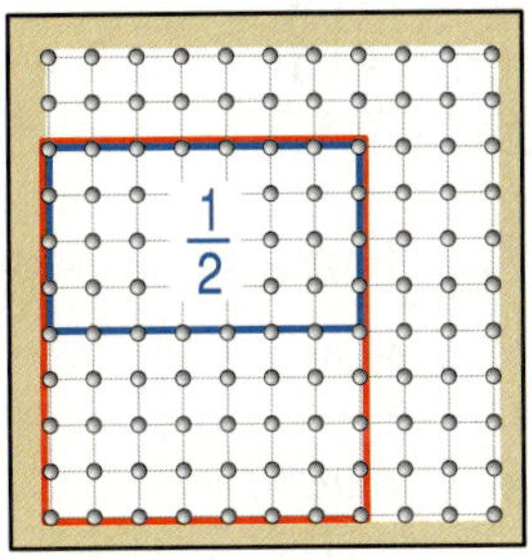

5. Partnerarbeit:
Lass dein rotes Gummiband 54 Kästchen umschließen. Das ist jetzt das „Ganze“. Stellt folgende Bruchteile dar.
$\frac{2}{3}$; $\frac{1}{3}$; $\frac{1}{6}$; $\frac{1}{9}$; $\frac{2}{9}$; $\frac{4}{9}$; $\frac{5}{9}$
Findet immer zwei verschiedene Möglichkeiten.

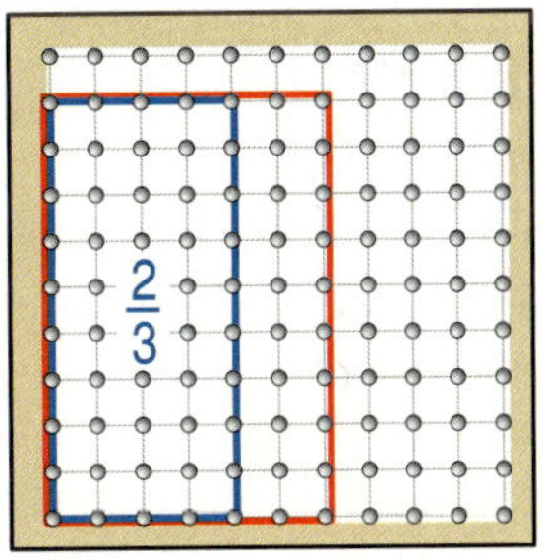

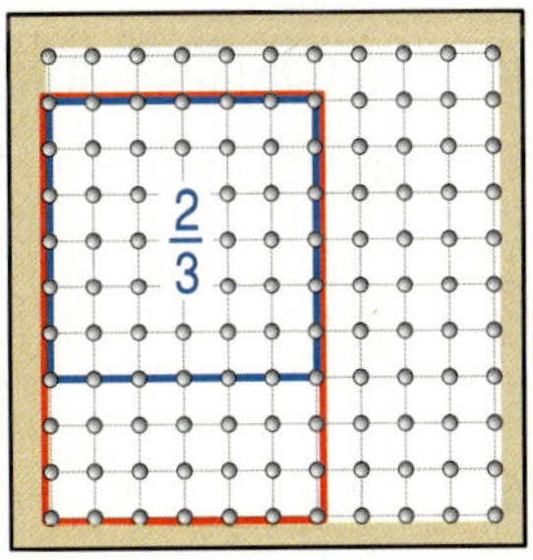

6. Partnerarbeit: Überlege eigene Aufgaben und stelle sie deiner Nachbarin oder deinem Nachbarn.

Brüche größer als 1

Brüche größer als 1 kann man als **gemischte Zahl** schreiben.

$\frac{9}{4} = 2\frac{1}{4}$

Bruch = gemischte Zahl

Einheit	Teile der Einheit			Bruch = gemischte Zahl
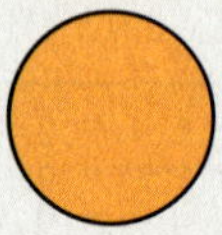		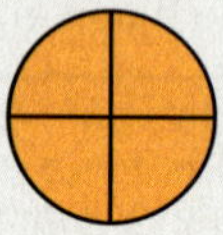		$\frac{7}{4} = 1\frac{3}{4}$
1	7 Viertel	$1 = \frac{4}{4}$	$\frac{3}{4}$	

Aufgaben

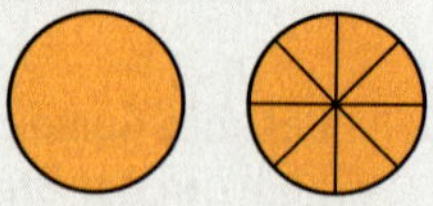

$1 = \frac{8}{8}$

1. a) $1 = \frac{\square}{7}$ b) $1 = \frac{\square}{4}$ c) $1 = \frac{\square}{9}$ d) $1 = \frac{\square}{3}$

2. a) $2 = \frac{\square}{3}$ b) $2 = \frac{\square}{2}$ c) $2 = \frac{\square}{8}$ d) $2 = \frac{\square}{5}$

3. Notiere als gemischte Zahl.
a) $\frac{7}{4}$ b) $\frac{9}{4}$ c) $\frac{15}{6}$ d) $\frac{10}{7}$ e) $\frac{19}{15}$ f) $\frac{17}{10}$ g) $\frac{23}{8}$ h) $\frac{19}{14}$ i) $\frac{17}{12}$

4. Notiere als Bruch.
a) $1\frac{1}{5}$ b) $2\frac{3}{4}$ c) $2\frac{1}{3}$ d) $1\frac{2}{7}$ e) $2\frac{4}{5}$ f) $1\frac{1}{2}$ g) $1\frac{5}{8}$ h) $2\frac{5}{6}$ i) $2\frac{7}{10}$

5. a) Welche Brüche sind größer als 1?
b) Welche Brüche sind größer als 2? Nenne sie und gib an, um welchen Bruchteil sie größer als 2 sind.
c) Drei Brüche sind so groß wie 1, ein Bruch ist so groß wie 2. Schreibe diese vier Brüche auf.

$\frac{4}{3}$ $\frac{5}{5}$ $\frac{2}{6}$ $\frac{4}{7}$ $\frac{9}{4}$ $\frac{7}{8}$ $\frac{2}{2}$ $\frac{1}{4}$ $\frac{17}{5}$
$\frac{11}{6}$ $\frac{3}{8}$ $\frac{19}{8}$ $\frac{7}{3}$ $\frac{8}{5}$ $\frac{6}{6}$ $\frac{14}{7}$ $\frac{7}{4}$

LVL **6.** Male zum folgenden Text ein Bild. Stelle eine Frage und gib eine Antwort dazu.
a) Anna verteilt zwei Pizzas an fünf Freundinnen.
b) Mario isst mit seinen drei Freunden zusammen $2\frac{1}{2}$ Pizzas.

Addition und Subtraktion von Brüchen mit gleichem Nenner

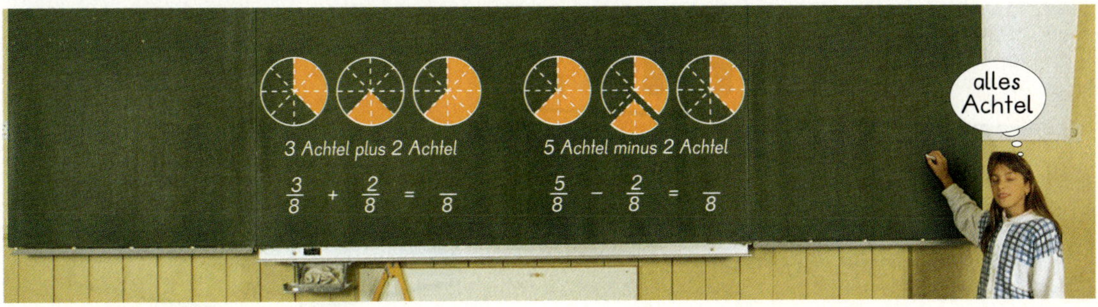

Man addiert zwei Brüche mit gleichem Nenner, indem man die beiden Zähler addiert.

Man subtrahiert zwei Brüche mit gleichem Nenner, indem man die Zähler subtrahiert.

$\frac{1}{4} + \frac{2}{4} = \frac{1+2}{4} = \frac{3}{4}$ $\quad$ $\frac{3}{5} + \frac{4}{5} = \frac{7}{5} = 1\frac{2}{5}$ $\quad$ $\frac{6}{7} - \frac{2}{7} = \frac{6-2}{7} = \frac{4}{7}$ $\quad$ $1 - \frac{3}{5} = \frac{5}{5} - \frac{3}{5} = \frac{2}{5}$

Aufgaben

1. Notiere Aufgabe und Ergebnis im Heft (2 „Plus"-Aufgaben, 2 „Minus"-Aufgaben).

a) 

b) 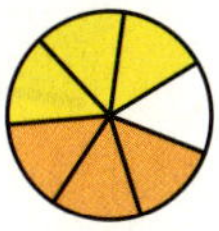

c) 

d) 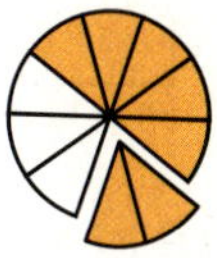

2. a) $\frac{2}{9} + \frac{5}{9}$ b) $\frac{2}{7} + \frac{3}{7}$ c) $\frac{1}{6} + \frac{3}{6}$ d) $\frac{7}{12} + \frac{3}{12}$ e) $\frac{2}{5} + \frac{3}{5}$ f) $\frac{3}{8} + \frac{1}{8}$

g) $\frac{4}{11} + \frac{6}{11}$ h) $\frac{4}{10} + \frac{5}{10}$ i) $\frac{2}{8} + \frac{3}{8}$ j) $\frac{7}{20} + \frac{11}{20}$ k) $\frac{1}{5} + \frac{3}{5}$ l) $\frac{5}{8} + \frac{3}{8}$

3. a) $\frac{11}{12} - \frac{7}{12}$ b) $\frac{5}{8} - \frac{2}{8}$ c) $\frac{5}{5} - \frac{1}{5}$ d) $\frac{8}{9} - \frac{3}{9}$ e) $\frac{17}{20} - \frac{6}{20}$ f) $\frac{5}{6} - \frac{4}{6}$

g) $\frac{6}{10} - \frac{3}{10}$ h) $\frac{6}{11} - \frac{4}{11}$ i) $\frac{11}{15} - \frac{7}{15}$ j) $\frac{3}{4} - \frac{1}{4}$ k) $\frac{4}{5} - \frac{2}{5}$ l) $\frac{7}{8} - \frac{3}{8}$

4. René wollte seiner Schwester Claudia eine Freude machen und kaufte beim Pizzabäcker drei Viertelpizzas. Claudia hatte 5 Minuten vorher denselben Gedanken und kaufte zwei Viertelpizzas der gleichen Größe. Wie viel Pizza haben sie jetzt zusammen?

5. Die Literflasche ist mit Apfelsaft gefüllt. Der Apfelsaft wird in die $\frac{7}{10}$ *l*-Flasche umgegossen, bis diese voll ist.
Wie viel Apfelsaft bleibt in der Flasche?

6. a) $1 - \frac{4}{5}$ b) $1 - \frac{1}{3}$ c) $1 - \frac{3}{8}$ d) $1 - \frac{7}{10}$ e) $1 - \frac{1}{6}$

f) $1 - \frac{4}{9}$ g) $1 - \frac{1}{2}$ h) $1 - \frac{3}{4}$ i) $1 - \frac{6}{7}$ j) $1 - \frac{2}{7}$

Bleib FIT!

Die Ergebnisse der Aufgaben 1 bis 7 ergeben zwei Tiere, die im Harz leben.

1. Berechne.

a) 123 + 79 b) 12 345 + 678 c) 1 602 − 789

2. a) 7 cm = ▪ mm b) 16 dm = ▪ cm
c) 4,5 m = ▪ cm d) 180 cm = ▪ m

3. Bestimme
a) den Umfang: u = ▪ cm und
b) den Flächeninhalt des Rechtecks: A = ▪ cm^2.

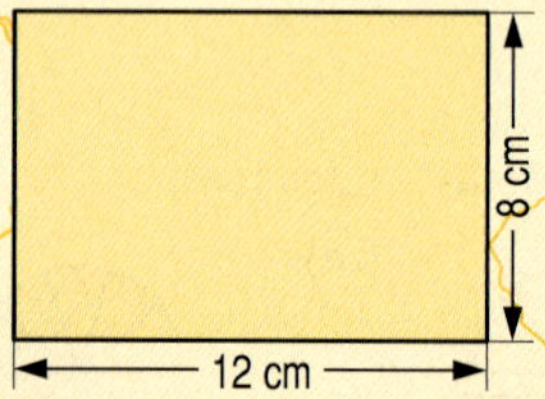

4. a) 2 m^2 = ▪ dm^2 b) 12 kg = ▪ g
c) 8 100 Sekunden = ▪ h ▪ min

5. Trage in ein Quadratgitter die Punkte ein und verbinde sie. A(2|1), B(3|3), C(2|5), D(1|3). Welches Viereck entsteht dabei?
Rechteck (20), Raute (35), Quadrat (45)

6. Berechne.
a) 15 258 m : 6 = ▪ m b) 282,5 kg · 4 = ▪ kg
c) 112, 50 € + 344,25 € + 24 € = ▪ €
d) 15,50 € − 12,29 € = ▪ €

7. Den neuen Film sahen 246 Schüler und Schülerinnen. Ein Drittel davon war 12 Jahre alt oder jünger. Die Hälfte der Zuschauer war weiblich.
a) Wie viele Jungen sahen den Film?
b) Wie viele Zuschauer waren 12 Jahre oder jünger?
c) Wie viele waren älter als 12 Jahre?

1,8	Z
2	C
3,21	H
15	H
18	W
20	P
27,79	K
35	A
40	S
45	Q
70	W
82	H
96	T
120	M
123	U
160	A
164	N
200	O
202	S
450	R
480,75	R
800	A
813	H
1 130	E
2 543	U
4 000	B
12 000	R
13 023	C

Brüche mit dem Nenner 10, 100 oder 1 000

Aufgaben

1. a) 7 dm = $\square$ m; 8 dm = $\square$ m b) 15 cm = $\square$ m; 70 cm = $\square$ m c) 9 mm = $\square$ m; 250 mm = $\square$ m d) 5 Cent = $\square$ €; 70 Cent = $\square$ € e) 3 g = $\square$ kg; 500 g = $\square$ kg

2. a) $\frac{3}{10}$ m = $\square$ dm; $\frac{9}{10}$ m = $\square$ dm b) $\frac{7}{100}$ m = $\square$ cm; $\frac{86}{100}$ m = $\square$ cm c) $\frac{10}{1000}$ m = $\square$ mm; $\frac{360}{1000}$ m = $\square$ mm d) $\frac{8}{100}$ € = $\square$ Cent; $\frac{99}{100}$ € = $\square$ Cent e) $\frac{50}{1000}$ kg = $\square$ g; $\frac{100}{1000}$ kg = $\square$ g

3. Schreibe als Bruch mit dem angegebenen Nenner.
a) $1 = \frac{\square}{10}$, $1 = \frac{\square}{100}$, $1 = \frac{\square}{1000}$ b) $2 = \frac{\square}{10}$, $2 = \frac{\square}{100}$, $2 = \frac{\square}{1000}$ c) $7 = \frac{\square}{10}$, $7 = \frac{\square}{100}$, $7 = \frac{\square}{1000}$

4. Addiere die Brüche.
a) $\frac{3}{10} + \frac{4}{10}$ b) $\frac{7}{100} + \frac{9}{100}$ c) $\frac{2}{10} + \frac{7}{10}$ d) $\frac{11}{100} + \frac{6}{100}$ e) $\frac{20}{100} + \frac{13}{100}$ f) $\frac{3}{10} + \frac{3}{10}$
g) $\frac{12}{100} + \frac{7}{100}$ h) $\frac{8}{1000} + \frac{3}{1000}$ i) $\frac{42}{1000} + \frac{5}{1000}$ j) $\frac{60}{100} + \frac{23}{100}$ k) $\frac{205}{1000} + \frac{9}{1000}$ j) $\frac{33}{100} + \frac{26}{100}$

5. Addiere die Brüche wie im Beispiel.
a) $\frac{48}{100} + \frac{16}{100}$ b) $\frac{27}{100} + \frac{34}{100}$ c) $\frac{29}{100} + \frac{44}{100}$ d) $\frac{56}{100} + \frac{19}{100}$
e) $\frac{43}{1000} + \frac{78}{1000}$ f) $\frac{59}{1000} + \frac{79}{1000}$ g) $\frac{141}{1000} + \frac{153}{1000}$ h) $\frac{216}{1000} + \frac{348}{1000}$

> $\frac{37}{100} + \frac{28}{100} = \frac{65}{100}$ | Nebenrechnung: 37 + 28 = 65

6. Addiere die Brüche. Notiere das Ergebnis als gemischte Zahl.
a) $\frac{8}{10} + \frac{5}{10}$ b) $\frac{9}{10} + \frac{7}{10}$ c) $\frac{4}{10} + \frac{8}{10}$ d) $\frac{7}{10} + \frac{6}{10}$
e) $\frac{70}{100} + \frac{44}{100}$ f) $\frac{63}{100} + \frac{90}{100}$ g) $\frac{61}{100} + \frac{82}{100}$ h) $\frac{69}{100} + \frac{44}{100}$

> $\frac{80}{100} + \frac{33}{100} = \frac{113}{100} = 1\frac{13}{100}$ | $\frac{100}{100} + \frac{13}{100}$

7. Subtrahiere die Brüche.
a) $\frac{5}{10} - \frac{3}{10}$ b) $\frac{9}{10} - \frac{2}{10}$ c) $\frac{8}{10} - \frac{5}{10}$ d) $\frac{12}{10} - \frac{9}{10}$ e) $\frac{11}{100} - \frac{4}{100}$ f) $\frac{68}{100} - \frac{21}{100}$
g) $\frac{157}{100} - \frac{43}{100}$ h) $\frac{108}{100} - \frac{71}{100}$ i) $\frac{16}{1000} - \frac{14}{1000}$ j) $\frac{27}{1000} - \frac{16}{1000}$ k) $\frac{168}{1000} - \frac{161}{1000}$ l) $\frac{276}{1000} - \frac{73}{1000}$

LVL **8.** Petra befindet sich auf Klassenfahrt und hat unter ihrem Bett alle mitgebrachten Getränke gesammelt: Die Packung Orangensaft enthält $\frac{25}{100}$ *l*. In der Kirsch-saft-Flasche sind $\frac{50}{100}$ *l*. Die Flasche Apfelsaft ist mit $\frac{70}{100}$ *l* gefüllt. Vom Mineralwasser sind $\frac{75}{100}$ *l* vorhanden. Stelle mehrere Fragen hierzu. Schreibe deine Antworten auf.

Dezimalbrüche

Das zeigt die Stoppuhr

– vom Vater des Siegers
36,8 $= 36\frac{8}{10}$ s

– vom Trainer des Siegers
36,78 $= 36\frac{78}{100}$ s

– von der elektronischen Messung
36,782 $= 36\frac{782}{1000}$ s

Brüche mit dem Nenner 10, 100, 1000, ... kann man als **Dezimalbrüche** schreiben.

$\frac{8}{10} = 0{,}8$ $\frac{17}{10} = 1\frac{7}{10} = 1{,}7$ $\frac{3}{100} = 0{,}03$ $\frac{65}{100} = 0{,}65$ $\frac{141}{100} = 1\frac{41}{100} = 1{,}41$

Aufgaben

1. Schreibe zum Bruch den Dezimalbruch auf.

a) $\frac{7}{10}$ b) $\frac{3}{10}$ c) $\frac{9}{10}$ d) $\frac{8}{100}$ e) $\frac{5}{100}$ f) $\frac{16}{100}$ g) $\frac{37}{100}$

h) $\frac{16}{10}$ i) $\frac{19}{10}$ j) $\frac{21}{10}$ k) $\frac{115}{100}$ l) $\frac{131}{100}$ m) $\frac{241}{100}$ n) $\frac{106}{100}$

2. Schreibe den Dezimalbruch als Bruch.

a) 0,4 b) 0,2 c) 0,03 d) 0,16 e) 1,7 f) 1,22 g) 1,02

3. Schreibe die gemischte Zahl als Dezimalbruch und umgekehrt.

a) $4\frac{3}{10}$ s b) $12\frac{7}{10}$ s c) $5\frac{16}{100}$ s d) $3\frac{4}{100}$ s e) $8\frac{168}{1000}$ s f) $11\frac{45}{1000}$ s g) $9\frac{7}{1000}$ s

h) 3,8 s i) 4,1 s j) 8,06 s k) 10,007 s l) 14,18 s m) 5,381 s n) 2,047 s

4. Rechne wie im Beispiel.

a) 0,3 + 0,2 b) 0,5 + 0,4 c) 0,3 + 0,4 d) 0,6 + 0,9

e) 0,8 + 0,5 f) 0,9 – 0,2 g) 0,8 – 0,4 h) 0,6 – 0,1

$0{,}8 + 0{,}7 = \frac{8}{10} + \frac{7}{10} = \frac{15}{10} = 1{,}5$

5. Rechne jede Aufgabe wie Dana und wie Markus.

a) 0,34 + 0,52 b) 0,67 + 0,28

c) 1,66 + 0,81 d) 2,79 + 3,58

e) 0,93 – 0,62 f) 0,84 – 0,43

g) 3,89 – 2,27 h) 1,63 – 0,48

LVL **6.** Vergleiche die Rechenwege von Dana und Markus und rechne nach der Methode deiner Wahl.

a) 0,758 + 0,419 b) 1,352 – 0,918

7. a) 3,64 + 2,13 b) 4,59 + 2,38 c) 2,66 + 0,74 d) 1,97 + 3,08 e) 2,87 + 5,09

8. a) 3,84 − 2,61 b) 7,66 − 5,18 c) 4,39 − 0,46 d) 5,18 − 2,35 e) 7,24 − 5,79

9. Shirley hat einem Dreisprung-Wettkampf im Fernsehen zugeschaut und wollte es auch einmal probieren.

a) Wie weit ist Shirley insgesamt gesprungen?

b) Sebastian hat es ihr nachgemacht. Seine Sprünge: 2,88 m – 1,59 m – 2,88 m. Ist er weiter als Shirley gesprungen?

c) Tatjana ist insgesamt 7,47 m gesprungen. Ihre ersten beiden Sprünge waren 2,71 m und 1,83 m. Wie weit war der letzte Teilsprung?

10. Schreibe untereinander und rechne aus.

a) 0,586 + 0,817 b) 1,314 – 0,776 c) 1,826 – 0,579 d) 0,807 + 0,449

11. Rechne mit einer Methode deiner Wahl.

a) 0,814 – 0,293 b) 0,692 + 0,185 c) 0,968 + 0,785 d) 0,628 – 0,473

12. Wenn du richtig gerechnet hast, erhältst du ein merkwürdiges Ergebnis.

a) 0,248 + 0,186 + 0,566 b) 0,274 + 0,334 + 0,391 c) 0,526 + 0,397 + 0,311 d) 1,635 + 0,972 + 1,714 e) 1,384 + 2,937 + 1,234

LVL **13.** Frau Kriesel hat einen interessanten Reisebericht über eine Weltumseglung verfasst. Die drei Stapel DIN-A4-Blätter sind damit gefüllt. Zwei Stapel hat sie bereits gewogen: 0,284 kg und 0,396 kg. Der dritte Stapel liegt gerade auf der Briefwaage.
Frau Kriesel möchte den gesamten Reisebericht in mehreren Briefsendungen an einen Verlag schicken. Jeder Brief darf maximal $\frac{1}{2}$ kg wiegen. Stelle eine Frage hierzu und schreibe deine Antwort auf.

14. Schreibe den Bruch zuerst als Dezimalbruch und rechne dann aus.

a) $\frac{3}{10} + 0{,}5$ b) $\frac{7}{10} + 1{,}3$ c) $4{,}8 + \frac{9}{10}$ d) $\frac{16}{100} + 0{,}41$ e) $1{,}87 + \frac{45}{100}$ f) $3{,}24 + \frac{9}{100}$

LVL **15.** Ergänze die Zauberquadrate. In jeder Zeile, jeder Spalte und beiden Diagonalen ist die Summe der Zahlen gleich.

a)

0,2	0,3	0,1
		0,3
	0,1	

b)

0,4		
	0,4	
	0,3	0,4

c)

0,25		0,15
	0,25	
0,35		

d)

3,25	0,5	0,75	4
2	2,75		
		1,5	2,25
0,25		3,75	

e)

0,16		0,02	0,13
	0,10		
0,09		0,07	
0,04	0,15		0,01

TESTEN · ÜBEN · VERGLEICHEN

1. Welcher Bruchteil ist hier gefärbt?

a) b) c)

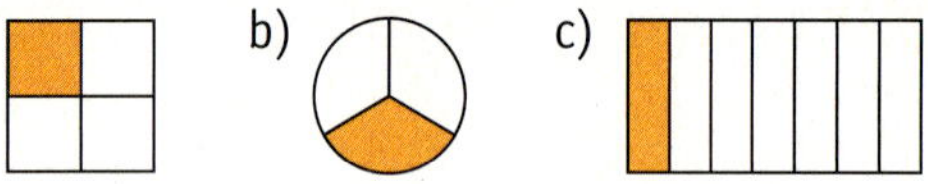

2. Berechne.

a) $\frac{1}{3}$ von 24 € b) $\frac{1}{5}$ von 30 Tagen

c) $\frac{1}{4}$ von 80 kg d) $\frac{1}{2}$ von 60 Minuten

3. Welcher Bruchteil ist hier gefärbt?

a) b) c)

4. Berechne.

a) $\frac{3}{4}$ von 16 € b) $\frac{2}{3}$ von 24 Flaschen

c) $\frac{2}{5}$ von 40 kg d) $\frac{5}{8}$ von 32 Kindern

5. a) $25\,l \xrightarrow{\cdot \frac{3}{5}} ■$ b) $60\text{ min} \xrightarrow{\cdot \frac{7}{10}} ■$

6. Schreibe als gemischte Zahl.

a) $\frac{7}{5}$ b) $\frac{9}{4}$ c) $\frac{8}{7}$ d) $\frac{11}{5}$ e) $\frac{13}{8}$

7. Schreibe als Bruch.

a) $1\frac{2}{3}$ b) $1\frac{1}{8}$ c) $1\frac{3}{10}$ d) $2\frac{2}{5}$ e) $2\frac{6}{7}$

f) $2\frac{1}{4}$ g) $9\frac{1}{2}$ h) $3\frac{3}{5}$ i) $4\frac{2}{3}$ j) $1\frac{5}{9}$

8. a) $\frac{2}{7}+\frac{3}{7}$ b) $\frac{3}{10}+\frac{4}{10}$ c) $\frac{5}{9}+\frac{2}{9}$ d) $\frac{3}{8}+\frac{5}{8}$

9. a) $\frac{5}{6}+\frac{5}{6}$ b) $\frac{4}{5}+\frac{3}{5}$ c) $\frac{8}{9}+\frac{4}{9}$ d) $\frac{6}{7}+\frac{4}{7}$

10. a) $\frac{9}{10}-\frac{3}{10}$ b) $\frac{7}{8}-\frac{3}{8}$ c) $\frac{5}{6}-\frac{1}{6}$ d) $\frac{7}{9}-\frac{2}{9}$

11. a) $\frac{6}{8}+\frac{5}{8}$ b) $\frac{11}{15}-\frac{7}{15}$ c) $\frac{3}{10}+\frac{7}{10}$ d) $\frac{5}{6}-\frac{2}{6}$

e) $\frac{4}{7}+\frac{6}{7}$ f) $\frac{7}{12}-\frac{5}{12}$ g) $\frac{3}{8}+\frac{6}{8}$ h) $\frac{5}{7}-\frac{1}{7}$

12. Schreibe den Bruch als Dezimalbruch.

a) $\frac{3}{10}$ b) $\frac{7}{10}$ c) $\frac{5}{100}$ d) $\frac{9}{100}$

e) $\frac{11}{10}$ f) $\frac{17}{10}$ g) $\frac{31}{100}$ h) $\frac{165}{100}$

13. a) 0,6 + 0,3 b) 0,38 + 0,52 c) 0,67 + 0,19

d) 0,84 + 0,67 e) 0,96 + 1,44 f) 2,85 + 3,09

g) 0,9 − 0,5 h) 0,63 − 0,41 i) 1,84 − 0,76

j) 4,1 − 3,8 k) 5,14 − 2,76 l) 3,04 − 1,71

$\frac{1}{2}$ (ein halb), $\frac{1}{3}$ (ein Drittel), $\frac{1}{4}$ (ein Viertel) usw. heißen **Stammbrüche.**

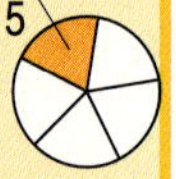

$\frac{1}{2}$ von einem Ganzen ist die Hälfte.

$\frac{1}{3}$ von einem Ganzen ist der dritte Teil.

Man erhält einen Bruchteil einer Größe so:

(1) Man **teilt** die Größe **durch** den **Nenner.**

(2) Man **multipliziert** das Ergebnis **mit** dem **Zähler.**

$\frac{3}{5}$ von 20 € = 3 · 4 € = 12 €

Nebenrechnung: 20 € : 5 = 4 €

Brüche größer als 1 kann man als Bruch oder als **gemischte Zahl** notieren.

$\frac{7}{5} = 1\frac{2}{5}$

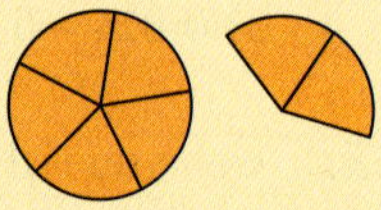

Man addiert zwei Brüche mit gleichem Nenner, indem man die Zähler addiert.

$$\frac{4}{7}+\frac{5}{7}=\frac{4+5}{7}=\frac{9}{7}=1\frac{2}{7}$$

Man subtrahiert zwei Brüche mit gleichem Nenner, indem man die Zähler subtrahiert.

$$\frac{3}{5}-\frac{2}{5}=\frac{3-2}{5}=\frac{1}{5}$$

Brüche mit den Nennern 10, 100, 1000 usw. kann man als **Dezimalbrüche** schreiben.

$\frac{3}{10} = 0{,}3$ $\frac{7}{100} = 0{,}07$ $\frac{161}{100} = 1{,}61$

Beim schriftlichen Addieren und Subtrahieren von Dezimalbrüchen gilt die Regel „Komma unter Komma".

```
  1,48      3,63
+ 0,83    - 1,47
  2,31      2,16
```

1. Notiere die dargestellten Stammbrüche im Heft und ordne sie der Größe nach.

a) 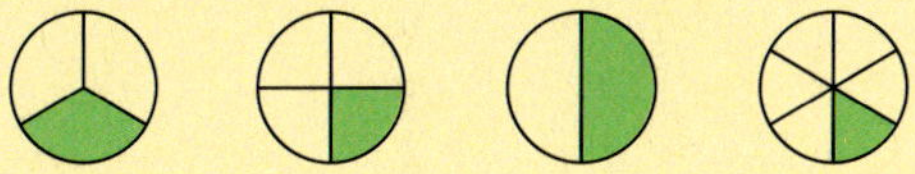

b) 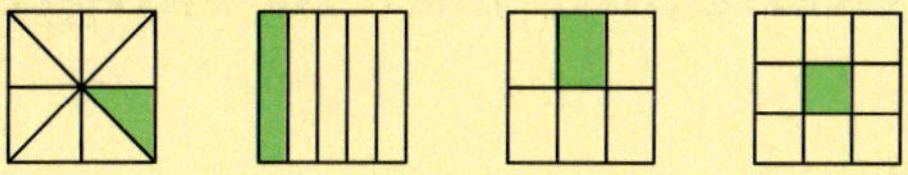

2. Berechne $\frac{1}{4}$ und $\frac{3}{4}$ a) von 36 Nüssen; b) von 48 €; c) von 120 kg; d) von 280 m.

3. a) 15 kg $\xrightarrow{\cdot \frac{3}{5}}$ ■ b) 24 cm $\xrightarrow{\cdot \frac{5}{6}}$ ■ c) 160 € $\xrightarrow{\cdot \frac{3}{8}}$ ■ d) 3,60 € $\xrightarrow{\cdot \frac{4}{6}}$ ■

4. Gib in der nächst kleineren Einheit an: a) $\frac{3}{4}$ km b) $1\frac{1}{3}$ h c) $\frac{1}{4}$ m² d) $\frac{7}{10}$ kg

5. a) $\frac{3}{7} + \frac{2}{7}$ b) $\frac{5}{8} - \frac{2}{8}$ c) $1 + \frac{3}{5}$ d) $\frac{7}{10} + \frac{8}{10}$

$\frac{5}{7} - \frac{1}{7}$ $\frac{4}{8} + \frac{4}{8}$ $1 - \frac{2}{5}$ $1 - \frac{97}{100}$

Wähle weitere 5 Aufgaben aus

1. Berechne das Ergebnis in beiden Maßeinheiten. a) 1,2 kg + 700 g b) $\frac{1}{2}$ m + 30 cm

2. Berechne und vergleiche. Was ist mehr?

a) 25 cm oder $\frac{5}{10}$ m b) $\frac{7}{10}$ cm oder 10 mm c) $1\frac{1}{2}$ h oder 100 min d) 1 000 oder $\frac{1}{10}$ Mio.

3. Bei einem Würfel ist die Hälfte aller Seitenflächen rot. Eine Fläche ist blau. Die übrigen Flächen sind grün.

a) Wie viele rote Seitenflächen hat der Würfel?

b) Welcher Bruchteil der Würfeloberfläche ist blau?

c) Wie viele grüne Flächen hat der Würfel? Gib auch den Bruchteil an.

4. In einer 5. Klasse sind 24 Kinder. Stelle zu der Angabe eine Frage. Schreibe einen Antwortsatz.

a) Zwei Drittel der Kinder können schwimmen.

b) Acht Kinder dieser Klasse haben Sport als Lieblingsfach.

5. Die vier Figuren sind der Beginn einer Serie von Quadraten.

a) Wie sieht wohl die 5. Figur der Serie aus? Zeichne auf Karopapier.

b) Welcher Anteil des Quadrats ist in der 1. Figur, welcher in der 2., 3. und 4. Figur gefärbt?

c) Welcher Anteil ist in der 5. Figur gefärbt?

d) Denke dir die 10. Figur. Ist darin mehr oder weniger als die Hälfte gefärbt?

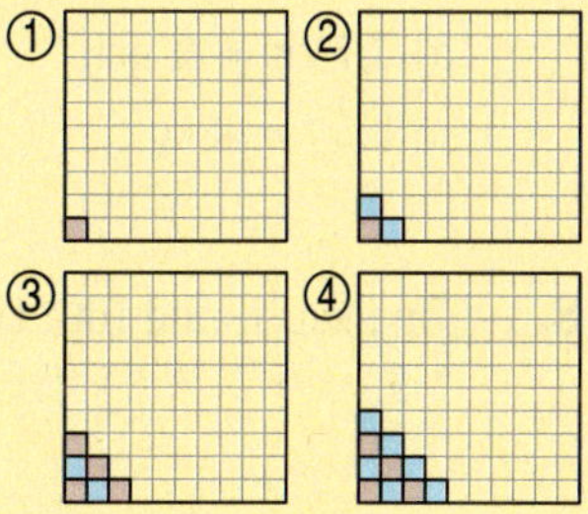

6. Wähle zwei Gefäße aus. Zusammen sollen sie mehr als 1 *l* fassen. Gib alle Möglichkeiten an.

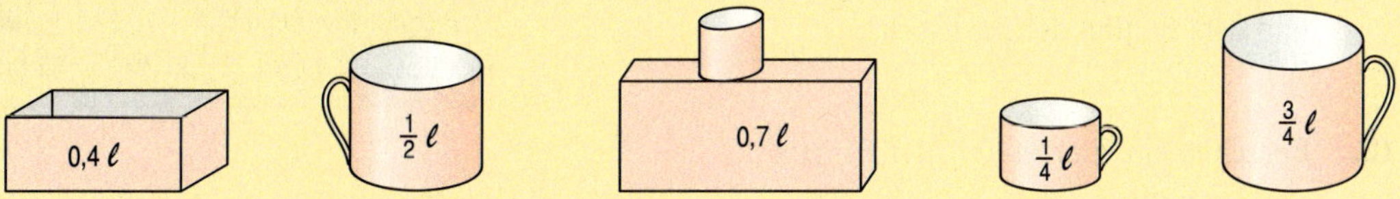

Bearbeite alle 10 Aufgaben.

1. Runde auf Hunderttausender und auf Millionen.

a) 105 798 642 b) drei Millionen zweiundfünzigtausend

2. Schreibe die nächsten drei Zahlen auf.

a) 11, 33, 55, ... b) 1, 2, 4, 8, 16, ...

c) 1, 4, 9, 16, 25, ... d) 120, 108, 96, 84, ...

3. Schreibe zuerst eine Überschlagsrechnung auf. Dann rechne genau.

a) 3 504 + 55 886 + 20 887 b) 1049 · 207

c) 388 886 – 64 782 – 306 550 d) 28 132 : 26

4. Wie heißt der Körper? Wie viele Flächen, Kanten und Ecken hat er?

a) 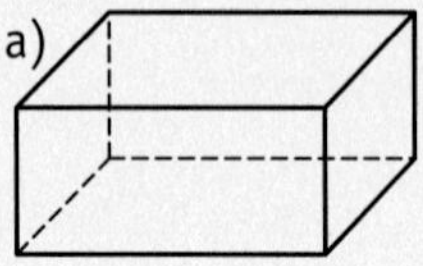

b) 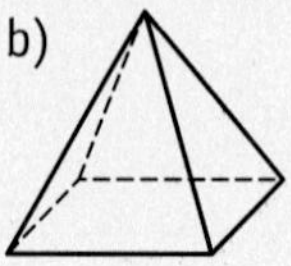

c) 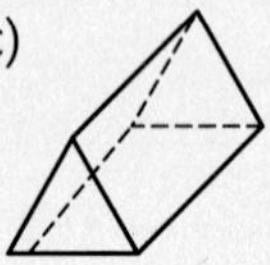

d) 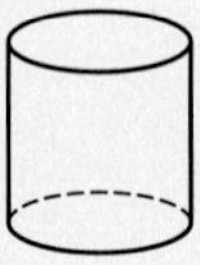

5. a) Zeichne das Viereck ab. Trage alle Symmetrieachsen ein.

b) Welche Seiten stehen senkrecht aufeinander, welche sind parallel zueinander?

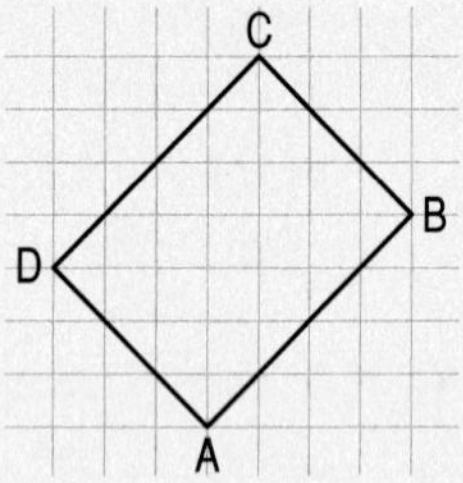

6. a) Zeichne ein Rechteck mit 5 cm und 2 cm Seitenlängen.

b) Bestimme Umfang und Flächeninhalt des Rechtecks aus a).

7. Wandle in die angegebene Einheit um.

a) 3,7 cm = ■ mm b) 1 150 dm = ■ m

c) 2,3 t = ■ kg d) 775 g = ■ kg

8. Tina kauft eine Tüte Chips zu 1,28 € und eine Flasche Limo zu 0,78 €. Sie bezahlt mit einem 5-€-Schein. Wie viel Geld bekommt sie zurück?

9. Ein Kinofilm beginnt um 15.30 Uhr. Der Film dauert mit Werbung insgesamt 110 Minuten. Wie viel Zeit ist zwischen dem Ende der Vorstellung und dem Beginn der nächsten?

Das Wunder von Bern

Beginn jeweils um:

15.30 17.30 20.00 22.00 Uhr

10. Berechne ein Fünftel und vier Fünftel

a) von 10 €; b) von 1 m; c) von 45 cm; d) von 1 Million.

Wähle weitere 10 Aufgaben dieser oder der folgenden Seite aus.

1. a) $112 + (12 + 5) - 15$ b) $(52 - 41) - 3 + 37$
c) $82 - 72 : 6$ d) $(37 - 22) \cdot (32 - 24)$

2. a) Bilde die Summe der Zahlen 112 504, 5 484 und 27 058.
b) Halbiere die Zahl 400 und subtrahiere vom Ergebnis die Zahl 125.

3. Zeichne Säulen für die Höhen der genannten Bauwerke. Runde zunächst die Höhen auf 10 m. Zeichne 1 cm für 100 m Höhe und vergiss die Beschriftung im Schaubild nicht.

Empire State Building (New York)	380 m	Olympiaturm (München)	290 m
Eiffelturm (Paris)	321 m	Kölner Dom	159 m
Stuttgarter Fernsehturm	212 m	Ulmer Münster	161 m

4. Wie heißt das Viereck? Hat es eine oder sogar mehrere Symmetrieachsen? Mache eine Skizze.

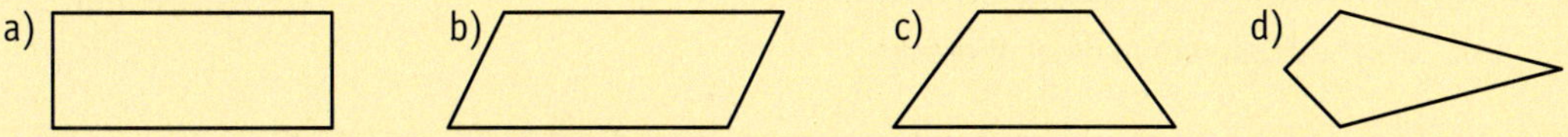

5. Übertrage in dein Heft. Ergänze die Teilfigur zu einer achsensymmetrischen Figur.

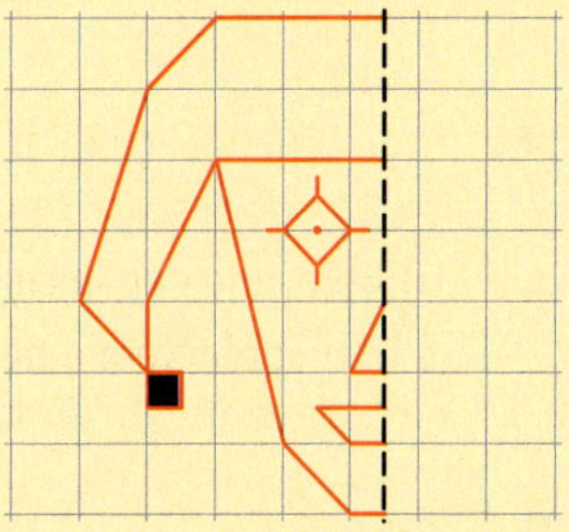

6. Auf Karopapier sind vier Kästchen zusammen 1 cm² groß.
a) Zeichne ein Rechteck mit einem Flächeninhalt von 12 cm². Wie lang ist sein Umfang? Gib zwei Möglichkeiten an.
b) Zeichne ein Quadrat mit einem Flächeninhalt von 16 cm². Wie lang ist sein Umfang?

7. Diese Zahlen haben etwas mit Quadratzahlen zu tun. Ergänze drei weitere Zahlen.
a) 2, 5, 10, 17, 26, ... b) 0, 3, 8, 15, 24, 35, ...

8. Welcher Körper hat diese Eigenschaft?
a) Der Körper hat nur rechteckige Flächen. Zeichne sein Netz.
b) Der Körper hat genau eine quadratische Fläche und sonst nur dreieckige Flächen. Wie viele Flächen hat der Körper? Skizziere sein Netz.

9. Das Würfelnetz ist auf der Grundfläche G festgeklebt. Die anderen Flächen werden zu einem Würfel aufgefaltet. Welche Fläche ist dann vorne, hinten, links, rechts und oben?

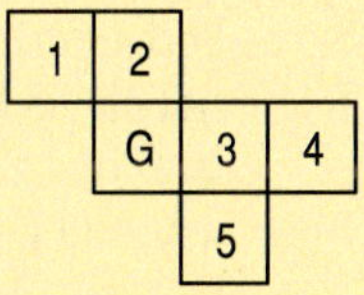

10. Arbeite mit einem Quadratgitter. Wähle als Einheit 1 cm (2 Kästchen).
a) Trage die Punkte ein: A(1|1) B(5|1) C(5|5) D(3|7) E(1|5)
b) Wähle jetzt als Spiegelachse die Gerade BC. Spiegele die Punkte A, B, C, D, E an BC. Wenn du nun Punkte passend durch Strecken verbindest, erhältst du 10 Dreiecke. Diese bilden das „Doppelhaus des Nikolaus".

11. Mira hat 60 Nüsse. Sie gibt Ahmed davon die Hälfte und Frederik ein Fünftel. Wie viele Nüsse hat Mira dann noch übrig für sich?

12. Von einem Würfel sind zwei Flächen blau gefärbt, eine orange und die restlichen nicht gefärbt. Beachte das Würfelbild.

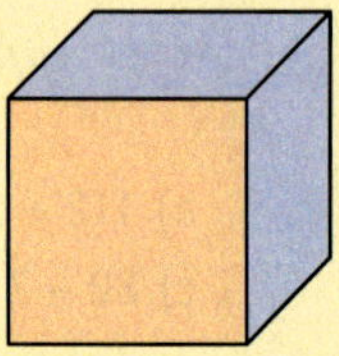

a) Zeichne ein Netz des Würfels. Färbe die Flächen.

b) Welcher Bruchteil der Würfeloberfläche ist blau, welcher orange und welcher nicht gefärbt?

13. a) Wie lang ist der Umfang der T-Figur?

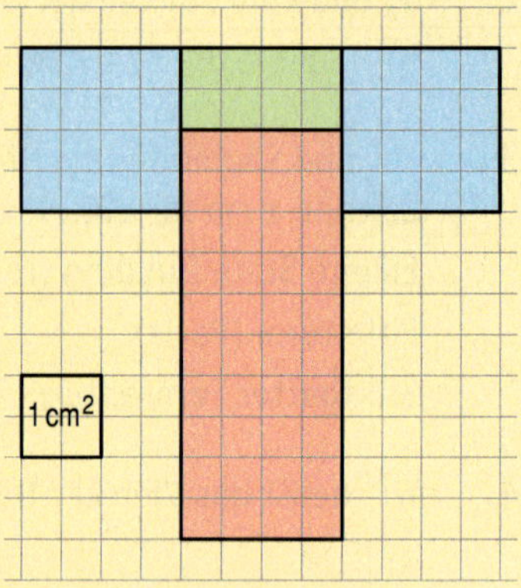

b) Welchen Flächeninhalt hat die T-Figur?

c) Wie groß ist der Flächeninhalt der blau gefärbten Teilfläche der T-Figur?

d) Welcher Bruchteil der Figur ist rot, welcher Bruchteil ist grün gefärbt?

14. Zeichne eine Gerade g. Zeichne mit dem Geodreieck drei zu g senkrechte Geraden und drei zu g parallele Geraden.

a) Wie viele Vierecke sind entstanden?

b) Welche Form haben diese Vierecke?

15. Multipliziere 326 mit 35 und dividiere 345 durch 15. Berechne dann die Summe der beiden Teilergebnisse.

16. Eine Schule bestellt 16 Fußbälle zu je 19,75 €. Zum Preis für die Bälle kommen noch 6,90 € für Porto und Verpackung.

a) Berechne den Rechnungsbetrag.

b) Der Förderverein der Schule übernimmt die Hälfte der Kosten für die neuen Fußbälle. Wie viel Euro zahlt der Förderverein?

17. Schreibe zu dem Rechenausdruck eine passende Text-Aufgabe oder Rechengeschichte.
Rechenausdruck: $12 + 5 \cdot 7$. So kann der Text beginnen: „Frau Müller kauft 5 …". Schreibe auch eine Antwort auf.

18. Niedersachsen hat eine Fläche von 47 614 km², das Saarland von 2 571 km². Wie viel mal passt die Fläche des Saarlands in die von Niedersachsen ungefähr hinein?

19. Frau Flink arbeitet seit 25 Jahren in einem Textilgeschäft als Verkäuferin. Ihr monatliches Gehalt beträgt 1 250 €. Zusätzlich hat sie im letzten Jahr 375 € Urlaubsgeld, 900 € Weihnachtsgeld und zu ihrem Jubiläum für jedes Jahr Betriebszugehörigkeit 150 € erhalten. Berechne ihren Jahresverdienst für das vergangene Jahr.

20. Schreibe die wichtigen Informationen auf und löse die Aufgabe. Am 1. Adventssamstag findet in der Kantschule ein Weihnachtsbasar statt. Die Klasse 5c (12 Mädchen und 14 Jungen) hat zum Verkauf 6 kg Kekse gebacken. Dafür hat sie 3 Stunden gebraucht. Die Kekse werden in Tüten zu je 75 g verpackt. Eine Tüte soll 0,65 € kosten.

a) Wie viele Tüten Kekse kann die Klasse verkaufen?

b) Wie hoch ist die Einnahme, wenn alle Tüten verkauft werden?

Seite 21

1. eins; zehn; hundert; tausend; zehntausend; hunderttausend; eine Million; zehn Millionen; hundert Millionen; eine Milliarde; zehn Milliarden; hundert Milliarden; eine Billion.

2. a) zwölf
dreihundertfünfzehn
b) zwölftausenddreihundert
dreihundertvierundzwanzigtausend
c) neunhundertsiebentausend
eine Million zweihunderttausend

3. 12 Mrd. 78 Mio. 905 T 346 = 12 078 905 346
100 Mrd. 269 Mio. 1 T 407 = 100 269 001 407
3 B. 267 Mrd. 310 Mio. 38 T 760 = 3 267 310 038 760

4. a) 12 034 670; 305 780 129;
b) 1 357 000 890; 1 037 419 300 000

5. –

6. a) 19 997, 19 998, 19 999, 20 000, 20 001, 20 002, 20 003, 20 004 b) 3 990, 3 991, 3 992, 3 993, 3 994, 3 995, 3 996, 3 997, 3 998, 3 999
c) 335 794, 335 795, 335 796, 335 797, 335 798, 335 799, 335 800 d) 4 444 999, 4 445 000, 4 445 001, 4 445 002, 4 445 003, 4 445 004

7. a) A = 90 000 B = 170 000 C = 370 000 D = 410 000 b) 510 000 < E < 520 000

8. a) 608 < 615 b) 852 > 851 c) 1 000 = 10 · 100 d) 100 · 100 < 1 Mio.

9. a) 2 000; 13 000; 140 000 b) 500; 1 200; 50 000 c) 20; 350; 7 900

10. Rhein 1 330 km
Mosel 550 km
Leine 240 km
Weser 480 km
Oker 110 km
Elbe 1 190 km

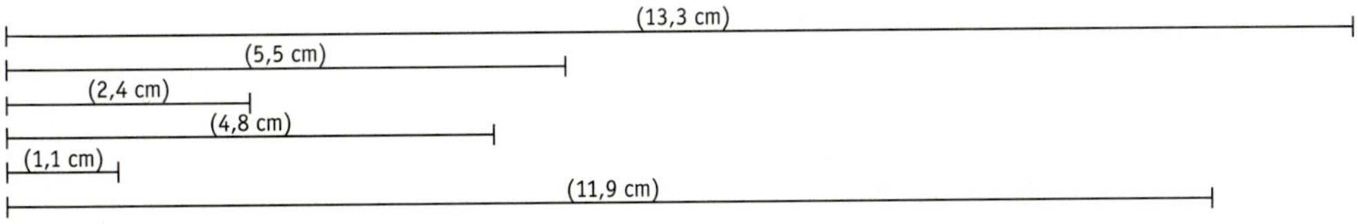

11. a) 280 km b) 310 km

Seite 39

1. a) 30 + 70 = 100 b) 26 + 32 = 58 c) 48 + 26 = 74

2. a) 90 – 50 = 40 b) 75 – 24 = 51 c) 52 – 37 = 15

3. 37 + 25 = 62

4. 27 – 18 = 9

5. a) 31 b) 64 c) 52 d) 48

6. a) 76 $\xrightarrow{+24}$ **100** $\xrightarrow{+13}$ **113**
b) 58 $\xrightarrow{-18}$ **40** $\xrightarrow{-12}$ **28**

7. a) 45 b) 41 c) 72 d) 54

8. a) 1 b) 22
10 70

9. a) 8 + (7 + 3) = 18
(59 + 41) + 27 = 127
b) 23 + (16 + 4) = 43
(99 + 11) + 29 = 139

10. a) 79 – 9 + 17 = 87
138 – 38 + 53 = 153
b) 127 – (73 + 27) = 27
509 – (91 + 9) = 409

11. a) Überschlag: 400 + 500 = 900; genau: 823
b) Ü: 41 200 + 100 + 1 200 = 42 500; genau: 42 510
c) Ü: 500 – 200 = 300; genau: 274
d) Ü: 28 600 – 200 – 1 300 = 27100; genau: 26 999
e) Ü: 12 000 + 100 000 = 112 000; genau: 111 928
f) Ü: 35 000 – 1 000 – 17 000 = 17 000; genau: 16 265

12. a) 23 b) 89

13. Tobias muss insgesamt 47,36 € bezahlen; er hat dann 2,64 € übrig.

14. a) 3 002 b) 12 637

Seite 53

1.

Körper	Anzahl der Flächen	Kanten	Ecken
Würfel	6	12	8
Quader	6	12	8
Prisma	5	9	6
Pyramide	5	8	5
Zylinder	3	2	0
Kegel	2	1	1
Kugel	1	0	0

2. a) Würfel, Quader, Prisma, Pyramide b) Pyramide

3. a) Würfelnetz b) kein Würfelnetz

4. senkrecht zu a: a) b und c b) c und b
parallel zu a: a) d und e b) d und e

5. a) b (Wasseroberfläche), x (Regalbrett)
b) w, y (Uhrpendel, Seitenwand des Regals)

6./7.

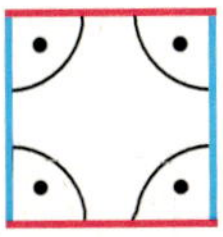

8. Zwei quadratische Flächen (4 cm x 4 cm)

Seite 81

1. a) 45 b) 17 c) 60 d) 7

2. a) **4** · 9 = 36 b) **35** : 7 = 5 c) 8 · **5** = 40 d) 48 : **4** = 12

3. 48 : 48 = 1

4. a) 1 b) 13 c) 0 d) 0
0 0 10 geht nicht

5. a) 1700 b) 47 c) 1200
650 250 470
21200 38 82

6. a) 40 · **100** = 4000 b) 3000 : **10** = 300
200 · **10** = 2000 50000 : **100** = 500

7. a) 96 b) 3
81 140

8. a) 44 b) 19
33 56

9. a) 2 b) 16
25 32

10. a) (25 · 4) · 39 = 3900 b) (50 · 2) · 88 = 8800
c) (40 · 5) · 118 = 23600 d) (4 · 25) · 67 = 6700

11. a) 700 b) 873 c) 210
d) 368 e) 300 f) 600

12. a) 2115 b) 21120 c) 5775
5712 14220 14896

13. 12 · 145 € = 1740 €

14. a) 121 b) 53 c) 318
594 63 352

15. 490 € : 14 = 35 € pro Person

Seite 103

1. a) $\overline{CD} < \overline{AB} < \overline{BC} < \overline{AC} = \overline{BD} < \overline{AD}$ b) – c) 6 Geraden

2. a)/b) – c) D hat 6,1 cm Abstand

3. a) – b) 8,6 cm **4.** – **5.** – **6.** – **7.** ohne Zeichnung; a) Rechteck b) Parallelogramm **8.** –

Seite 127

1. a) 73 mm b) 272 cm c) 4820 m

2. a) 6,4 cm b) 1,75 m c) 8,7 km
12,3 cm 2,38 m 1,14 km

3. a) 42 mm b) 458 cm c) 3700 m
87 mm 1070 cm 4250 m

4. a) Es fehlen noch 3,80 m. b) 9,20 m **5.** 44,40 km **6.** 6,25 km **7.** a) 4250 g b) 2050 g c) 3400 kg

8. a) 3,72 kg b) 5,18 kg c) 12,7 t **9.** a) 4630 g b) 1500 g c) 5500 kg **10.** a) 20,2 kg b) Der Inhalt wiegt 15,8 kg.

11. Der Inhalt wiegt 145 g. **12.** a) 43,20 kg b) 625 g pro Person

13. a) 60 Monate b) 102 h c) 120 min d) 195 min
e) 260 s f) 165 s g) 12 h h) 8 min

14.

	a)	b)	c)	d)
Anfang	8.15 Uhr	12.30 Uhr	9.45 Uhr	**13.45 Uhr**
Dauer	**2 h 15 min**	**4 h 45 min**	2 h 10 min	4 h 30 min
Ende	10.30 Uhr	17.15 Uhr	**11.55 Uhr**	18.15 Uhr

15. 15 · 5 Jahre = 60 Monate
= 1825 Tage (ohne Schaltjahre)

Seite 143

1. z.B. Duschhandtuch, Flügel einer Tafel, Frontscheibe eines Pkw, Schreibtischplatte, ...

2. a) 4 cm^2 b) 2 cm^2 c) 2 cm^2

3. a) 100 cm^2 b) 3 cm^2 c) 5600 cm^2
2100 cm^2 25 cm^2 2 cm^2
750 cm^2 0,5 cm^2 2550 cm^2

4. a) 180 cm^2 b) 1568 cm^2 **5.** a) 6 cm b) 27 cm **6.** 108 cm^2 **7.** 600 m^2

8. Für beide Rechtecke ist u = 22 cm **9.** a) Breite 7 cm b) Länge 34,5 cm

10. a) u = 32 cm b) u = 96 cm c) a = 6 cm d) a = 32 cm

11. a) A = 100 cm^2 = 1 dm^2, u = 58 cm b) A = 768 cm^2 = 7,68 dm^2, u = 128 cm = 1,28 m

Seite 160

1. a) $\frac{1}{4}$ b) $\frac{1}{3}$ c) $\frac{1}{7}$ **2.** a) 8 € b) 6 Tage c) 20 kg d) 30 min **3.** a) $\frac{3}{8}$ b) $\frac{5}{6}$ c) $\frac{3}{5}$

4. a) 12 € b) 16 Flaschen c) 16 kg d) 20 Kinder **5.** a) 15 *l* b) 42 min **6.** a) $1\frac{2}{5}$ b) $2\frac{1}{4}$ c) $1\frac{1}{7}$ d) $2\frac{1}{5}$ e) $1\frac{5}{8}$

7. a) $\frac{5}{3}$ b) $\frac{9}{8}$ c) $\frac{13}{10}$ d) $\frac{12}{5}$ e) $\frac{20}{7}$ f) $\frac{9}{4}$ g) $\frac{19}{2}$ h) $\frac{18}{5}$ i) $\frac{14}{3}$ j) $\frac{14}{9}$ **8.** a) $\frac{5}{7}$ b) $\frac{7}{10}$ c) $\frac{7}{9}$ d) $\frac{8}{8} = 1$

9. a) $\frac{10}{6} = 1\frac{4}{6}$ b) $\frac{7}{5} = 1\frac{2}{5}$ c) $\frac{12}{9} = 1\frac{3}{9}$ d) $\frac{10}{7} = 1\frac{3}{7}$ **10.** a) $\frac{6}{10}$ b) $\frac{4}{8}$ c) $\frac{4}{6}$ d) $\frac{5}{9}$

11. a) $\frac{11}{8} = 1\frac{3}{8}$ b) $\frac{4}{15}$ c) $\frac{10}{10} = 1$ d) $\frac{3}{6}$ $(= \frac{1}{2})$ e) $\frac{10}{7} = 1\frac{3}{7}$ f) $\frac{2}{12}$ $(= \frac{1}{6})$ g) $\frac{9}{8} = 1\frac{1}{8}$ h) $\frac{4}{7}$

12. a) 0,3 b) 0,7 c) 0,05 d) 0,09 e) 1,1 f) 1,7 g) 0,31 h) 1,65

13. a) 0,9 b) 0,9 c) 0,86 d) 1,51 e) 2,4 f) 5,94 g) 0,4 h) 0,22 i) 1,08 j) 0,3 k) 2,38 l) 1,33

Für jede richtig gelöste Aufgabe gibt es insgesamt zwei Punkte. Die Aufteilung der Punkte ist jeweils angegeben.
Bei den Auswahlaufgaben werden nur die fünf besten Aufgaben gewertet.

Seite 22

1. a) ZT (1 P.) b) 100 Mio (1 P.)

2. a) 220 500 (1 P.) b) 7 015 001 (1 P.)

3. 2 220; 2 640; 2 740; 2 870
(jede richtige Lösung = $\frac{1}{2}$ P.)

4. a) auf Hunderter: 76 563 200 (1 P.)
b) auf ZT: 76 560 000 (1 P.)

5. a) 24, 23, ... (1 P.) Regel: + 5, – 1, + 5, – 1, ...
b) 60, 90, ... (1 P.) Regel: – 15, + 30, – 15, + 30, ...
(Es müssen jeweils beide Zahlen stimmen!)

Auswahlaufgaben

1. a) 105 010 (1 P.)
b) 52 042 006 (1 P.)

2. a) fünfzehntausenddreihundertvierundzwanzig (1 P.)
b) zwei Millionen fünfhunderteintausendeinundsiebzig (1 P.)

3. 843 709 260 (2 P.)

4. 4 560, 5 046, 5 406, 5 460, 5 604, 6 540
(mindestens drei Zahlen am richtigen Platz: (1 P.)
alle Zahlen am richtigen Platz: (2 P.)

5. a) 30 950, 31 049 b) 270 450, 270 549
(jede richtige Zahl = $\frac{1}{2}$ P.)

6. Dieter: 6 Stimmen; Uta 8 Stimmen; Kerstin: 5 Stimmen
(eins richtig: $\frac{1}{2}$ P., zwei richtig: 1 P., drei richtig: 2 P.)

7.

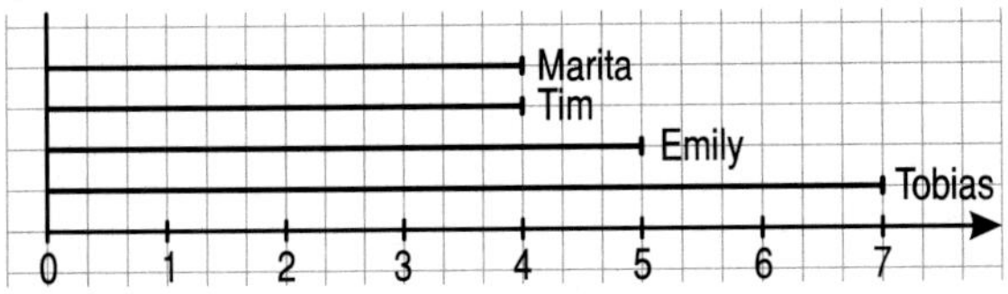

(jede richtige Lösung = $\frac{1}{2}$ P.)

8. a) 14; 1 865 b) MCMLIX; MMIX
(jede richtige Zahl = $\frac{1}{2}$ P.)

9. a) 1 111 (1 P.) b) 888 888 (1 P.)

10. a) Runden: 34 000 t Wertstoffe; 2 000 t Kunststoffe, 1 000 t Metalle, 21 000 t Papier und Pappe, 7 000 t Glas (1 P.)
b) Ordnen: 34 000, 21 000, 7 000, 2 000, 1 000 (1 P.)
(Es müssen jeweils mindestens vier Zahlen stimmen!)

11. a) 10 011 001 b) 93

Seite 40

1. a) 300 (1 P.) b) 1 827 (1 P.)

2. a) 27 (1 P.) b) 51 (1 P.)

3. a) 40 278 (1 P.) b) 7 875 (1 P.)

4. a) 175,51 € (1 P.) b) 82,73 € (1 P.)

5. a) 6 508 + 15 007 + 804 = 22 319 (1 P.)
b) 94 007 – 36 878 = 57 129 (1 P.)

Auswahlaufgaben

1. Rechnung: 9 780 *l* – 3 720 *l* – 5 812 *l* (1 P.) Ergebnis: 248 *l* (1 P.)

2. Rechnung: 124 + (124 – 15) (1 P.) Ergebnis: 233 Autos (1 P.)

3. Rechnung: 18 200 € + 300 € – 5 800 € (1 P.) Ergebnis: 12 700 € (1 P.)

4. a) richtig (1 P.) b) falsch, richtig ist 5 250 (1 P.)

5. a) 17,98 € + 7,99 € = 25,97 € ($\frac{1}{2}$ P.) Die Geldscheine sind zusammen 25,00 €, das sind 0,97 € = 97 Cent zu wenig. ($\frac{1}{2}$ P.)
b) 449,00 € + 79,00 € = 528,00 € ($\frac{1}{2}$ P.) Die Geldscheine sind zusammen 520,00 €, das sind 8,00 € zu wenig. ($\frac{1}{2}$ P.)

6. a) 1 565 km – 1 479 km = 86 km (1 P.)
b) 1 641 km – 1 357 km = 284 km (1 P.)

7. Rechnung: 1 690 € – 420 € – 640 € – 170 € – 140 € = 320 € (1 P.)
Frau Rissler bleiben im Monat noch 320 € übrig. Da 320 < 425 ist, reicht das nicht für ein neues Fernsehgerät.
Dafür müsste Frau Rissler zwei Monate lang sparen. (1 P.)

Seite 54

1. a) Quader b) Kugel c) Kegel d) Zylinder
((jede richtige Lösung = $\frac{1}{2}$ P.)

2. a) 5 Flächen, 9 Kanten (je $\frac{1}{2}$ P.)
b) 5 Flächen, 5 Ecken (je $\frac{1}{2}$ P.)

3. a) nein b) ja c) ja d) ja
(jede richtige Lösung = $\frac{1}{2}$ P.)

4. $a \perp \mathbf{b}$; $a \perp \mathbf{c}$; $a \parallel \mathbf{d}$; $a \parallel \mathbf{e}$
(jede richtige Lösung = $\frac{1}{2}$ P.)

5.

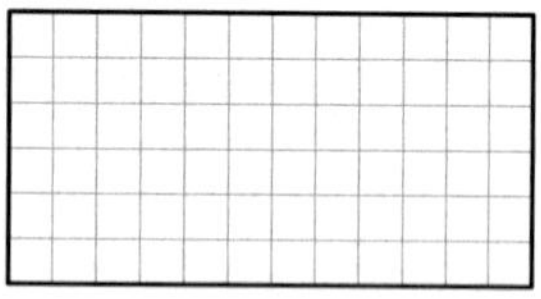

(2 P.)
(Die Zeichnung muss von der Lehrerin oder dem Lehrer kontrolliert werden!)

Auswahlaufgaben

1. a) Quader, Würfel (je $\frac{1}{2}$ P.) b) Prisma, Pyramide (je $\frac{1}{2}$ P.)

2. a) Zylinder (1 P.) b) Kugel (1 P.)

3.

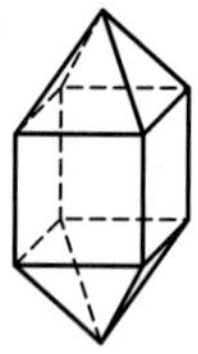

10 Ecken, 20 Kanten (je $\frac{1}{2}$ P.)
12 Flächen (1 P.)

4. 1 links, 2 hinten, 3 rechts, 4 vorne, 5 oben
(eins richtig: $\frac{1}{2}$ P., zwei richtig: 1 P., drei richtig: $1\frac{1}{2}$ P., vier oder fünf richtig: 2 P.)

5. Rechnung: 4 · 4 cm + 4 · 6 cm + 4 · 8 cm (1 P.)
Ergebnis: 72 cm (1 P.)
Der Draht muss mindestens 72 cm lang sein.

6. a und **h**; c und **d**; e und **b**; n und **k**.
(jede richtige Lösung = $\frac{1}{2}$ P.)

7. z. B.

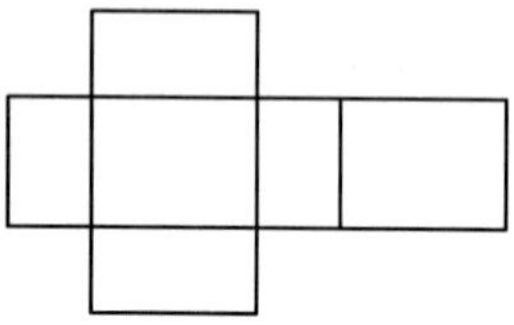

(2 P.)
Zeichnung von Lehrerin/Lehrer kontrollieren lassen.

Seite 82

1. a) 105 (1 P.) b) 12 (1 P.)

2. a) **100** · 8 = 800 (1 P.) b) **4 000** : 4 = 1 000 (1 P.)

3. a) 2 912 (1 P.) b) 56 364 (1 P.)

4. a) 37 (1 P.) b) 405 (1 P.)

5. a) 120 · 14 € = 1 680 € (1 P.)
b) 3 150 € : 45 = 70 € (1 P.)

Auswahlaufgaben

1. a) (7 · 5) · 2 = 70 (1 P.) b) (40 + 20) : 3 = 60 : 3 = 20 (1 P.)

2. a) (4 · 25) · 37 = 100 · 37 = 3 700 (1 P.)
b) (3 + 7) · 27 = 10 · 27 = 270 (1 P.)

3. a) Die Eltern zusammen sind 40 + 42 = 82 Jahre alt.
Beide Eltern sind gleich alt, also 82 : 2 = 41 Jahre.
Der Vater ist 41 Jahre alt. ($\frac{1}{2}$ P.)
b) Suse hat eine Schwester (und zwei Brüder), zusammen vier Kinder. ($\frac{1}{2}$ P.)
c) Die Brüder sind beide 10 Jahre alt, zusammen 20 Jahre.
Suse und ihre Schwester sind zusammen 40 – 20 = 20 Jahre.
Rechnung: ■ +(■ + 6) = 20 ■ = 7
Suse ist 7 Jahre alt, ihre Schwester ist 13 Jahre alt. (1 P.)

4. 684 : 12 = (660 + 24) : 12 = 55 + 2 = 57 (2 P.)

5. 135 € : 3 + 7 € = 45 € + 7 € = 52 € (2 P.)

6. 65 € · 18 · 3 = 3 510 € (2 P.)

7. Höchstens 999 · 99 = 98 901 (2 P.)

8. 17 · 5 = 85; 24 · 8 = 192 (je $\frac{1}{2}$ P.); 85 + 192 = 277 (1 P.)

9. 95 : 5 = 19; 38 · 4 = 152 (je $\frac{1}{2}$ P.); 152 – 19 = 133 (1 P.)

10. Rechnung: (19 € + 14 €) : 3 = 33 € : 3 (1 P.), Ergebnis: 11 € (1 P.)

11. 435 · 4 = 170 falsch, Ü: 400 · 5 = 2 000
284 · 5 = 1 420 richtig, Ü: 300 · 5 = 1 500
518 : 7 = 74 richtig, Ü: 490 : 7 = 70
2 016 : 8 = 22 falsch, Ü: 2 000 : 10 = 200
(jede richtige Lösung $\frac{1}{2}$ P.)

12. $36 = 6^2$, $81 = 9^2$ (je 1 P.)

Seite 104

1. a) b⊥e, b⊥f, g⊥e, g⊥f, h⊥f (1 P., zwei davon genügen)
b) a∥c, b∥g, b∥h, d∥i, e∥f (1 P., zwei davon genügen)

2. – vom Lehrer/Lehrerin kontrollieren lassen.
(jede richtige Lösung $\frac{1}{2}$ P.)

3.

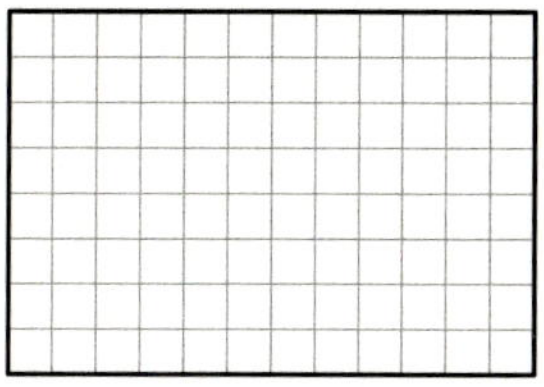

2 P.

5. a)

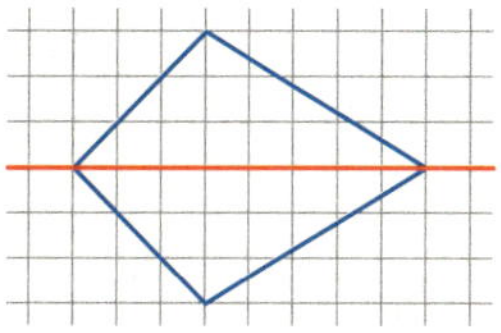

b)

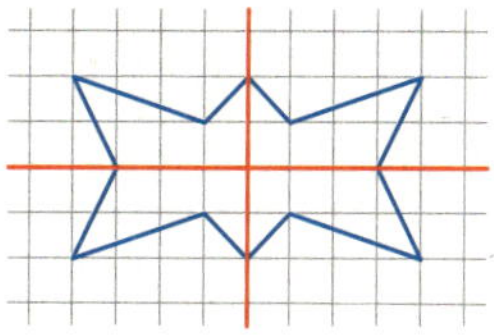

4. a) Strecke $\overline{AB}$, Strahl $\overline{AB}$ (je $\frac{1}{2}$ P.)
b) Gerade CD, Strecke $\overline{CD}$, Strahl $\overline{CD}$, Strahl $\overline{DC}$ (je 2 ergeben $\frac{1}{2}$ P.)

Auswahlaufgaben

1. a)

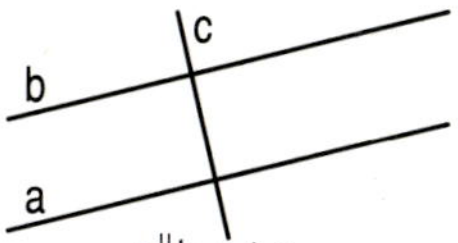

(1 P.)

a∥b, a⊥c

b)

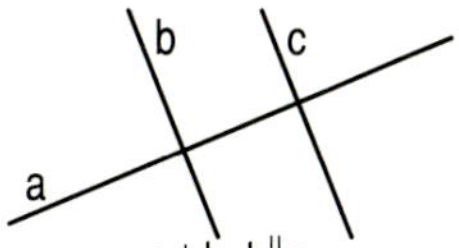

(1 P.)

a⊥b, b∥c

Zeichnungen von Lehrer/Lehrerin kontrollieren lassen!

2.

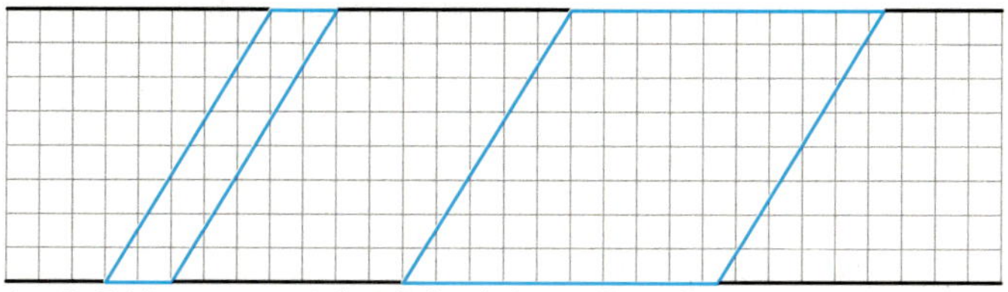

je 1 P., Zeichnungen von Lehrer/Lehrerin kontrollieren lassen!

3.

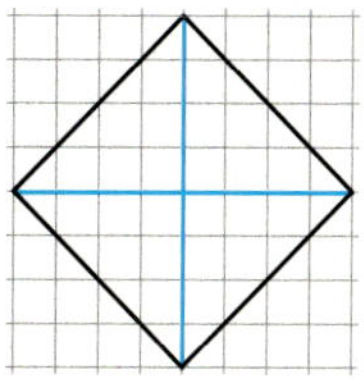

(1 P.)

4. a) D (3|6)

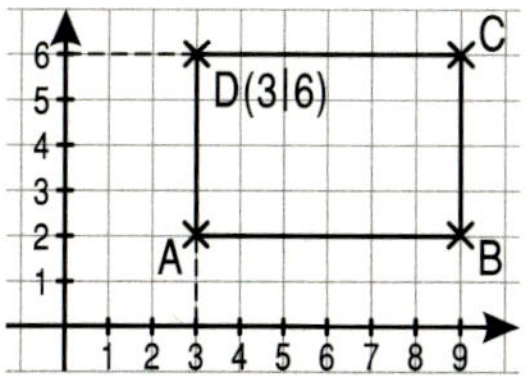

1 P.

b) C (9|9)

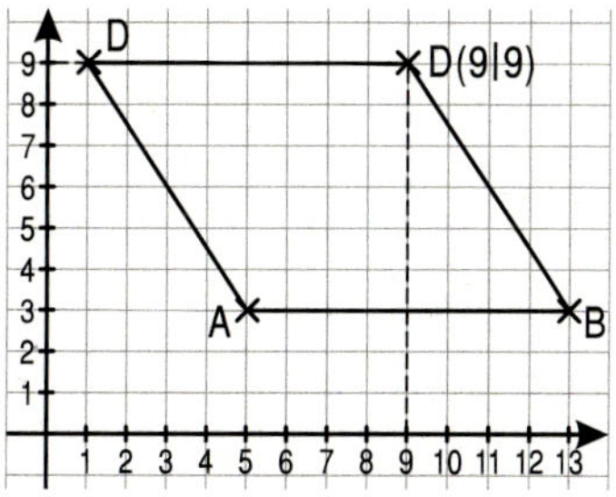

1 P.

5. Sebastian zeichnet ein Rechteck. (2 P.)
Denn beim Rechteck sind zwei gegenüberliegende Seiten parallel, also ist es auch ein Parallelogramm.

6. a)

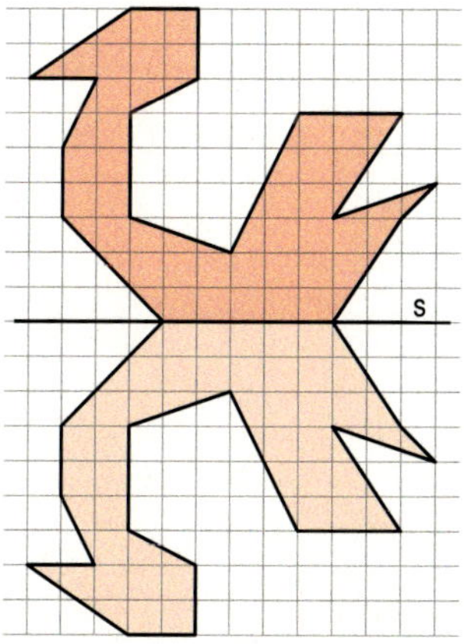

(1 P.)

b)

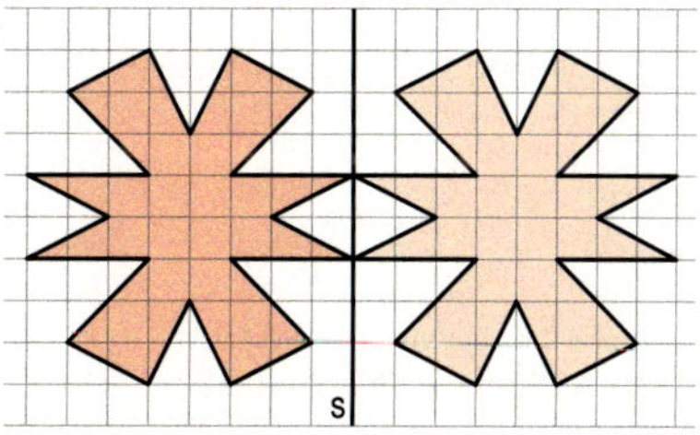

(1 P.)

Seite 128

1. 3,15 € + 1,97 € = 5,12 € (2 P.) **2.** a) 3,7 cm (1 P.) b) 1,130 km (1 P.)

3. a) 7350 g (1 P.) b) 2 050 kg (1 P.)

4. a) 240 min (1 P.) b) 76 h (1 P.)

5. a) 49,5 kg – 41 kg = 8,5 kg (1 P.)
b) 310,0 km – 234,5 km = 75,5 km (1 P.)

Auswahlaufgaben

1. a) 6 · 1,78 € = 10,68 € (1 P.)
b) 1,78 € – 1,59 € = 0,19 €; 6 · 0,19 € = 1,14 € (1 P.)
(oder: 6 · 1,59 € = 9,54 €; 10,68 € – 9,54 € = 1,14 €)

2. a) 19,3 kg (1 P.) b) 2,056 t (1 P.)

3. Pkw mit Fahrrädern ist 1,48 m + 0,88 m = 2,36 m hoch. (1 P.)
Man darf nicht in das Parkhaus fahren, denn 2,36 m > 2,10 m. (1 P.)

4. a) 37 min (1 P.) b) 37 min + 35 min = 72 min = 1 h 12 min (1 P.)

5. a) 5 h 25 min (1 P.) b) 5 · (5 h 25 min) = 25 h 125 min = 27 h 5 min (1 P.)

6. a) 15 · 9,4 km = 141 km (1 P.) b) 141 : 35 ≈ 140 : 35 = 4. Peter würde ungefähr 4 Stunden brauchen. (1 P.)

7. Peter ist an 190 Tagen zur Schule geradelt, an jedem Tag zweimal 1,3 km (hin und zurück). (1 P.)
insgesamt 190 · 2 · 1,3 km = 494 km (1 P.)

Seite 144

1. Englischbuch 340 cm^2, CD-Hülle 175 cm^2, Badetuch 2 m^2, Briefmarke 6 cm^2, Fernsehbildschirm 24 dm^2.
(eins richtig: $\frac{1}{2}$ P., zwei richtig: 1 P., drei richtig: $1\frac{1}{2}$ P., vier oder fünf richtig: 2 P.)

2. a) 6 cm · 4 cm = 24 cm^2 (1 P.)
b) 6 cm + 4 cm + 6 cm + 4 cm = 20 cm (1 P.)

3. a) 7 cm^2 (1 P.) b) 14 cm^2 (1 P.)

4. a) 20 cm^2 = **2 000 mm^2** (1 P.) b) 10 m^2 = **1 000 dm^2** (1 P.)

5. a) 300 dm^2 = 3 m^2 (1 P.) b) 25 000 mm^2 = 250 cm^2 (1 P.)

Auswahlaufgaben

1. –, Seitenlängen z. B. 1 cm und 18 cm
oder 2 cm und 9 cm
oder 3 cm und 6 cm
oder 4 cm und 4,5 cm
(jede Zeichnung 1 P., von Lehrer/Lehrerin kontrollieren lassen!)

2. A, D und F je 20 Kästchen (1 P.)
B und E je 19 Kästchen (1 P.)
(C hat $21\frac{1}{2}$ Kästchen)

3. (Rechteck mit Seiten 12 cm und 8 cm zeichnen) (1 P.)
Mindestfläche 120 cm · 80 cm = 9 600 cm^2 = 96 dm^2 = 0,96 m^2 (1 P.)

4. Umfang: 120 cm + 80 cm + 120 cm + 80 cm = 400 cm = 4 m
Man braucht 4 m Gitterdraht, 50 cm breit (= 2 m^2). (1 P.)
Für den Deckel braucht man 120 cm · 80 cm = 9 600 cm^2 = 0,96 m^2 Sperrholz. (1 P.)

5. a) größte Fläche: Christina (756 m^2) (1 P.) b) größter Umfang: Michael (112 m) (1 P.)

6. 2 m^2 = 200 dm^2; insgesamt 182 · 200 = 36 400 Knoten (2 P.)

Seite 161

1. a) $\frac{1}{6} < \frac{1}{4} < \frac{1}{3} < \frac{1}{2}$ (1 P.) b) $\frac{1}{9} < \frac{1}{8} < \frac{1}{6} < \frac{1}{5}$ (1 P.)

2.

	a)	b)	c)	d)	
$\frac{1}{4}$:	9 Nüsse	12 €	30 kg	70 m	
$\frac{3}{4}$:	27 Nüsse	36 €	90 kg	210 m	(je $\frac{1}{2}$ P.)

3. a) 9 kg b) 20 cm c) 60 € d) 2,40 € (je $\frac{1}{2}$ P.)

4. a) 750 m b) 80 min. c) 25 dm^2 d) 700 g (je $\frac{1}{2}$ P.)

5. a) $\frac{5}{7}$ b) $\frac{3}{8}$ c) $1\frac{3}{5} = \frac{8}{5}$ d) $\frac{15}{10} = 1\frac{5}{10}$

$\frac{4}{7}$ $\frac{8}{8} = 1$ $\frac{3}{5}$ $\frac{3}{100}$ (jede Teilaufgabe $\frac{1}{2}$ P.)

Auswahlaufgaben

1. a) 1,9 kg = 1900 g b) 80 cm = 0,8 m (je 1 P.)

2. a) $\frac{5}{10}$ m = 50 cm; 25 cm < $\frac{5}{10}$ b) $\frac{7}{10}$ cm = 7 mm; 7 mm < 10 mm

c) $1\frac{1}{2}$ h = 90 min; 90 min < 100 min d) $\frac{1}{10}$ Mio. = 100 000; 1 000 > 100 000 (je $\frac{1}{2}$ P.)

3. a) 3 rote Seitenflächen. ($\frac{1}{2}$ P.) b) $\frac{1}{6}$ der Flächen ist blau. ($\frac{1}{2}$ P.) c) 2 grüne Flächen = $\frac{2}{6}$ der Würfeloberfläche. (1 P.)

4. a) Frage: Wie viele Kinder können schwimmen? Antwort: 16 Kinder können schwimmen.
b) Frage: Welcher Bruchteil hat Sport als Lieblingsfach? Antwort: $\frac{1}{3}$ aller Kinder hat Sport als Lieblingsfach.
(alle Fragen richtig: $\frac{1}{2}$ P., für jede richtige Rechung mit Antwortsatz $\frac{1}{2}$ P.)

5. a) 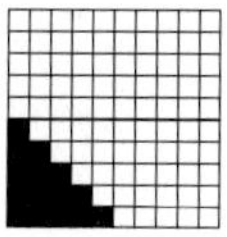 ($\frac{1}{2}$ P.)

b) 1. Figur: $\frac{1}{100}$ gefärbt (1 P.)
2. Figur: $\frac{3}{100}$ gefärbt
3. Figur: $\frac{6}{100}$ gefärbt
4. Figur: $\frac{10}{100}$ gefärbt

c) 5. Figur: $\frac{15}{100}$ gefärbt

d) mehr als die Hälfte gefärbt.

6. 0,4 l + 0,7 l; 0,4 l + $\frac{3}{4}$ l; $\frac{1}{2}$ l + 0,7 l; $\frac{1}{2}$ l + $\frac{3}{4}$ l; 0,7 l + $\frac{3}{4}$ l (Alle richtig: 2 P.; für jede fehlende oder falsche Antwort $\frac{1}{2}$ P. Abzug.)

Lösungen der Diagnosearbeit

für jede richtig gelöste Aufgabe gibt es zwei Punkte. Die Aufteilung der Punkte ist jeweils angegeben.
Bei den Auswahlaufgaben werden die 10 besten Aufgaben gewertet.

Seite 162

1. a) auf Hunderttausender: 105 800 000 b) 3 100 000
auf Millionen: 106 000 000 3 000 000 (je $\frac{1}{2}$ P.)

2. a) 77, 99, 110, ... b) 32, 64, 128, ...
c) 36, 49, 64, ... d) 72, 60, 48, ... (je $\frac{1}{2}$ P.)

3. a) Ü: 4 000 + 56 000 + 21 000 = 81 000 b) Ü: 1000 · 200 = 200 000
genau: 80 277 genau: 217 143
c) Ü: 390 000 – 65 000 – 310 000 = 15 000 d) Ü: 25 000 : 25 = 1 000
genau: 17 554 genau: 1 082 (je $\frac{1}{2}$ P.)

4. a) Quader; 6 Flächen, 12 Kanten, 8 Ecken b) Pyramide; 5 Flächen, 8 Kanten, 5 Ecken
c) Prisma; 5 Flächen, 9 Kanten, 6 Ecken d) Zylinder; 3 Flächen,2 Kanten, keine Ecken (je $\frac{1}{2}$ P., wenn alles richtig)

5.

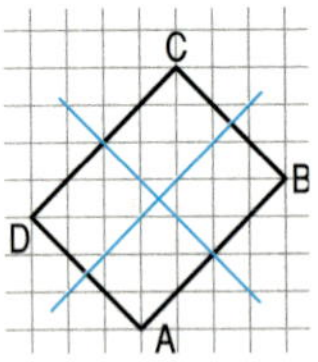

($\frac{1}{2}$ P.)
Zeichnung von- Lehrerin/Lehrer kontrollieren lassen!

b) $\overline{AB} \parallel \overline{DC}$ $\overline{AD} \parallel \overline{BC}$
$\overline{AB} \perp \overline{AD}$ $\overline{AB} \perp \overline{BC}$
$\overline{CD} \perp \overline{AD}$ $\overline{CD} \perp \overline{BC}$ (je zwei richtige = $\frac{1}{2}$ P.)

6. a)

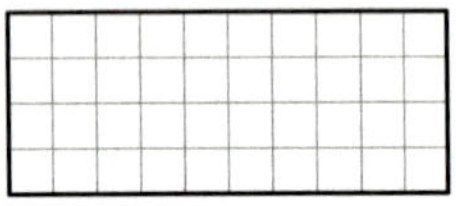

(1 P.)
Zeichnung von Lehrerin/ Lehrer kontrollieren lassen!

b) u = 14 cm (je $\frac{1}{2}$ P.)
A = 10 cm² (je $\frac{1}{2}$ P.)

7. a) 37 mm b) 115 m c) 2 300 kg d) 0,775 kg (jede richtige Antwort $\frac{1}{2}$ P.)

8. Rechnung: 5,00 – 1,28 – 0,78 = 2,94 (1 P.)
Tina bekommt 2,94 € zurück. (1 P.)

9. 10 min. (2 P.)

10. a) 2 €; 8 € b) 20 cm; 80 cm c) 9 cm; 36 cm d) 200 000; 800 000 (jede richtige Teilaufgabe $\frac{1}{2}$ P.)

Seite 163

Auswahlaufgaben

1. a) 114 b) 45 c) 70 d) 120 (je $\frac{1}{2}$ P.)

2. 112 504 + 5 484 + 27 058 = 145 046 (1 P.) b) (400 : 2) – 125 = 75 (1 P.)

3. gerundete Höhen (1 P.)

		Säulenlänge
Empire State Building	380 m	3,8 cm
Eiffelturm	320 m	3,2 cm
Stuttgarter Fernsehturm	210 m	2,1 cm
Olympiaturm München	290 m	2,9 cm
Kölner Dom	160 m	1,6 cm
Ulmer Münster	160 m	1,6 cm

(1 P.)
Zeichnung von Lehrerin/Lehrer kontrollieren lassen!

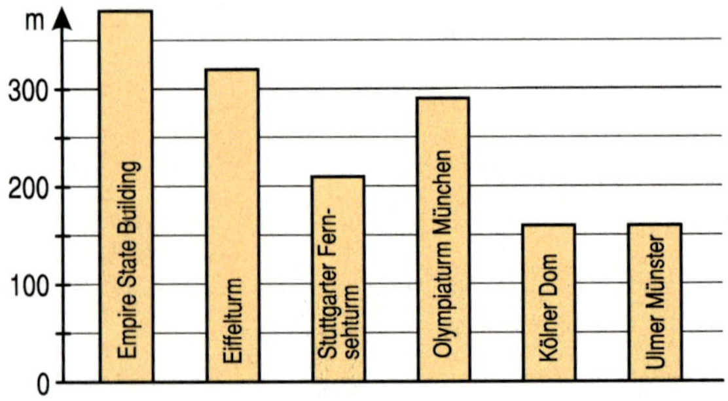

4. a) Rechteck; 2 Symmetrieachsen b) Parallelogramm; keine Symmetrieachsen
c) gleichschenkliges Trapez; 1 Symmetrieachse d) Drachen; 1 Symmetrieachse (je $\frac{1}{2}$ P.)

5.

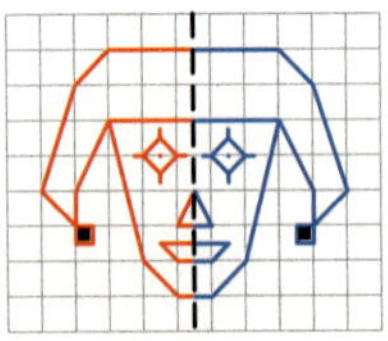

(2 P.)
Zeichnung von Lehrerin/Lehrer kontrollieren lassen!

6. a) hier ohne Zeichnung; ($\frac{1}{2}$ P.) Kontrollieren lassen!
mögliche Seitenlängen: a = 1 cm, b = 12 cm, dann u = 26 cm
a = 2 cm, b = 6 cm; dann u = 16 cm
a = 3 cm, b = 4 cm, dann u = 14 cm
(2 Lösungen ergeben $\frac{1}{2}$ P.)
b) hier ohne Zeichnung; ($\frac{1}{2}$ P.) Kontrollieren lassen!
Seitenlänge: a = 4 cm, u = 16 cm ($\frac{1}{2}$ P.)

7. a) 37, 50, 65, ... (Quadratzahl + 1) (1 P.)
b) 48, 63, 80, ... (Quadratzahl – 1) (1 P.)

8. a) Quader ($\frac{1}{2}$ P.); Netz ($\frac{1}{2}$ P.); hier ohne Zeichnung.
b) Pyramide; 5 Flächen ($\frac{1}{2}$ P); Netz ($\frac{1}{2}$ P.)

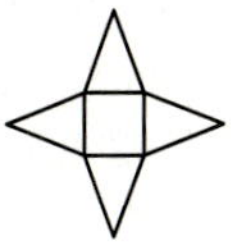

9. 1 links; 2 hinten; 3 rechts; 4 oben; 5 vorne (1 richtig : $\frac{1}{2}$ P., 2 richtig = 1 P.; 3 richtig $1\frac{1}{2}$ P., 4 oder 5 richtig 2 P.)

10. a)

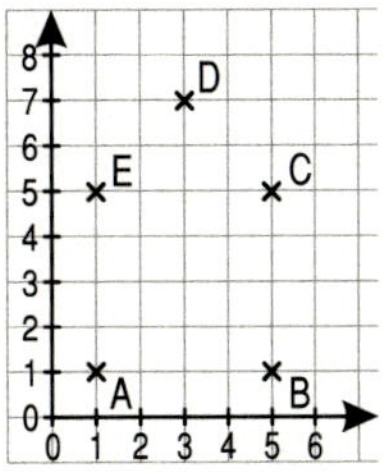

b)

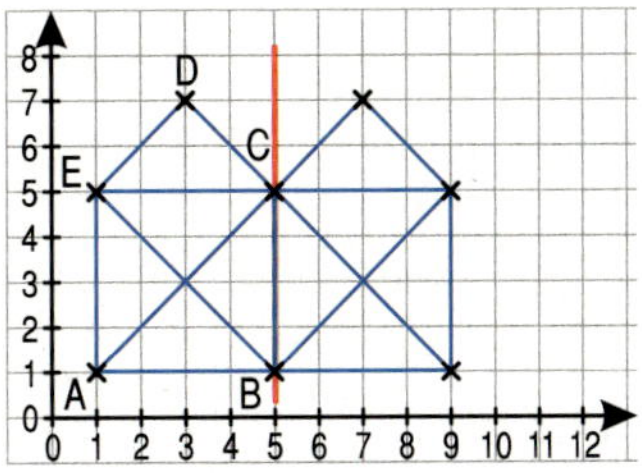

(je 1 P.)
Zeichnung von Lehrerin/Lehrer kontrollieren lassen!

11. Rechnung: 60 – 30 – 12 = 18 (1 P.) Mira behält 18 Nüsse. (1 P.)

Seite 164

12. a) z. B.

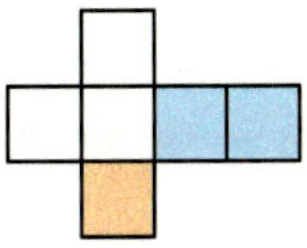

(1 P.)
Zeichnung von Lehrerin/Lehrer kontrollieren lassen!

b) $\frac{1}{3}$ blau; $\frac{1}{6}$ orange; $\frac{1}{2}$ nicht gefärbt
(alle richtig: 1 P.)

13. a) u = 24 cm b) A = 20 cm² c) 8 cm² d) rot: $\frac{1}{2}$ grün: $\frac{1}{10}$ (je $\frac{1}{2}$ P.)

14.

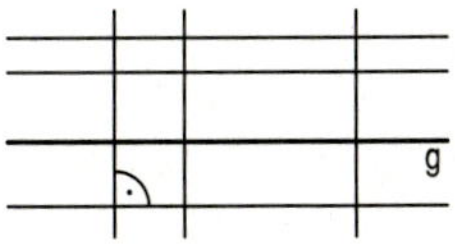

($\frac{1}{2}$ P.)
Zeichnung von Lehrerin/Lehrer kontrollieren lassen!

a) 16 Vierecke (1 P.) (6 kleine
7 aus je 2 kleinen bestehende Vierecke
2 aus je 4 kleinen bestehende Vierecke
1 aus 6 kleinen bestehendes Viereck)
b) alles sind Rechtecke. ($\frac{1}{2}$ P.)

15. 326 · 35 = 11 410 11 410 – 23 = **11 387** (2 P.)
345 : 15 = 23

16. a) 16 · 19,75 + 6,90 = 322,90; Rechnungsbetrag 322,90 €. 1 P.)
b) 332,90 : 2 = 161,45; der Förderverein übernimmt 161,45 €. (1 P.)

17. Z.B. Frau Müller kauft 5 Paar Strümpfe zu je 7 € und ein Paar Handschuhe zu 12 €. Wie viel muss sie bezahlen?
Antwort: Sie muss 47 € bezahlen. (2 P.) Kontrollieren lassen!

18. 47 614 : 2 571 (1 P.)
Ü: 47 500 : 2 500 = 19 ($\frac{1}{2}$ P.); ungefähr 19 mal ($\frac{1}{2}$ P.)

19. Rechnung: 12 · 1 250 + 375 + 900 + 25 · 150 = 20 025 (1 P.)
Der Jahresverdienst war 20 025 €. (1 P.)

20. Insgesamt 6 kg = 6 000 g Kekse.
a) 6000 : 75 = 80; es können 80 Kekstüten verkauft werden. (1 P.)
b) 80 · 0,65 = 52; die Einnahme ist 52 €. (1 P.)

Maßeinheiten

Länge

Kilometer		Meter		Dezimeter		Zentimeter		Millimeter
1 km	=	1000 m						
		1 m	=	10 dm	=	100 cm	=	1000 mm
				1 dm	=	10 cm	=	100 mm
						1 cm	=	10 mm

Flächeninhalt

Quadratmeter		Quadratdezimeter		Quadratzentimeter		Quadratmillimeter
1 m^2	=	100 dm^2	=	10 000 cm^2		
		1 dm^2	=	100 cm^2	=	10 000 mm^2
				1 cm^2	=	100 mm^2

Masse

Tonne		Kilogramm		Gramm
1 t	=	1000 kg		
		1 kg	=	1000 g

Geld

1 € = 100 Cent

Zeit

Tag		Stunde		Minute		Sekunde
1 d	=	24 h				
		1 h	=	60 min		
				1 min	=	60 s

Jahr		Monat		Tag
1 Jahr	=	12 Monate		
1 Jahr			=	365 Tage
1 Schaltjahr			=	366 Tage

1 Woche = 7 Tage

Bildquellenverzeichnis

Umschlagfoto: Zefa – Reinhard, Düsseldorf
Dieter Rixe, Braunschweig: S. 8, 17 (2, Gummibärchen, Mikroskop), 18 (Briefmarken), 20 (Streichhölzer), 27, 32, 33 (4), 35, 40, 47, 55, 76, 80 (7), 85 (2), 87, 90 (3), 93 (3), 98, 99 (Wasserhahn), 100 (3), 101 (5, Autos, Schild, Blatt, Hampelmann), 106 (2, Mädchen, Geld), 107 (2), 108 (4, Mensch, Postkarte, Finger, Blätter), 114 (8), 115 (4), 116 (3), 118 (4), 119, 125, 126 (4, Trikots), 129, 131, 135, 142, 147, 150, 152 (5), 155, 157, 158 (Schwimmer), 159;
Gelty Images, München: S. 14 (Borussia Dortmund); Alexander Wynands, Bonn: S. 17 (2, Baumstämme), 106 (Baum); Zefa – H. Mante, Düsseldorf: S. 17 (Menschenmenge); Astrofoto/van Ravenswaay, Sörth: S. 18, 120; © Disney: S. 19; © Goscinny/Uderzo, Großer Asterix-Band VI: Tour de France. © DELTA Verlag GmbH, Stuttgart 1991. Übers. aus dem Französischen: Gudrun Penndorf M. A. © DARGAUD EDITEUR S.A., Paris 1965: S. 20 (Asterix); mauritius images (D. Scott), Mittenwald: S. 41 (Pyramide); Michael Fabian, Hannover: S. 41 (6), 48 (Kantenmodelle), 108, 112 (Schraube), 158 (Tafel); Ulrike Wiedmann, Aichhalden: S. 59, 126 (Mannschaft); Tourist Information und Stadtmarketing, Detmold: S. 62; Sylvio Dittrich, Dresden: S. 80 (Dresdenmotiv); Zefa – Barone, Düsseldorf: S. 83 (Turm von Pisa); © 1980 United Feature Syndicate Inc.: S. 83 (Peanuts); Minden Pictures, Watson Ville, USA: S. 83 (Spiegelung); Michael Wojczak, Barsinghausen: S. 92; Riecke PHOTOGRAPHIE, Berlin: S. 102 (15); Greiner & Meyer, Braunschweig: S. 99 (Schmetterling), 103 (Seestern); Mauritius – Mollenhauer, Mittenwald: S. 103 (Fachwerkhaus); Imagine – Steinkamp, Hamburg: S. 103 (Haubentaucher); Mauritius-Nill, Mittenwald: S. 103 (Fledermaus); Sven Simon, Essen: S. 106 (Gewichtheber), 113 (Berlin-Marathon), 123 (Triathlon); Bilderberg Archiv der Fotografen GmbH, Hamburg: S. 108 (Berlin); Peter Ploszynski: S. 112 (Normelle); DB, Berlin: S. 113; Imagine – Hoa Qui, Hamburg: S. 117; Imagine – Waldkirch, Hamburg: S. 123 (Stadion); Bilderdienst Süddeutscher Verlag, München: S. 123 (Max Schmeling); Guinness Buch der Rekorde 1993: S. 124 (2, Bratwurst, Burg aus Bierdeckeln); Guinnes Book of Records 1991: S. 124 (Auto); PIPPI LANGSTRUMPF von Astrid Lindgren, Illustrationen von Rolf Rettich, © Verlag Friedrich Oetinger, Hamburg 1987: S. 140; Adidas Deutschland, Herzogenaurach: S. 162

Trotz entsprechender Bemühungen ist es nicht in allen Fällen gelungen, den Rechtsinhaber ausfindig zu machen. Gegen Nachweis der Rechte zahlt der Verlag für die Abdruckerlaubnis die gesetzlich geschuldete Vergütung.